AUTORES

James Burnett
Calvin Irons
Peter Stowasser
Allan Turton

CONSULTORES DEL PROGRAMA

Diana Lambdin
Frank Lester, Jr.
Kit Norris

ESCRITORES CONTRIBUYENTES

Debi DePaul
Beth Lewis

TRADUCTOR

Delia Varela

LIBRO DEL ESTUDIANTE B

ORIGO EDUCATION

CONTENIDOS

LIBRO A

MÓDULO 1

MÓDULO 2

MÓDULO 3

MÓDULO 4

MÓDULO 5

MÓDULO 6

CONTENIDOS

LIBRO B

MÓDULO 7

MÓDULO 8

MÓDULO 9

MÓDULO 10

MÓDULO 11

MÓDULO 12

Multiplicación: Introduciendo las operaciones básicas de multiplicación del seis

Conoce

¿Qué sabes acerca de esta matriz?

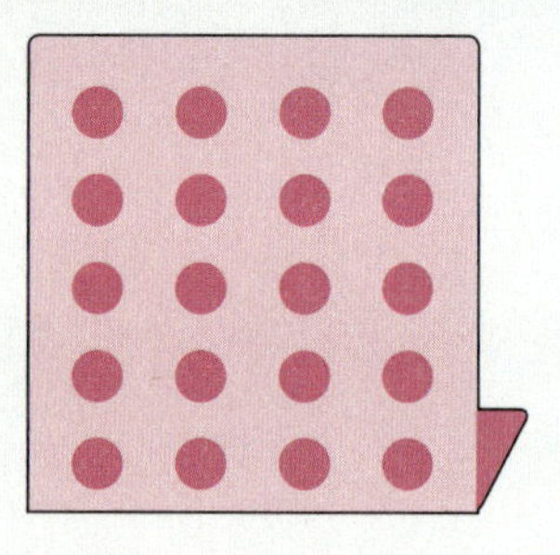

¿Cómo podrías calcular el número total de puntos?

Escribe una operación básica de multiplicación para describir la matriz.

______

¿Qué sabes acerca de esta matriz?

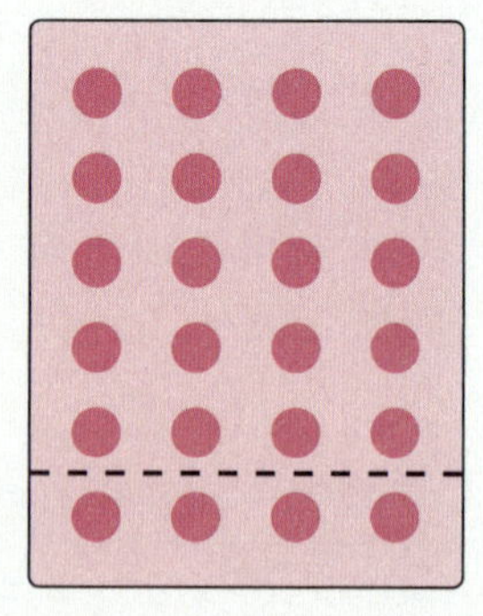

¿Cómo podrías utilizar la primera matriz para calcular el número total de puntos en esta matriz?

La primera matriz indica 5 filas de 4. Eso es 20, entonces 6 filas de 4 son 4 más. Eso es 24.

Escribe dos operaciones básicas de multiplicación para describir la segunda matriz.

______ ______

¿Qué otras operaciones básicas que incluyan el 6 podrías resolver utilizando esta estrategia?

Intensifica

1. Observa estas matrices. Completa los enunciados.

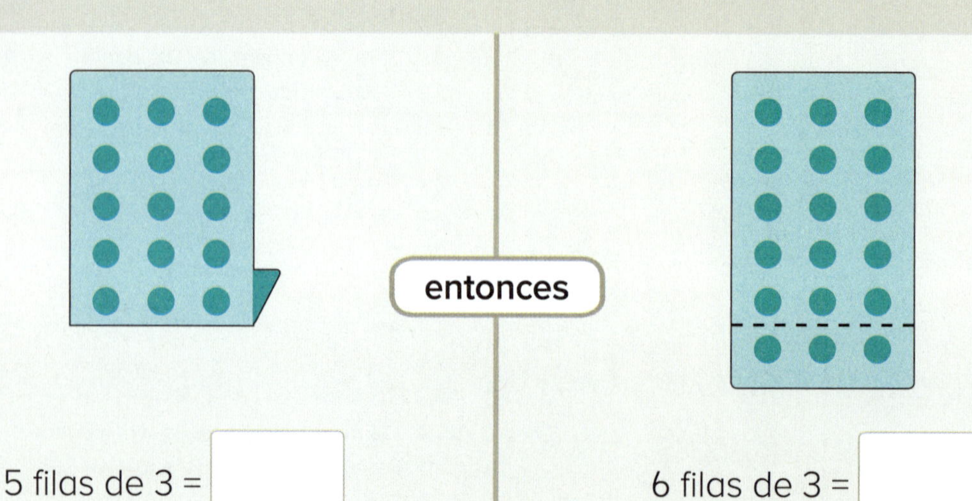

5 filas de 3 = ______

6 filas de 3 = ______

2. Escribe el producto de la operación básica del cinco. Luego utiliza esa operación básica como ayuda para completar la operación básica del seis y su operación conmutativa.

a. $5 \times 7 =$ ____

entonces

____ × ____ = ____

____ × ____ = ____

b. $5 \times 6 =$ ____

entonces

____ × ____ = ____

____ × ____ = ____

c. $5 \times 8 =$ ____

entonces

____ × ____ = ____

____ × ____ = ____

3. Utiliza la misma estrategia para completar estas operaciones básicas.

a. $5 \times 9 =$ ____

entonces

____ × ____ = ____

____ × ____ = ____

b. $5 \times 2 =$ ____

entonces

____ × ____ = ____

____ × ____ = ____

c. $5 \times 5 =$ ____

entonces

____ × ____ = ____

____ × ____ = ____

Avanza Calcula cada masa misteriosa.

pesa 6 lb

a.

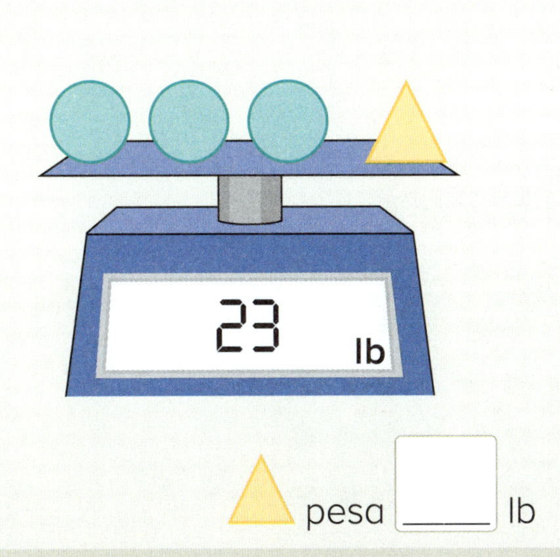

pesa ____ lb

b.

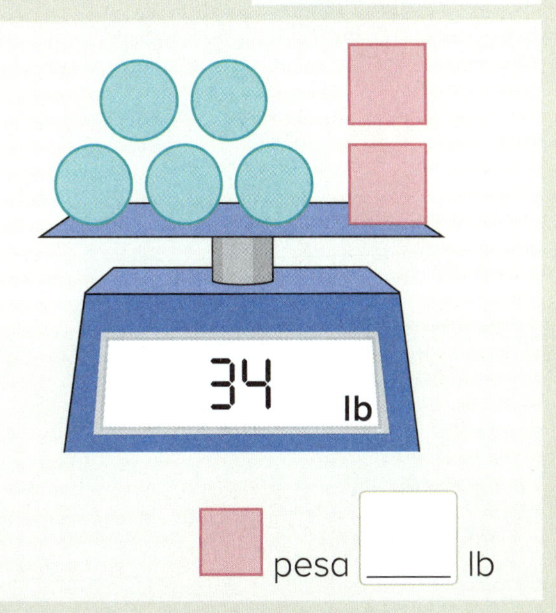

pesa ____ lb

Multiplicación: Reforzando las operaciones básicas de multiplicación del seis

Conoce

¿Qué operación básica de multiplicación indica esta matriz entera?

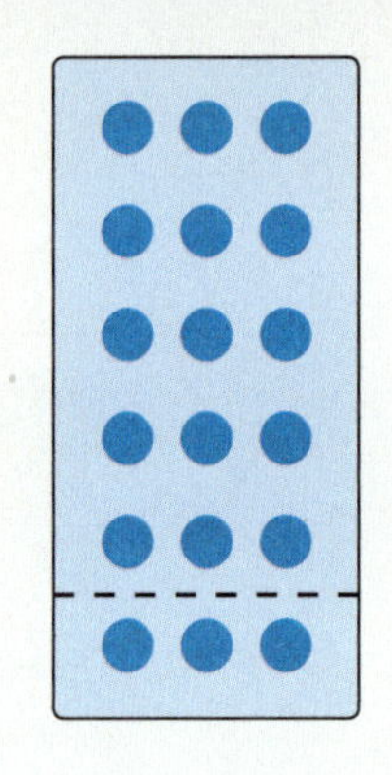

¿Cómo podrías calcular el número total de puntos?

Completa estas operaciones básicas como ayuda.

$5 \times 3 =$ ____

$1 \times 3 =$ ____

Hay 18 puntos en total porque 15 + 3 son 18.

¿Qué operación básica de multiplicación indica esta matriz entera?

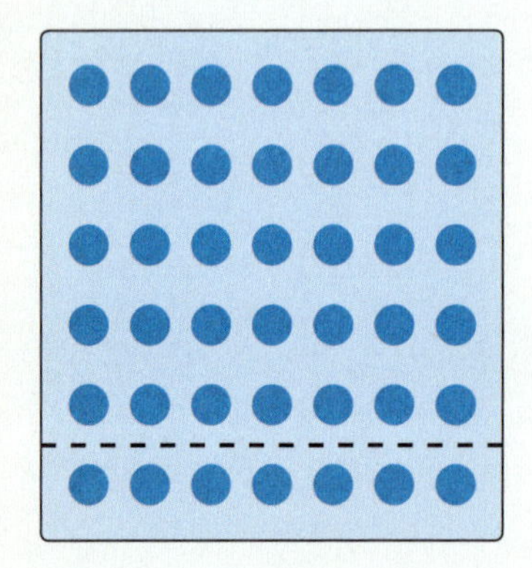

¿Cuáles operaciones básicas de multiplicación podrías escribir como ayuda para calcular el número total de puntos?

Escribe una operación básica de multiplicación que corresponda a la matriz. Luego escribe la operación básica conmutativa.

____ $\times$ ____ $=$ ____

____ $\times$ ____ $=$ ____

Intensifica

1. Completa las dos primeras operaciones básicas de multiplicación como ayuda para calcular el número total de puntos. Luego completa la operación básica del seis.

a.

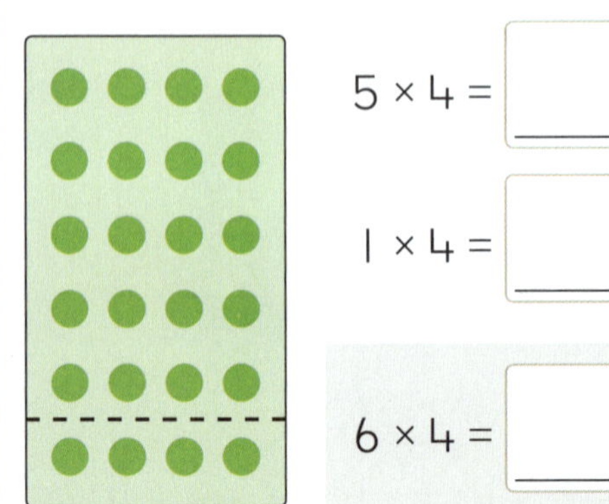

$5 \times 4 =$ ____

$1 \times 4 =$ ____

$6 \times 4 =$ ____

b.

$5 \times 8 =$ ____

$1 \times 8 =$ ____

$6 \times 8 =$ ____

2. Completa cada una de estas operaciones básicas.

a.

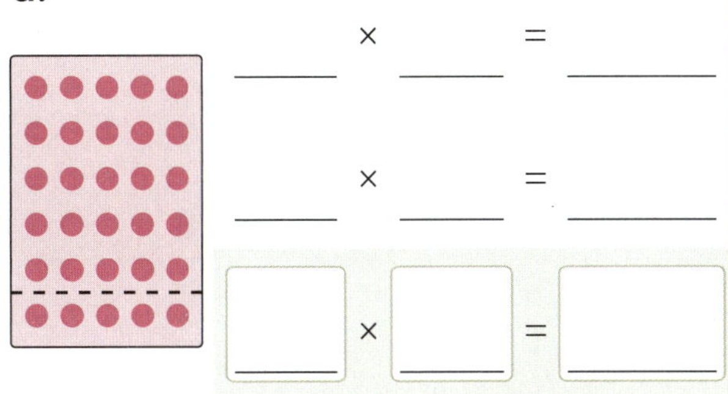

___ × ___ = ___

___ × ___ = ___

___ × ___ = ___

b.

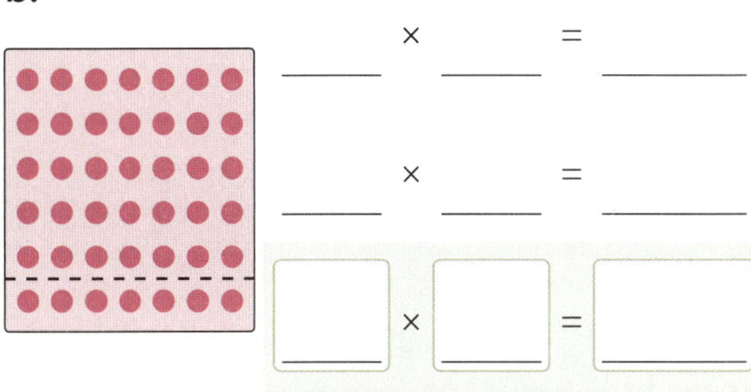

___ × ___ = ___

___ × ___ = ___

___ × ___ = ___

3. Colorea el ⬭ junto al razonamiento que podrías utilizar para calcular el producto de la operación básica del seis. Luego escribe el producto.

a. $6 \times 6 =$ ___

- ⬭ 5 × 6 luego suma 1 × 6
- ⬭ 5 × 7 luego suma 1 × 7
- ⬭ 6 × 5 luego suma 1 × 5

b. $6 \times 2 =$ ___

- ⬭ 2 × 5 luego suma 1 × 5
- ⬭ 5 × 6 luego suma 1 × 2
- ⬭ 5 × 2 luego suma 1 × 2

c. $6 \times 9 =$ ___

- ⬭ 5 × 5 luego suma 1 × 5
- ⬭ 5 × 9 luego suma 1 × 9
- ⬭ 1 × 6 luego suma 1 × 9

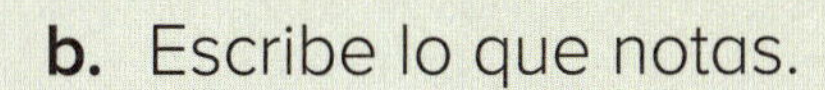

Avanza

a. Escribe números para continuar el patrón.

6 = 5 × 1 + 1
12 = 5 × 2 + 2
18 = ___ × ___ + ___
24 = ___ × ___ + ___
30 = ___ × ___ + ___
36 = ___ × ___ + ___
42 = ___ × ___ + ___
48 = ___ × ___ + ___
54 = ___ × ___ + ___
60 = ___ × ___ + ___

b. Escribe lo que notas.

___
___
___
___
___
___
___

Práctica de cálculo

★ Completa las ecuaciones. Luego escribe cada letra arriba del producto correspondiente en la parte inferior de la página. Algunas letras se repiten.

$2 \times 6 =$ ____	e	$4 \times 8 =$ ____	l	$3 \times 5 =$ ____	m
$9 \times 5 =$ ____	r	$8 \times 9 =$ ____	n	$7 \times 5 =$ ____	g
$5 \times 5 =$ ____	n	$7 \times 4 =$ ____	s	$5 \times 6 =$ ____	á
$9 \times 4 =$ ____	u	$6 \times 8 =$ ____	d	$7 \times 8 =$ ____	r
$3 \times 8 =$ ____	a	$2 \times 8 =$ ____	c	$9 \times 2 =$ ____	o
$5 \times 4 =$ ____	u				

Práctica continua

1. Observa el número de cuadrados enteros y partes de cuadrados que hay dentro de cada imagen. Escribe el número total de cuadrados que hay en cada figura.

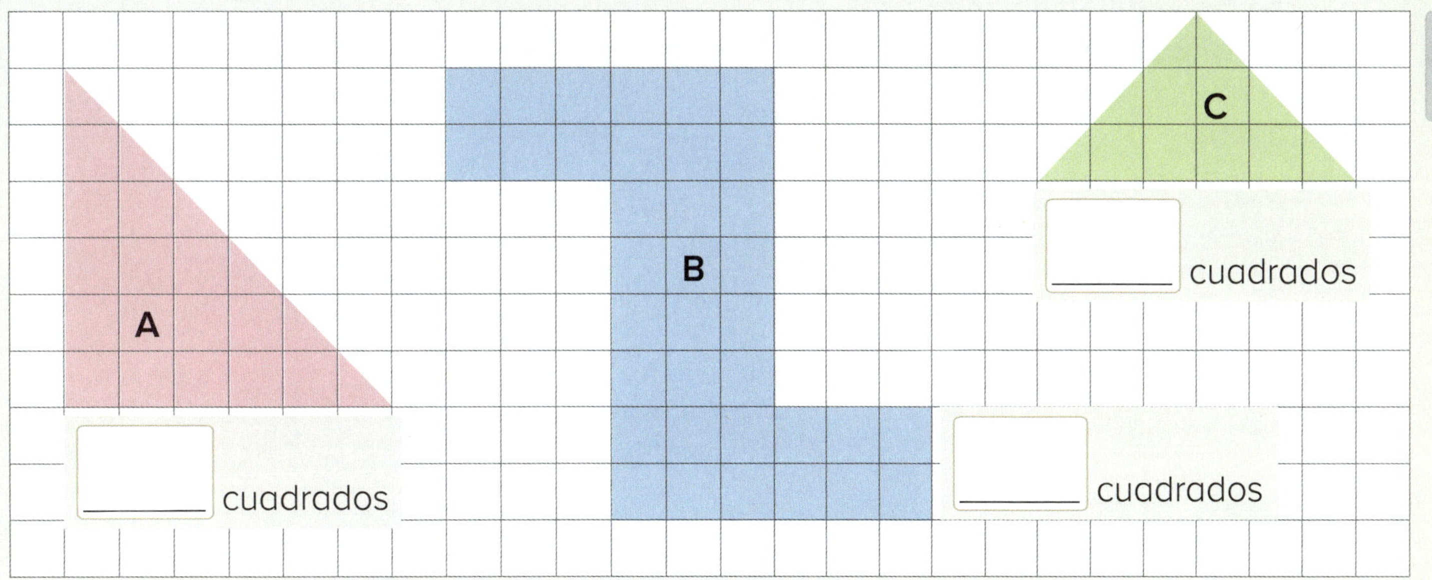

2. Escribe el producto de la operación básica del cinco. Luego utiliza la operación básica para completar la operación básica del seis y su operación conmutativa.

a. $5 \times 8 =$ _____

entonces

$6 \times 8 =$ _____

$8 \times 6 =$ _____

b. $5 \times 3 =$ _____

entonces

$6 \times 3 =$ _____

_____ $\times 6 =$ _____

c. $5 \times 7 =$ _____

entonces

$6 \times 7 =$ _____

_____ $\times 6 =$ _____

Prepárate para el módulo 8

Escribe el número que falta para completar cada operación básica.

a. _____ $\times 9 = 9$

b. $9 \times 10 =$ _____

c. $45 =$ _____ $\times 9$

d. $2 \times$ _____ $= 18$

e. $9 \times$ _____ $= 63$

f. _____ $\times 9 = 81$

g. $4 \times 9 =$ _____

h. _____ $\times 9 = 54$

i. $27 = 9 \times$ _____

7.3 Multiplicación: Introduciendo las últimas operaciones básicas

Conoce

×	0	1	2	3	4	5	6	7	8	9	10
0	0	0	0	0	0	0	0	0	0	0	0
1	0	1	2	3	4	5	6	7	8	9	10
2	0	2									
3	0	3									
4	0	4									
5	0	5									
6	0	6									
7	0	7									
8	0	8									
9	0	9									
10	0	10									

Esta tabla de multiplicación indica las operaciones básicas del cero y del uno y sus operaciones conmutativas.

Escribe todas las operaciones básicas del diez que faltan y sus operaciones conmutativas.

¿Cómo puedes utilizar las operaciones básicas del diez para escribir las del cinco?

Escribe todas las operaciones básicas del cinco que faltan y sus operaciones conmutativas.

Escribe todos los productos que podrías encontrar utilizando una estrategia de duplicación.

¿Qué operaciones básicas indican estos productos?

_____, _____ y _____

Escribe los productos de las operaciones básicas del seis y del nueve y sus operaciones conmutativas.

¿Qué estrategias utilizas para calcular estos productos?

Encierra los últimos cuatro productos que faltan en la tabla y escribe las operaciones básicas correspondientes abajo.

___ × ___ = ___   ___ × ___ = ___

___ × ___ = ___   ___ × ___ = ___

¿Qué notas en estas últimas operaciones básicas?

Todas involucran un 3 o un 7.

¿Qué estrategias podrías utilizar para calcular los productos?

Intensifica Resuelve cada una de estas operaciones básicas que involucran 3 o 7. Indica la estrategia que utilizaste.

a. $8 \times 3 =$ ____

b. $7 \times 4 =$ ____

c. $3 \times 9 =$ ____

d. $9 \times 7 =$ ____

e. $6 \times 3 =$ ____

f. $3 \times 7 =$ ____

g. $3 \times 3 =$ ____

h. $7 \times 7 =$ ____

Avanza Estudia este camino de operaciones básicas. Cada operación básica se puede calcular a partir de 10 × 3.

18 × 3 ← 9 × 3 ← 10 × 3 → 5 × 3 → 6 × 3 → 3 × 3 / 7 × 3

Escribe tu propio camino de operaciones básicas que inicie con 10 × 7.

7.4 Multiplicación: Trabajando con todas las operaciones básicas

Conoce

Parte de esta tabla de multiplicación ha sido cubierta.

¿Qué operaciones básicas están ocultas?

David está pensando en una operación básica de multiplicación que tiene un producto cercano a 23.

¿En qué operaciones básicas podría estar pensando él?

6 × 4 tiene un producto cercano.

×	0	1	2	3	4	5	6	7	8	9	10
0	0	0	0	0	0	0					0
1											10
2											20
3											
4											
5	0						30	35	40	45	50
6	0	6	12	18	24	30	36	42	48	54	60
7	0	7	14	21	28	35	42	49	56	63	70
8	0	8	16	24	32	40	48	56	64	72	80
9	0	9	18	27	36	45	54	63	72	81	90
10	0	10	20	30	40	50	60	70	80	90	100

Nancy está pensando en una operación básica de multiplicación que tiene un producto mayor que 70 pero menor que 80.

¿En qué operación básica podría estar pensando ella?

¿Cómo podrías utilizar la tabla de multiplicación como ayuda en tu razonamiento?

Intensifica

1. Escribe cuatro operaciones básicas de multiplicación que correspondan a cada descripción.

a. Operaciones básicas con un producto cercano a 39

b. Operaciones básicas con un producto cercano a 52

c. Operaciones básicas con un producto cercano a 46

d. Operaciones básicas con un producto cercano a 11

2. Escribe tres operaciones básicas de multiplicación que correspondan a cada descripción.

a. Operaciones básicas con un producto mayor que 40 pero menor que 50

b. Operaciones básicas con un producto mayor que 30 pero menor que 40

c. Operaciones básicas con un producto mayor que 20 pero menor que 30

d. Operaciones básicas con un producto mayor que 35 pero menor que 45

Avanza

Descifra la operación básica misteriosa. Escribe pistas para una operación básica misteriosa diferente. Luego intercambia tu acertijo con otro estudiante y encuentra la solución.

OPERACIÓN BÁSICA MISTERIOSA

Pista 1
Si sumas los dígitos de mi producto el total es **10**.

Pista 2
Mi operación básica misteriosa es una operación básica del **cuatro**.

La operación básica misteriosa es:

____ × ____ = ______

TU OPERACIÓN BÁSICA MISTERIOSA

Pista 1
Si sumas los dígitos de mi producto el total es ______.

Pista 2
Mi operación básica misteriosa es una operación básica del ______.

La operación básica misteriosa es:

____ × ____ = ______

7.4 Reforzando conceptos y destrezas

Piensa y resuelve

Observa la ecuación.

△ − 3 = 6 + ○

a. Si ○ es 10, ¿qué es △? ______

b. Si ○ es 14, ¿qué es △? ______

c. ¿Cuáles son algunos números para ○ y △ que hacen la ecuación verdadera?

______

______

______

Palabras en acción

Escribe acerca de dos estrategias diferentes que podrías utilizar para resolver esta ecuación.

$7 \times 7 = ?$

______

______

______

______

______

______

______

______

______

______

______

Práctica continua

1. Utiliza una regla para dibujar filas y columnas de cuadrados iguales. Luego escribe el número total de cuadrados en cada rectángulo.

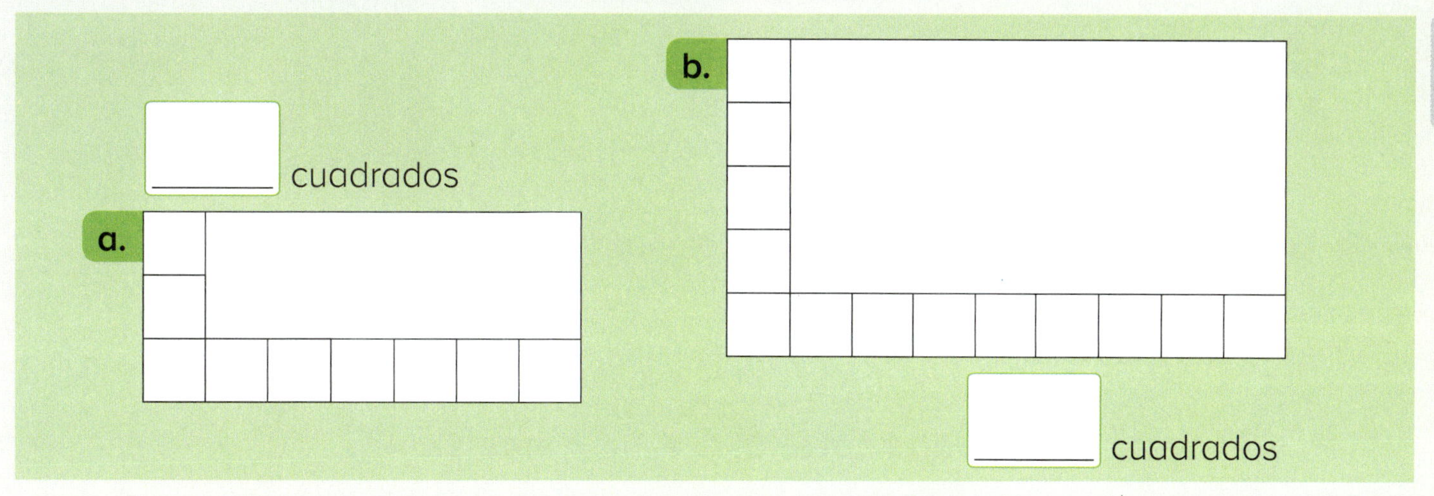

2. Completa las primeras dos operaciones básicas de multiplicación para calcular el número total de puntos. Luego completa la operación básica del seis.

a.

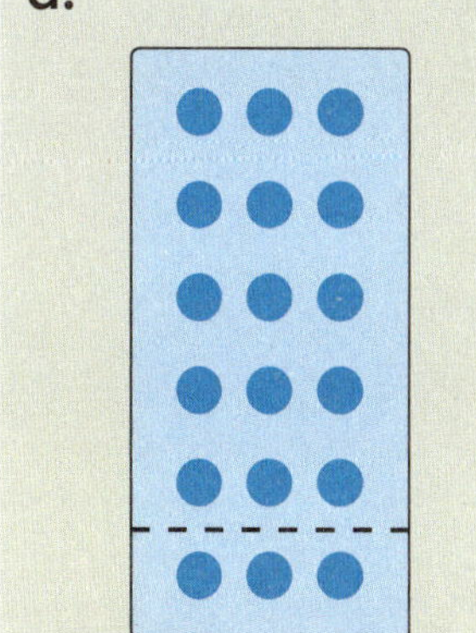

$5 \times 3 =$ ____

$1 \times 3 =$ ____

$6 \times 3 =$ ____

b.

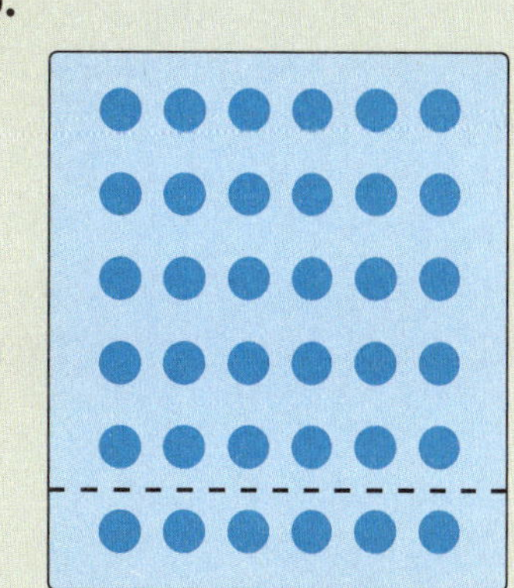

$5 \times 6 =$ ____

$1 \times 6 =$ ____

$6 \times 6 =$ ____

Prepárate para el módulo 8

Escribe los productos de las operaciones básicas del cinco. Luego utiliza esa operación básica como ayuda para completar las operaciones básicas del seis y su operación conmutativa.

a.

$5 \times 9 =$ ____

entonces

$6 \times 9 =$ ____

$9 \times 6 =$ ____

b.

$5 \times 8 =$ ____

entonces

$6 \times 8 =$ ____

____ $\times 6 =$ ____

c.

$5 \times 4 =$ ____

entonces

$6 \times 4 =$ ____

____ $\times 6 =$ ____

DE 2.12.8

DE 3.2.7

7.5 Multiplicación: Resolviendo problemas verbales

Conoce

Manuel va a comprar baterías para los juguetes. ¿Cuál paquete de baterías es mejor valor por dinero?

Costaría $10 comprar dos de los paquetes pequeños de baterías.

Él decide comprar 3 paquetes grandes de baterías y 1 pequeño.

¿Cuántas baterías compró él?
¿Cuál es la cantidad total que él debe pagar?

Yo llamaré a la cantidad total **C**. C = 3 × 9 más 5.

Helen tiene que comprar 10 baterías. Ella hace una lista de las diferentes opciones.

Calcula cada costo total. Luego encierra las baterías que ella debería comprar.

Opción A	Opción B	Opción C
3 paquetes pequeños	2 paquetes grandes	1 paquete grande 1 paquete pequeño
____ baterías en total	____ baterías en total	____ baterías en total
$____	$____	$____

Intensifica

1. Utiliza los precios de la baterías en la parte superior de la página para resolver estos problemas. Indica tu razonamiento.

a. Hannah tiene un billete de $20 y uno de $10. Ella compra 2 paquetes grandes de baterías. ¿Cuánto dinero le queda en su monedero?

$____

b. Mika gasta $19 en baterías. Él compra un paquete de baterías grande y algunos paquetes pequeños. ¿Cuántos paquetes pequeños compró él?

____ paquetes

2. Resuelve cada problema. Indica tu razonamiento.

a. Una banda está formando 7 filas y 6 hileras. 2 filas de personas más se le unen. ¿Cuántas personas hay en la banda ahora?

_______ personas

b. Deon necesita cortar trozos de alambre de 7 pies de largo. Hay 80 pies de alambre en total. ¿Cuántos trozos puede cortar él?

_______ trozos

c. Un paquete de tarjetas cuesta \$3. Megan compra algunas tarjetas con un billete de \$20. Ella recibe \$5 de vuelto. ¿Cuántos paquetes de tarjetas compró?

_______ paquetes

d. Dos amigos venden boletos por \$5 cada uno. Hunter vende 7 boletos y Andrea vende 12. ¿Cuánto dinero más que Hunter ha recolectado Andrea?

\$_______

Avanza

Calcula el número total de naranjas en esta pila. Cada capa de naranjas forma un cuadrado. Por ejemplo, la capa de abajo indica 4 filas de 4 naranjas. La siguiente capa indica 3 filas de 3 naranjas, y así sucesivamente.

Hay _______ naranjas.

Suma: Haciendo estimaciones

Conoce

Imagina que tienes dos billetes de $50 en tu billetera.

¿Podrías comprar estos dos juegos? ¿Cómo lo sabes?

¿Cómo podrías estimar el costo total de los dos juegos?

Monique suma primero los dígitos en la posición de las decenas. Si el total es cerca de $100, ella suma los dígitos en la posición de las unidades.

¿Por qué ella suma primero los dígitos en la posición de las decenas?

Carter redondeó uno de los precios a una decena cercana y luego sumó el segundo precio.

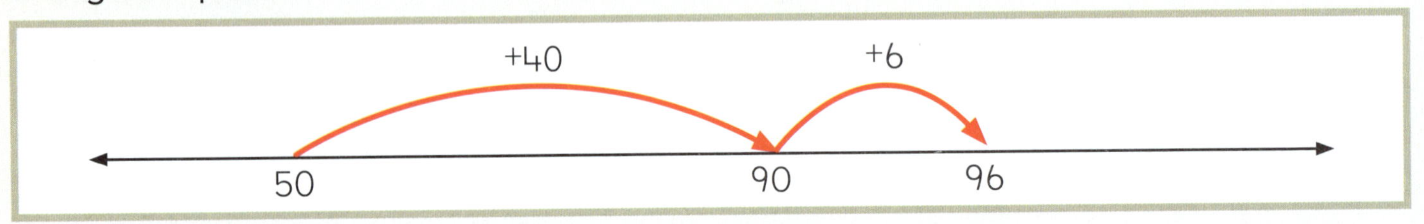

Carter redondea una cantidad hacia arriba hasta la decena más cercana y aun así tiene dinero para comprar los dos juegos. Con dinero, es más útil redondear hacia arriba, no hacia abajo.

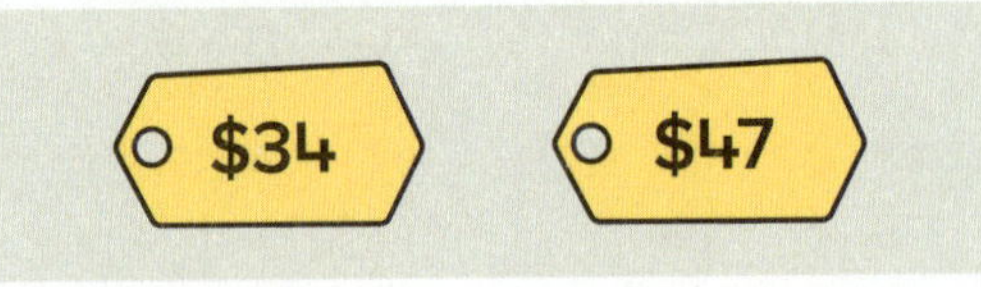

¿Cómo estimarías el total de estos dos precios?

Intensifica

1. Redondea un número para sumar más fácilmente. Luego estima la suma. Dibuja saltos en la recta numérica para indicar tu razonamiento.

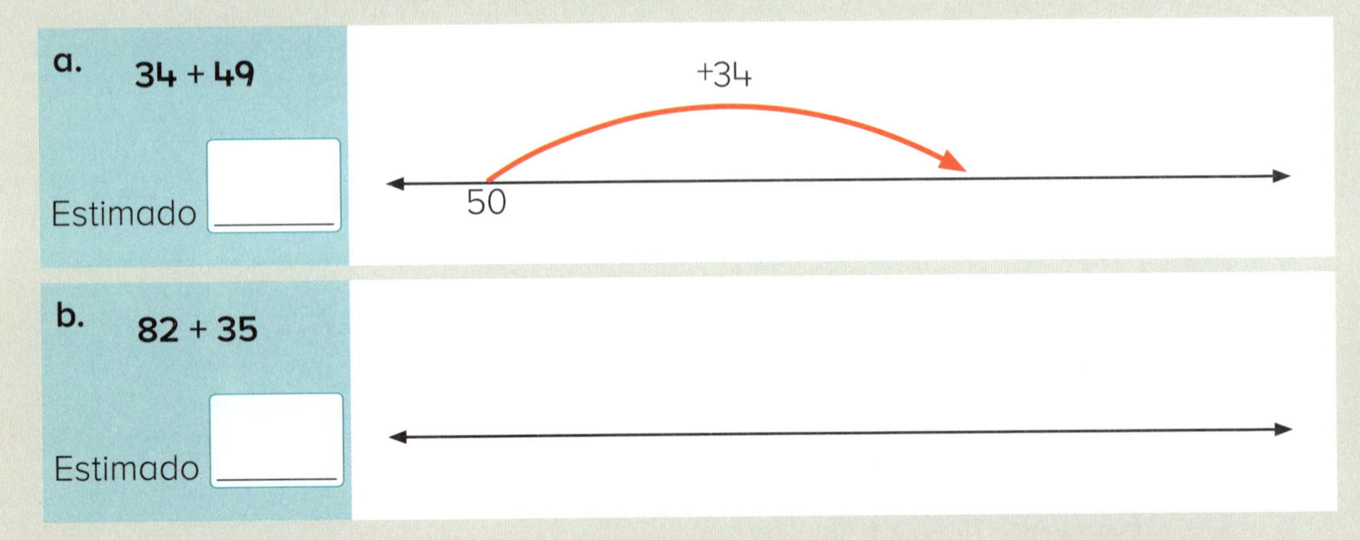

Utiliza esta tabla para responder las preguntas 2 y 3 y la sección Avanza.

	Boletos vendidos				
	Lunes	**Martes**	**Miércoles**	**Jueves**	**Viernes**
3.er grado	45	36	74	39	47
4.o grado	29	78	28	65	68

2. Calcula el número total de boletos vendidos cada uno de estos días. Luego dibuja saltos en la recta numérica para indicar cómo formaste tu estimado.

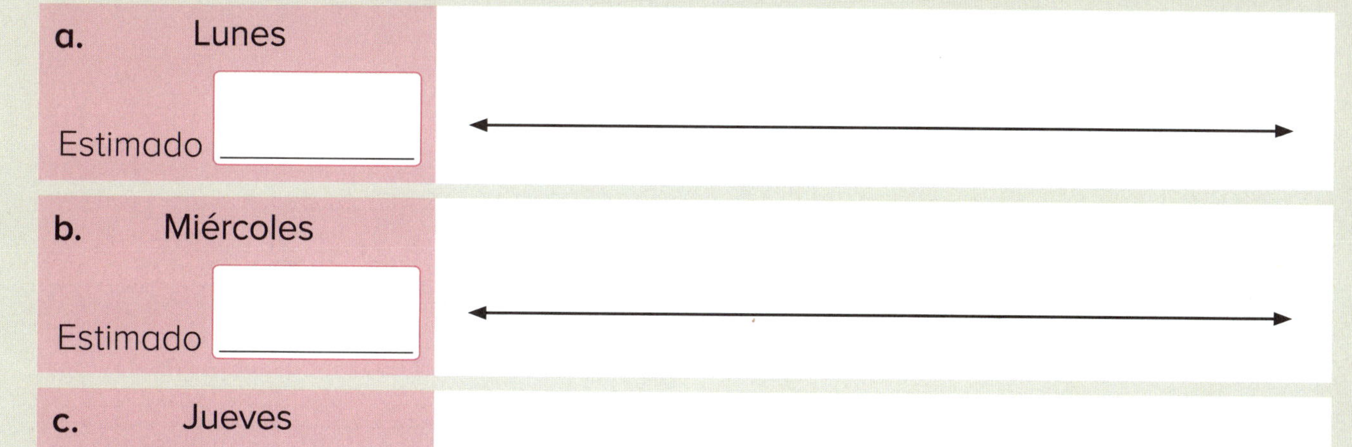

a. Lunes

Estimado ______

b. Miércoles

Estimado ______

c. Jueves

Estimado ______

3. Estima el número total de boletos vendidos por cada grado.

a. 3.er grado ______

b. 4.o grado ______

Avanza

El jueves, los estudiantes de 5.o grado vendieron cerca de 50 boletos más que el número total de boletos vendidos por los grados 3.o y 4.o durante el mismo día. Estima cuántos boletos vendió el 5.o grado el jueves.

______ boletos

7.6 Reforzando conceptos y destrezas

Práctica de cálculo

★ Escribe las operaciones básicas de multiplicación que te ayudarían a calcular cada una de las operaciones básicas de división. Luego escribe las respuestas. Utiliza el reloj de tu salón de clases para medir tu tiempo.

Duración:

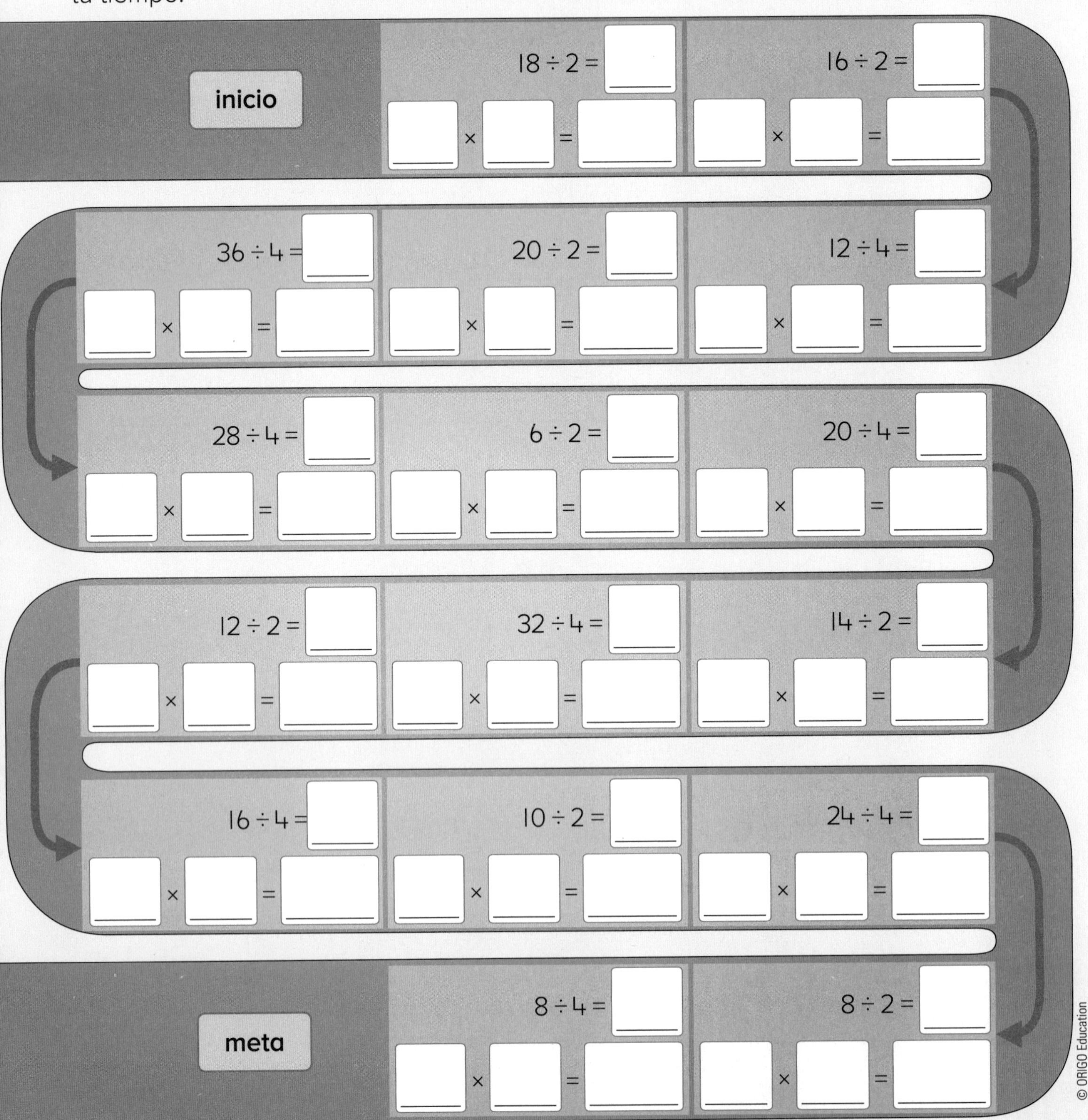

Práctica continua

1. Escribe el número total de cuadrados que cubre cada rectángulo.

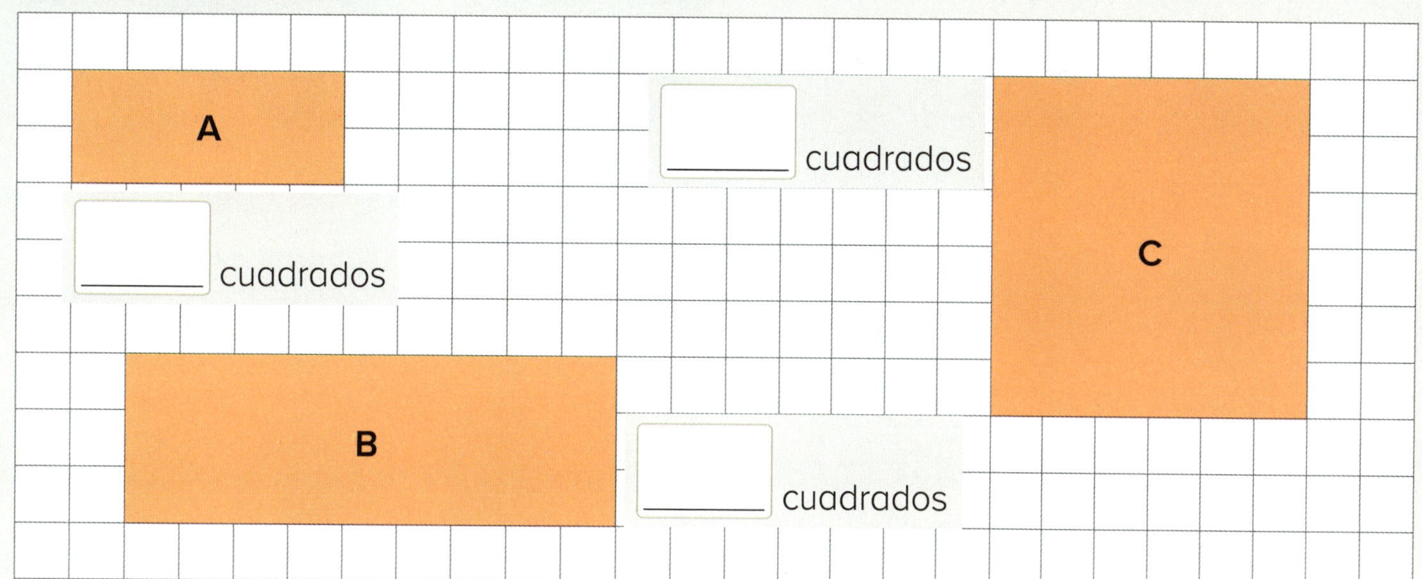

DE 2.12.8

2. Escribe cuatro operaciones básicas de multiplicación que correspondan a la descripción.

DE 3.7.4

a. Operaciones básicas con un producto mayor que 25, pero menor que 35	b. Operaciones básicas con un producto entre 40 y 50	c. Operaciones básicas con un producto cercano a 13
___ × ___ = ___	___ × ___ = ___	___ × ___ = ___
___ × ___ = ___	___ × ___ = ___	___ × ___ = ___
___ × ___ = ___	___ × ___ = ___	___ × ___ = ___
___ × ___ = ___	___ × ___ = ___	___ × ___ = ___

Prepárate para el módulo 8

Completa las ecuaciones de manera que correspondan a los saltos en las rectas numéricas.

a.

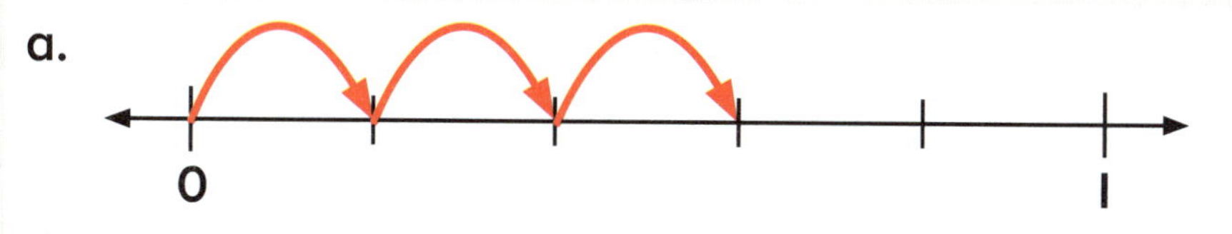

$\frac{\square}{\square} + \frac{\square}{\square} + \frac{\square}{\square} = \frac{\square}{5}$

b.

0 1

Suma: Introduciendo el algoritmo estándar

Conoce

¿Cómo estimarías el costo total de estos dos regalos?

¿Cómo calcularías el costo exacto?

Observa cómo lo calcularon estos estudiantes.

Ramón	Karen
235	235
+ 152	+ 152
300	7
80	80
+ 7	+ 300
$387	$387

¿Qué hicieron igual? ¿Qué hicieron diferente?

Un algoritmo es un conjunto de pasos que puedes seguir para resolver un problema. Puedes utilizar este algoritmo estándar para sumar los precios.

Primero sumas las unidades.	Luego sumas las decenas.	Luego sumas las centenas.
235	235	235
+ 152	+ 152	+ 152
7	87	387

¿Crees que esta es una manera fácil de calcular el total? ¿Por qué?

Intensifica

1. Estima el costo total. Luego utiliza el algoritmo estándar de la suma para calcular el costo exacto.

a. $25 $253

Estimado $_______

	C	D	U
	2	5	3
+		2	5

b. 

$135

Estimado $_______

	C	D	U
	4	1	3
+	1	3	5

c. 

$374

Estimado $_______

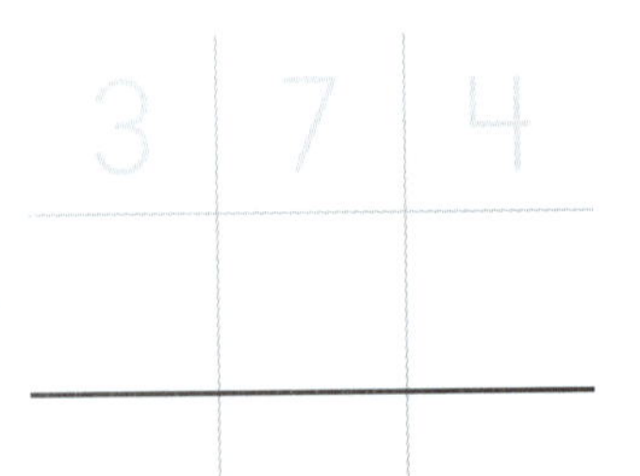

	C	D	U
	3	7	4
+			

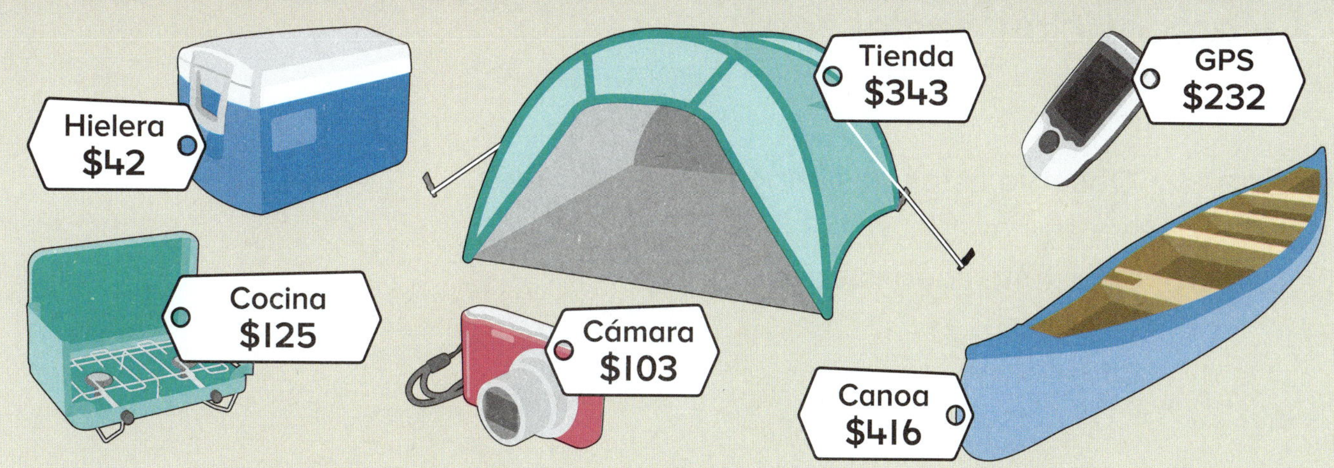

2. Estima mentalmente el costo total de cada par de artículos. Luego utiliza el algoritmo estándar para calcular el costo exacto.

a. GPS y cocina

	C	D	U
	2	3	2
+	1	2	5

b. Canoa y cámara

	C	D	U
+			

c. Tienda y GPS

	C	D	U
+			

d. Cocina y hielera

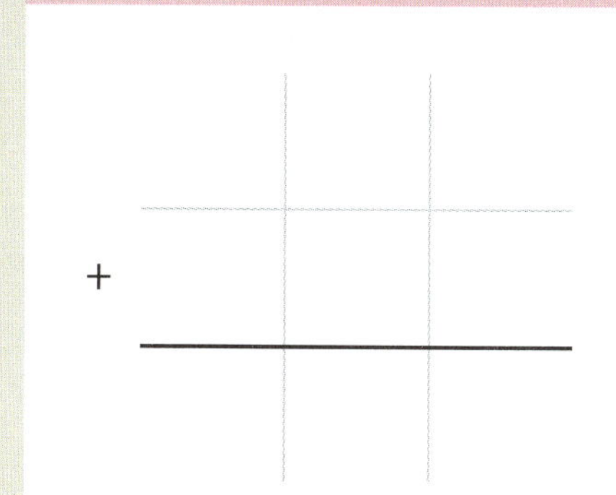

e. Tienda y hielera

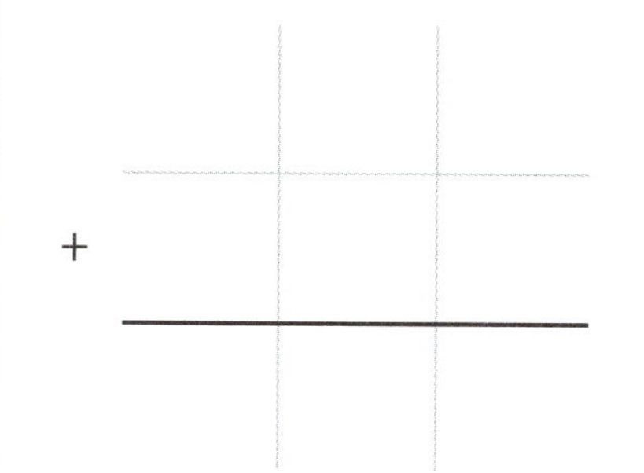

f. Cámara y GPS

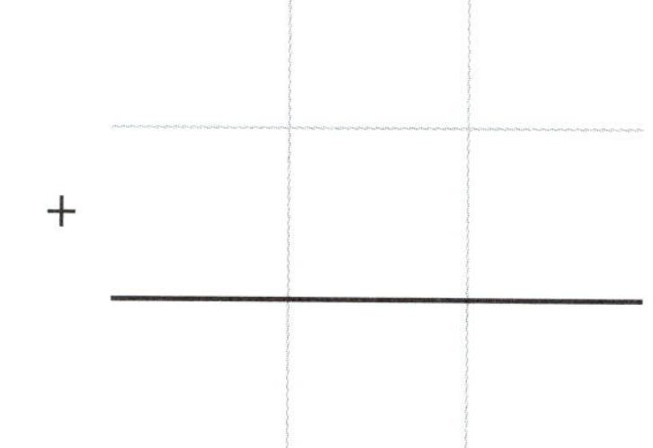

Avanza

Estima el costo total. Luego utiliza el algoritmo estándar para calcular el costo exacto.

Estimado $________  Costo exacto $________

Teclado
$230

Suma: Trabajando con el algoritmo estándar (composición de decenas)

Conoce

Observa estas dos imágenes de bloques.

¿Qué número representa cada imagen?

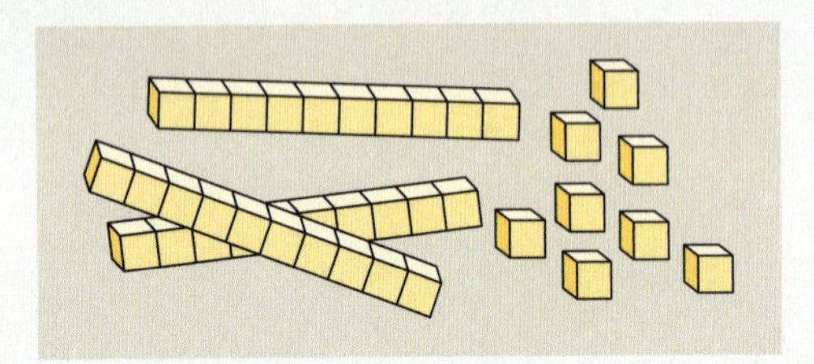

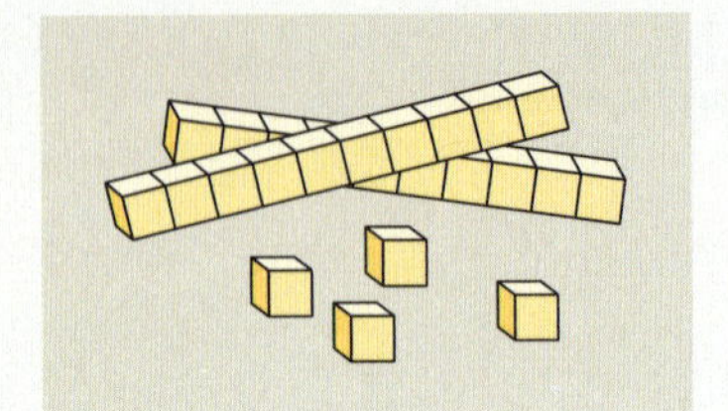

Imagina que sumas todos los bloques.

¿Cuál sería el total?

¿Cuál es otra manera de representar el mismo valor?

Podrías reagrupar
10 bloques de unidades
como 1 bloque de decenas.

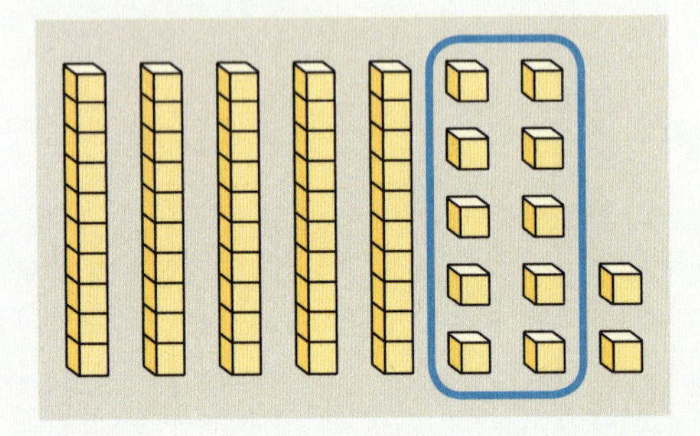

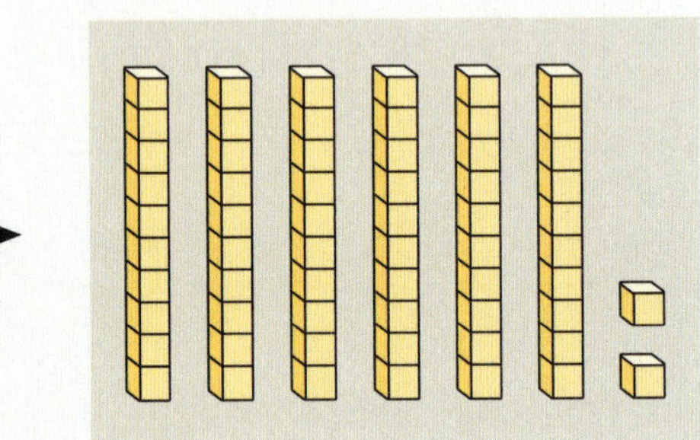

Sigue los pasos del algoritmo estándar de la suma para sumar las dos pilas de bloques.

Primero suma las unidades.

	C	D	U
		1	
		3	8
+		2	4
			2

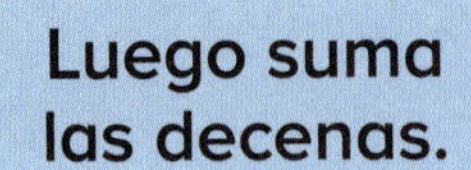

Luego suma las decenas.

	C	D	U
		1	
		3	8
+		2	4
		6	2

¿Qué representa el número arriba del 3?

¿Cómo lo sabes?

Intensifica

Estima el total. Luego utiliza el algoritmo estándar para calcular la suma exacta.

a.

	C	D	U
		5	5
+			7

b.

	C	D	U
		7	8
+			9

c.

	C	D	U
		3	9
+			8

d.

	2	2	6
+			5

e.

	7	4	4
+			9

f.

	4	8	6
+			7

g.

		6	8
+		1	4

h.

		5	9
+		2	9

i.

		4	3
+		3	8

j.

	3	6	8
+		1	7

k.

	6	2	3
+		5	9

l.

	8	3	9
+		1	9

Avanza

Estima el costo total. Luego utiliza el algoritmo estándar para calcular el costo exacto.

Estimado $__________ Costo exacto $__________

Maracas $18

Libro de guitarra $48

Guitarra $332

Reforzando conceptos y destrezas

Piensa y resuelve

- El año **pasado** Julia era **más baja** que Shen.
- **Este** año Julia es **más alta** que Shen.
- Natalie quiere ser tan alta como Shen.

a. Escribe el nombre de estas niñas en orden de la **más baja** a la **más alta**.

____

b. Imagina que Shen mide 123 cm. Escribe una altura posible para Natalie y Julia.

Natalie ________ cm Julia ________ cm

Palabras en acción

Averigua dónde podrías estimar para sumar fuera de la escuela. Puedes hablar acerca de esto con tu familia o buscar en Internet. Escribe acerca de esto.

____

____

____

____

____

____

____

____

____

____

____

____

Práctica continua

1. Escribe el numeral correspondiente y el nombre del número.

a.

2 millares 0 9 1

b.

4 millares 1 1 2

2. Redondea un número a la decena más cercana. Luego estima el total. Dibuja saltos en la recta numérica para indicar tu razonamiento.

a. 69 + 26

Estimado ______

+ 26

70

b. 45 + 78

Estimado ______

Prepárate para el módulo 8

Dibuja saltos sobre la recta numérica que correspondan a cada fracción común.

a.

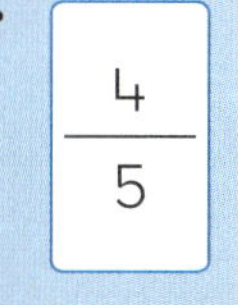

b.

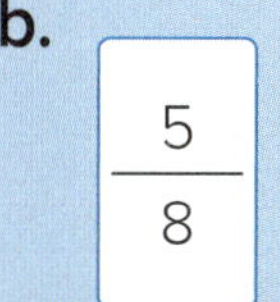

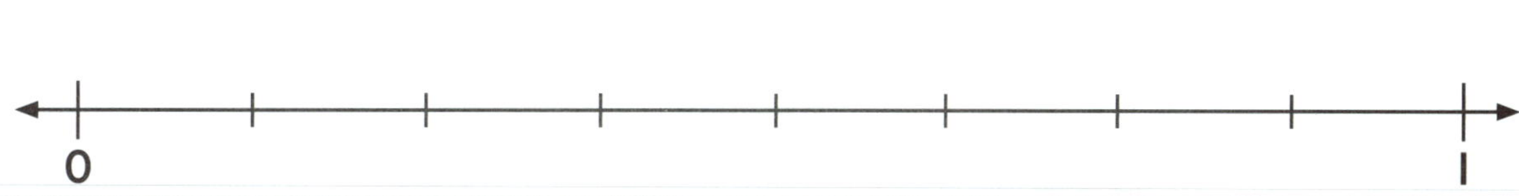

Suma: Trabajando con el algoritmo estándar (composición de centenas)

Conoce

Observa estas dos imágenes de bloques.

¿Qué número representa cada imagen?

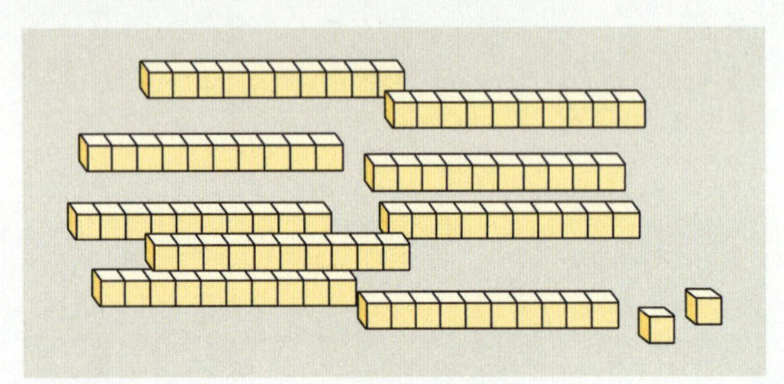

Imagina que sumas todos los bloques.

¿Cuál sería el total?

¿Cuál es otra manera de indicar el mismo valor?

Podrías reagrupar 10 bloques de decenas como 1 bloque de centenas.

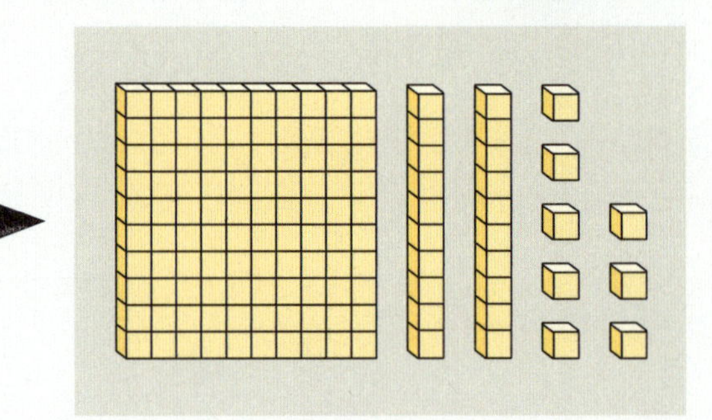

Sigue estos pasos del algoritmo estándar de la suma para sumar las dos pilas de bloques.

Primero suma las unidades.

	C	D	U
		9	2
+		3	6
			8

Luego suma las decenas.

	C	D	U
	1		
		9	2
+		3	6
		2	8

Luego suma las centenas.

	C	D	U
	1		
		9	2
+		3	6
	1	2	8

¿Por qué está escrito el numeral 1 en la posición de las centenas?

¿Qué representa?

12 decenas es lo mismo que 1 centena y 2 decenas.

Intensifica

Estima el total. Luego utiliza el algoritmo estándar para calcular la suma exacta.

a.

	C	D	U
		8	2
+		3	4

b.

	C	D	U
		7	6
+		4	3

c.

	C	D	U
		9	1
+		5	3

d.

	C	D	U
		6	8
+		5	1

e.

	C	D	U
		8	3
+		7	4

f.

	C	D	U
		7	4
+		6	0

g.

	C	D	U
	2	3	4
+		8	1

h.

	C	D	U
	5	4	2
+		9	5

i.

	C	D	U
	4	7	3
+		5	5

j.

	C	D	U
	7	8	4
+		6	4

k.

	C	D	U
	6	2	7
+		9	2

l.

	C	D	U
	8	8	2
+		7	6

Avanza

Estima el costo total. Luego utiliza el algoritmo estándar para calcular el costo exacto.

Estimado $________ Costo exacto $________

Mesa
$83

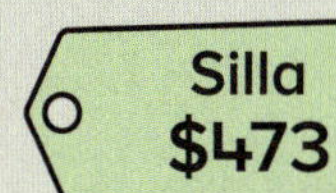

7.10 Suma: Utilizando el algoritmo estándar con números de tres dígitos

Conoce

Esta tabla indica el número de personas que visitaron una galería de arte durante el fin de semana.

	Adultos	Niños
Sábado	273	361
Domingo	192	256

¿Cómo podrías calcular el número total de personas que fueron el sábado?

Utilicé el algoritmo estándar y sumé las unidades primero.

$$\begin{array}{r} {}^{1} \\ 273 \\ +\,361 \\ \hline 634 \end{array}$$

¿Cómo utilizarías el algoritmo estándar para calcular el número total de personas que fueron a la galería de arte el sábado?

¿Qué otros totales podrías calcular a partir de la información en la tabla?

Intensifica

Utiliza esta tabla para responder las preguntas 1, 2 y 3.

Número de personas que utilizan transporte el fin de semana						
	Tren	Autobús	Automóvil	Ferri	A pie	Otros
Sábado	361	429	535	250	361	82
Domingo	577	354	348	196	329	126

1. Estima el número total de personas que utilizan cada medio de transporte el fin de semana. Luego utiliza el algoritmo estándar de la suma para calcular la suma exacta.

a. Tren

C D U

+

b. Autobús

C D U

+

c. Automóvil

C D U

+

d. Ferri	e. A pie	f. Otros
+	+	+

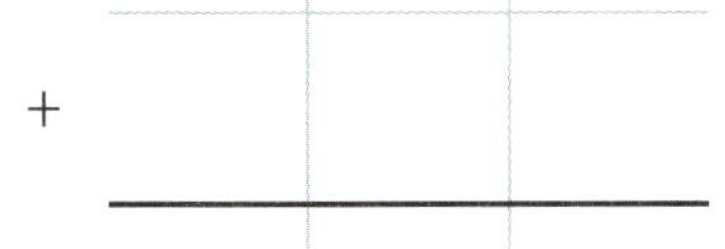
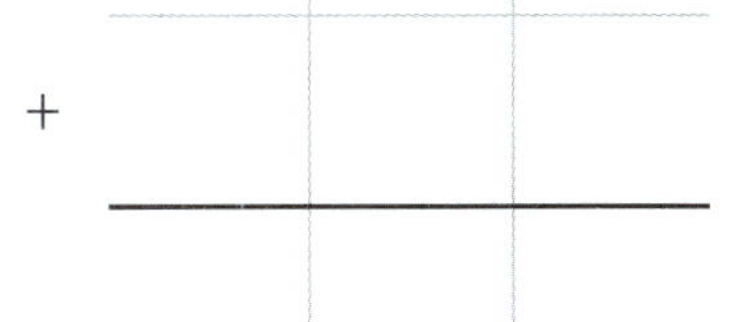
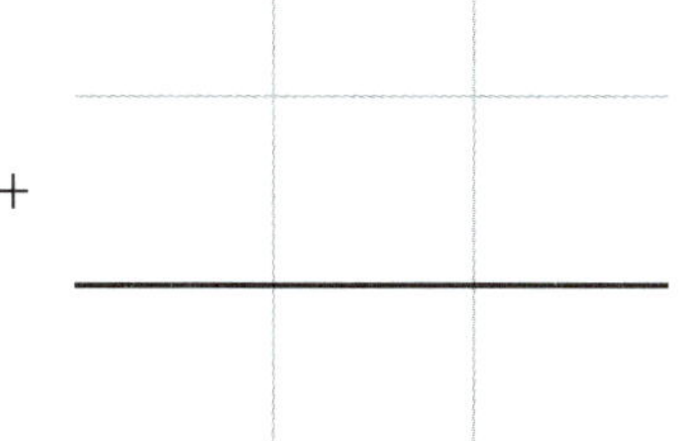

2. Calcula cuántas personas viajaron en **autobús** y en **ferri** cada día.

a. Sábado	b. Domingo
+	+

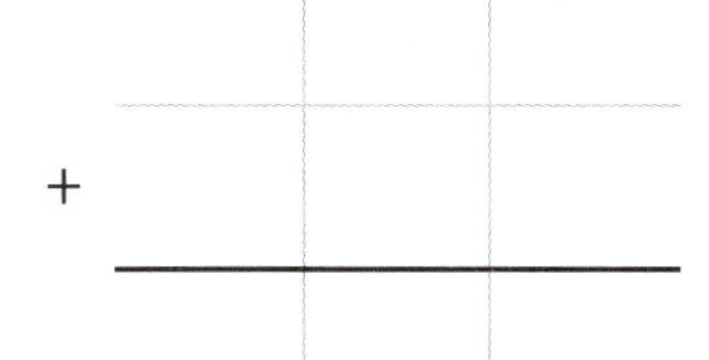

3. Calcula cuántas personas en total viajaron en **tren** y **automóvil** cada día.

a. Sábado	b. Domingo
+	+

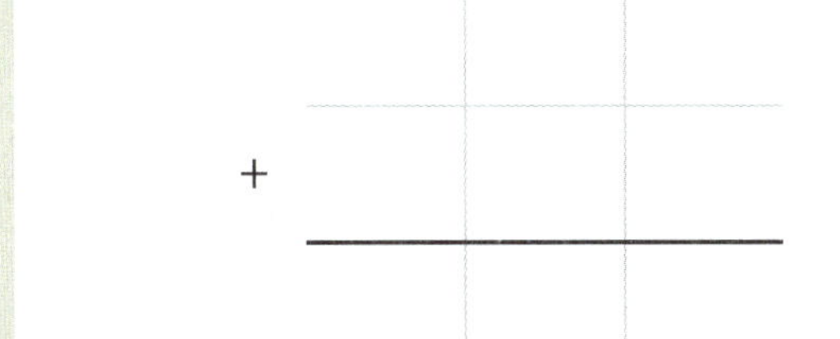
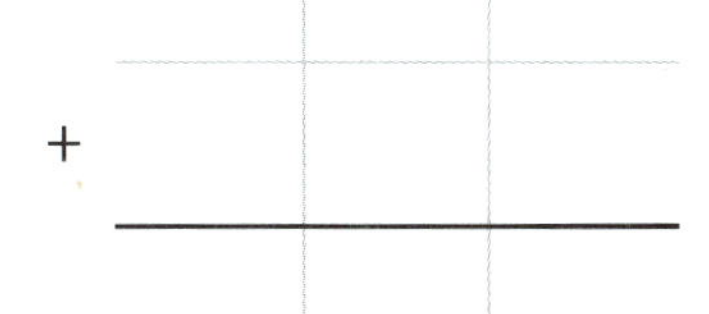

Avanza Observa la tabla de transporte de la página 270. Calcula el número total de personas para cada uno de estos medios de transporte el domingo.

a. **Tren** y **autobús**	b. **Automóvil** y **Ferri**

Reforzando conceptos y destrezas

Práctica de cálculo

★ Completa las ecuaciones. Luego escribe cada letra arriba de la diferencia correspondiente en la parte inferior de la página.

Ecuación	Letra	Ecuación	Letra
550 − 210 = ____	y	640 − 210 = ____	d
470 − 320 = ____	a	780 − 360 = ____	n
380 − 120 = ____	l	860 − 530 = ____	e
690 − 380 = ____	h	560 − 340 = ____	t
760 − 350 = ____	r	460 − 230 = ____	o
870 − 320 = ____	ñ	980 − 540 = ____	s
580 − 420 = ____	q	360 − 240 = ____	i

Algunas letras se repiten.

___	___		___	___	___		___	___	___
420	230		310	150	340		430	230	440

___	___	___	___	___	___	___	___	___		___	u	___
220	330	260	150	410	150	550	150	440		160		330

___	___	___	___		___	g	u	___	___	___	___
440	330	150	420		120			150	260	330	440

Práctica continua

1. Escribe cada numeral de manera expandida.

DE 3.1.5

a. 6,751 ______

b. 4,913 ______

2. Estima el total. Luego utiliza el algoritmo estándar para calcular el total exacto.

DE 3.7.7

a. Estimado ______

	C	D	U
	3	5	6
+		4	2

b. Estimado ______

	C	D	U
	3	1	5
+	2	5	4

c. Estimado ______

	C	D	U
	3	4	2
+	1	2	4

d. Estimado ______

	4	4	8
+	1	3	1

e. Estimado ______

	2	3	4
+	1	6	2

f. Estimado ______

	2	7	5
+	2	1	3

Prepárate para el módulo 8

En esta recta numérica la distancia de 0 a 1 es un entero. Escribe la fracción que debería estar en cada casilla.

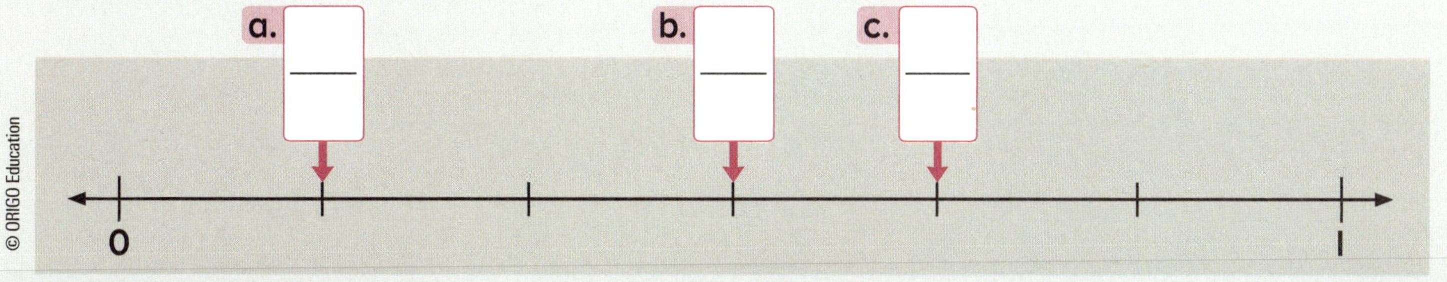

Suma: Introduciendo la estrategia de compensación

Conoce

¿Cómo podrías calcular el costo exacto de estos dos artículos?

Dwane indicó cada número con bloques base 10. Él luego reacomodó los bloques entre los grupos para sumarlos más fácilmente.

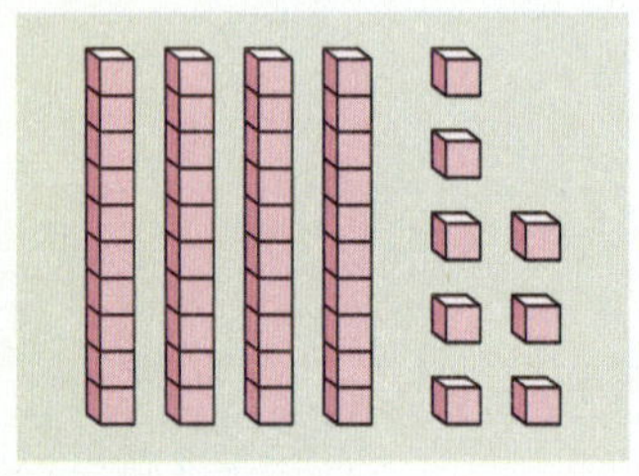
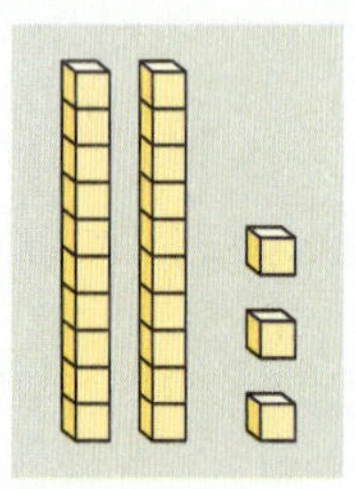

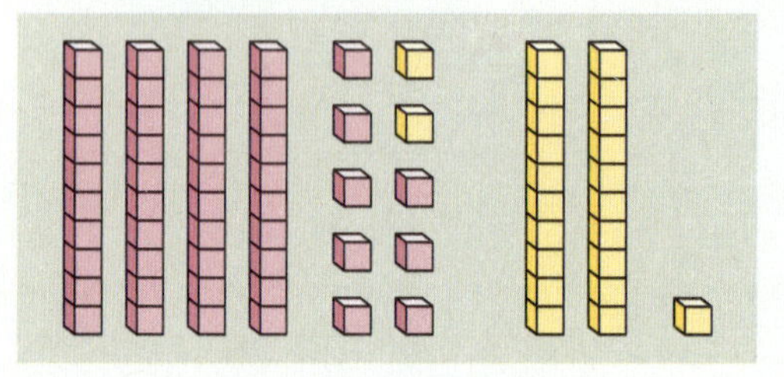

¿Cómo cambiaron los números? ¿Afectó eso el total? ¿Cómo lo sabes?

Dwane luego indicó su estrategia en esta recta numérica.

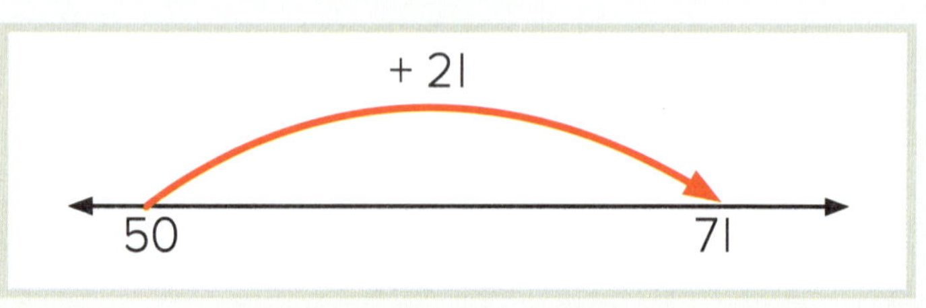

Gloria utilizó una estrategia diferente. Ella redondeó 48 a la decena más cercana.

La cantidad que ella sumó para redondear (2) es restada después para calcular el costo exacto.

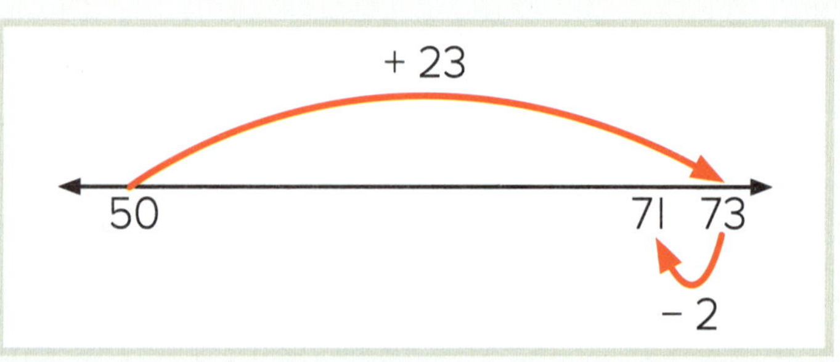

Intensifica

1. Piensa en cómo puedes cambiar estos números para sumarlos más fácilmente. Luego completa el enunciado.

a. 69 + 25
es igual a
70 + ______

b. 28 + 56
es igual a
30 + ______

c. 94 + 21
es igual a
______ + 20

d. 35 + 98
es igual a
______ + ______ = ______

e. 129 + 46
es igual a
______ + ______ = ______

2. Escribe la suma. Luego dibuja saltos en la recta numérica para indicar tu razonamiento.

a. 46 + 39 = ____

b. 19 + 84 = ____

c. 112 + 44 = ____

d. 198 + 154 = ____

e. 279 + 116 = ____

Avanza

Trata de calcular cada total sin utilizar el algoritmo estándar de la suma. Indica tu razonamiento.

a. 59 + 37 = ____

b. 299 + 56 = ____

c. 135 + 147 = ____

7.12 Suma: Resolviendo problemas verbales

Conoce

¿Qué indica esta tabla?

Manera en la que van a la escuela los estudiantes de Moonby				
Autobús	**Automóvil**	**A pie**	**Bicicleta**	**Otro**
225	197	82	161	30

¿Cómo podrías calcular el número total de estudiantes que van a la escuela en autobús o automóvil?

Liam utilizó el algoritmo estándar.

	C	D	U
	2	2	5
+	1	9	7
	4	2	2

Terri utilizó una estrategia de compensación.

$225 + 197 = \square$

$225 + 200 = 425$

$425 - 3 = 422$

¿Cuál es el total? ¿Cómo ajustó Terri los números para encontrar la respuesta?

¿Cuál estrategia prefieres? ¿Por qué?

¿Qué otros números de la tabla puedes sumar?

Intensifica

1. Utiliza la tabla en la parte superior de la página para resolver cada problema. Indica tu razonamiento.

a. ¿Cuántos estudiantes van a la escuela a pie o en bicicleta?

______ estudiantes

b. ¿Cuántos estudiantes van a la escuela en autobús, bicicleta o automóvil?

______ estudiantes

2. Resuelve cada problema. Indica tu razonamiento.

a. Se envió una carta a la casa de todos los estudiantes de tercer grado. Hay 97 niñas y 85 niños en 3.er grado. ¿Cuántas cartas se enviaron?

_____ cartas

b. Hay 46 estudiantes menos en 2.º grado que en 3.er grado. Hay 125 estudiantes en 2.º grado. ¿Cuántos estudiantes hay en 3.er grado?

_____ estudiantes

c. El lunes 314 estudiantes fueron de excursión al museo. El martes fueron 28 estudiantes más que el lunes. ¿Cuántos estudiantes fueron de excursión en total?

_____ estudiantes

d. La cafetería vende 420 pintas de leche en tres días. Ellos venden 119 pintas el lunes y 186 pintas el martes. ¿Cuántas pintas de leche venden el miércoles?

_____ pintas

Avanza Resuelve este problema. Indica tu razonamiento.

Los estudiantes de la escuela Yellow Rock están organizados en 3 equipos deportivos: rojo, azul y verde. Hay 765 estudiantes matriculados en la escuela y el director quiere asegurarse de que el número de estudiantes en cada equipo sea similar. ¿Cuántos estudiantes podría haber en cada grupo?

_____ rojo

_____ azul

_____ verde

Reforzando conceptos y destrezas

Piensa y resuelve

Por cada cuadrado, suma los números en las **casillas sombreadas** para calcular el número mágico.

Luego utiliza cada el número mágico para completar el cuadrado mágico.

En un cuadrado mágico, los tres números en cada fila, columna y diagonal suman el mismo número. Éste es llamado **número mágico**.

a.

14		16
15		11
10		

b.

21		
	22	
25		23

Palabras en acción

Imagina que tu amigo estuvo ausente cuando aprendiste acerca del algoritmo estándar de la suma. Escribe los pasos que tu amigo debe seguir para sumar 496 y 127.

	C	D	U
+			

Práctica continua

1. Escribe el número que indica cada flecha.

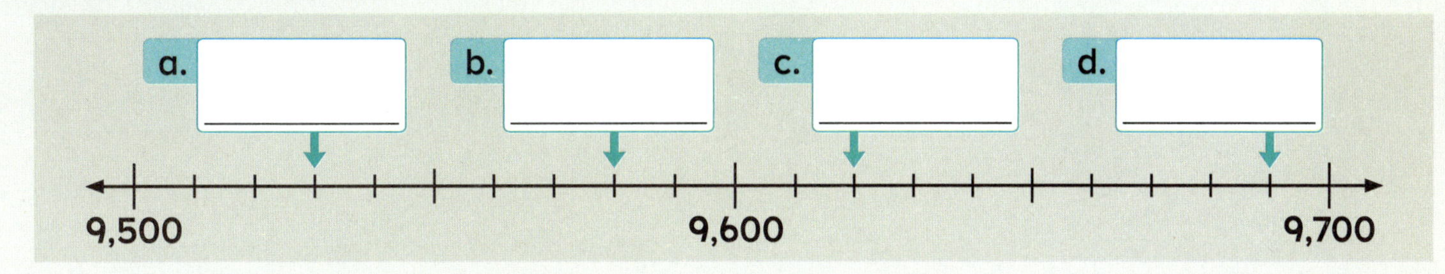

DE 3.1.6

2. Completa estos estos algoritmos estándares de la suma.

DE 3.7.8

a.

	C	D	U
	2	5	8
+		2	7

b.

	C	D	U
	3	1	6
+		5	7

c.

	C	D	U
	1	4	5
+		3	8

d.

	3	2	6
+		4	5

e.

	2	1	8
+		5	6

f.

	4	5	7
+		3	8

Prepárate para el módulo 8

Lee la báscula. Luego escribe la masa con palabras.

a.

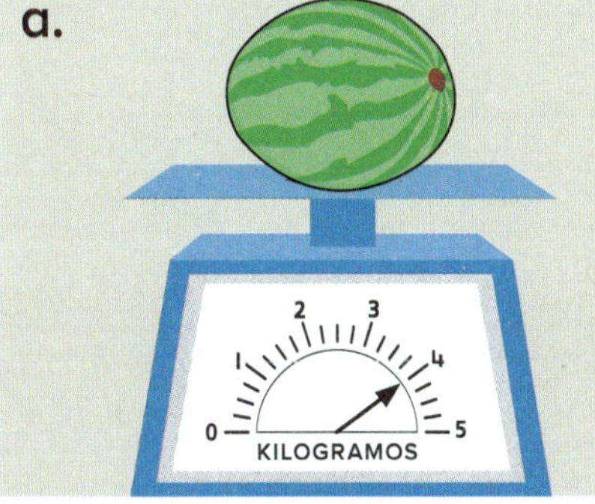

____

b.

____

c.

____

Espacio de trabajo

División: Introduciendo las operaciones básicas del nueve

Conoce

¿Qué operaciones básicas de multiplicación del nueve conoces?

Observa la imagen de abajo. ¿Qué número está cubierto?

9 × [ ] = 45

¿Cómo lo sabes?

¿Qué sabes acerca de esta matriz?

¿Cómo podrías calcular el número de puntos que hay en cada fila?

Escribe la operación básica de multiplicación y la de división que podrías utilizar para calcular el número de puntos en cada fila.

___ × ___ = ___ ___ ÷ ___ = ___

27 puntos en total

¿Cómo podrías utilizar la multiplicación para calcular 36 ÷ 9?

Intensifica

1. Completa la operación básica de multiplicación que podrías utilizar para calcular la de división. Luego completa la operación básica de división.

a.

18 puntos en total

2 × ___ = 18

18 ÷ 2 = ___

b.

54 puntos en total

___ × 9 = 54

54 ÷ 9 = ___

c.

36 puntos en total

4 × ___ = 36

36 ÷ 4 = ___

d.

90 puntos en total

___ × 9 = 90

90 ÷ 9 = ___

2. Escribe la operación básica de multiplicación y la de división que corresponda a cada imagen.

a.

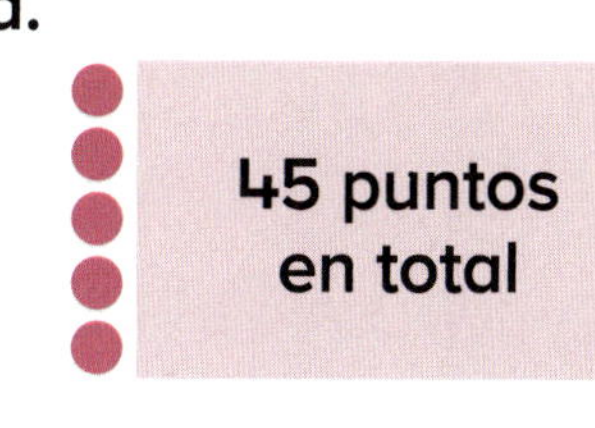

___ × ___ = ___

___ ÷ ___ = ___

b.

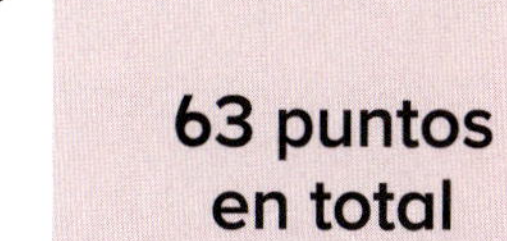

___ × ___ = ___

___ ÷ ___ = ___

c.

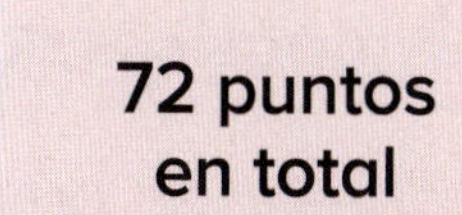

___ × ___ = ___

___ ÷ ___ = ___

d.

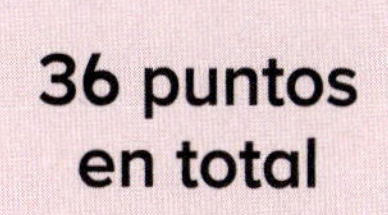

___ × ___ = ___

___ ÷ ___ = ___

e.

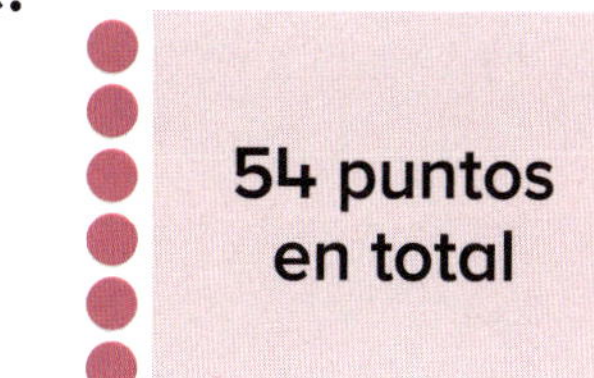

___ × ___ = ___

___ ÷ ___ = ___

f.

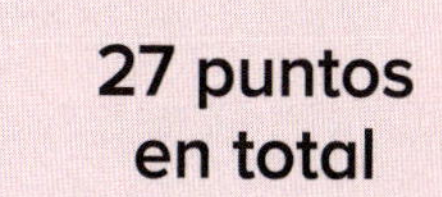

___ × ___ = ___

___ ÷ ___ = ___

3. Escribe una operación básica de multiplicación y una de división que correspondan a este problema.

Los vasos están ordenados en 9 filas iguales. Hay 72 vasos en total. ¿Cuántos vasos hay en cada fila?

___ × ___ = ___

___ ÷ ___ = ___

Avanza Escribe el número que falta en cada operación básica.

a. 36 ÷ 9 = ___

b. 9 = 18 ÷ ___

c. ___ ÷ 9 = 1

d. 9 = 45 ÷ ___

e. ___ ÷ 9 = 9

f. 3 = ___ ÷ 9

8.2 División: Reforzando las operaciones básicas del nueve

Conoce

Lisa escribió estas operaciones básicas del nueve.

$4 \times 9 = 36$

$5 \times 9 = 45$

$6 \times 9 = 54$

$7 \times 9 = 62$

$8 \times 9 = 72$

Encierra la operación básica de multiplicación incorrecta. Luego escribe la operación básica correcta.

____ × ____ = ____

¿Qué notas en el producto de cada operación básica del nueve?

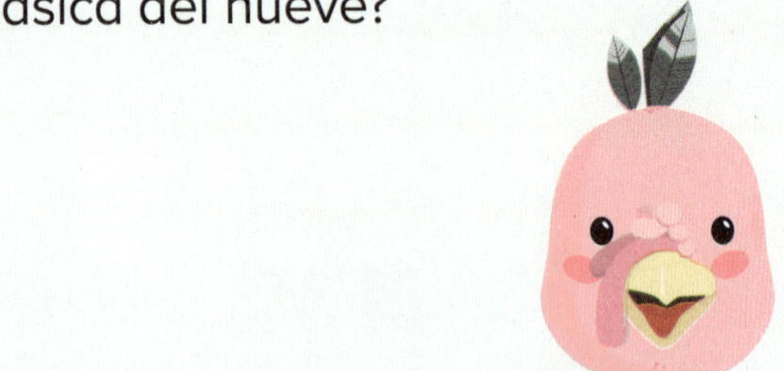

Los dígitos de cada producto suman 9.
$3 + 6 = 9$ $4 + 5 = 9$ $5 + 4 = 9$

Observa los frascos de abajo.

¿Cómo podrías calcular las cantidades que se pueden repartir equitativamente entre nueve?

53 canicas

27 canicas

¿Qué otras cantidades que se puedan repartir equitativamente entre nueve conoces?

Intensifica

1. Colorea un círculo para indicar una cantidad que puede ser repartida equitativamente entre nueve. Luego colorea una matriz para indicar cómo la cantidad puede ser partida en filas iguales.

a.

b.

2. Colorea una matriz que corresponda a los números dados. Luego completa la familia de operaciones básicas correspondiente.

a.	b.	c.	d.
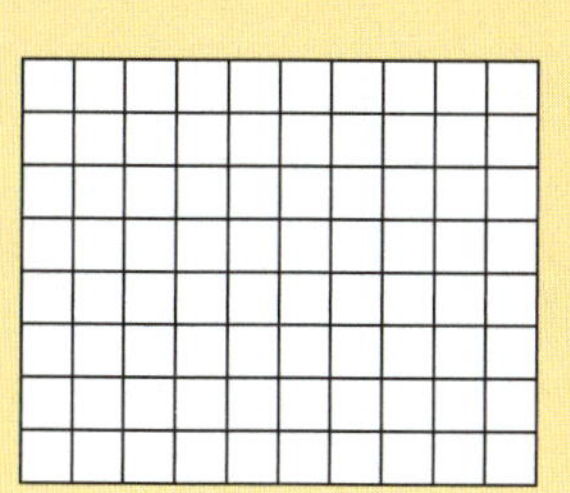	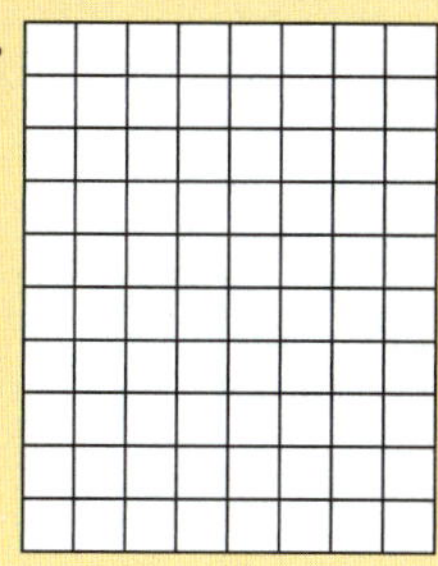	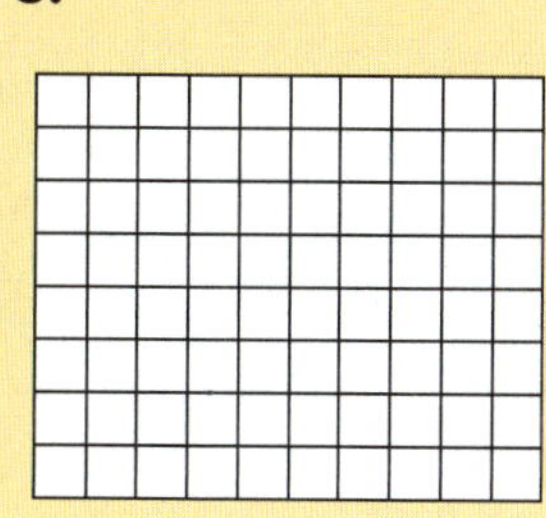	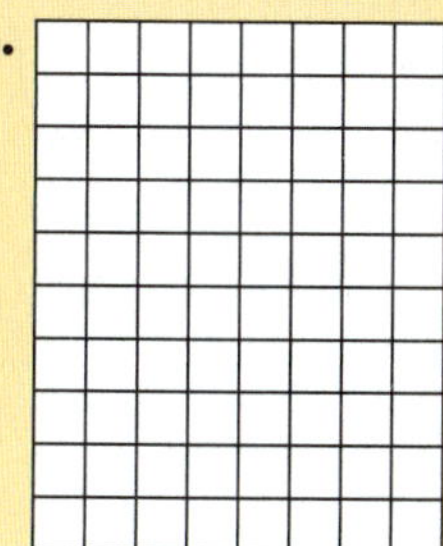
5 × 9 = ___	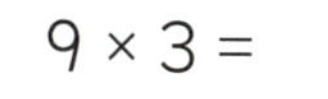 9 × 3 = ___	1 × 9 = ___	9 × 6 = ___
___ × ___ = ___	___ × ___ = ___	___ × ___ = ___	___ × ___ = ___
___ ÷ ___ = ___	___ ÷ ___ = ___	___ ÷ ___ = ___	___ ÷ ___ = ___
___ ÷ ___ = ___	___ ÷ ___ = ___	___ ÷ ___ = ___	___ ÷ ___ = ___

3. Completa cada ecuación. Luego utiliza el mismo color para indicar las operaciones numéricas básicas que corresponden a la misma familia de operaciones básicas.

72 ÷ 9 = ___	10 = ___ ÷ 9	9 × 5 = ___	___ = 36 ÷ 9
___ = 10 × 9	45 ÷ 5 = ___	___ = 8 × 9	9 × 5 = ___
___ ÷ 4 = 9	45 = ___ × 9	___ ÷ 8 = 9	___ = 4 × 9

Avanza

Encierra una cantidad que pienses se puede repartir equitativamente entre nueve. Luego calcula la respuesta para comprobar tu predicción.

119 canicas

190 canicas

108 canicas

Reforzando conceptos y destrezas

Práctica de cálculo

¿Por qué el león escupió al payaso?

★ Escribe cada producto y la operación conmutativa. Luego escribe cada letra arriba del producto correspondiente en la parte inferior de la página. Algunas letras se repiten.

$8 \times 1 =$ ____ = ____ × ____	**t**	$10 \times 8 =$ ____ = ____ × ____	**í**
$6 \times 8 =$ ____ = ____ × ____	**h**	$8 \times 4 =$ ____ = ____ × ____	**o**
$8 \times 3 =$ ____ = ____ × ____	**e**	$9 \times 8 =$ ____ = ____ × ____	**a**
$8 \times 5 =$ ____ = ____ × ____	**l**	$8 \times 7 =$ ____ = ____ × ____	**s**
$8 \times 8 =$ ____ = ____ × ____	**b**	$2 \times 8 =$ ____ = ____ × ____	**i**

____	____		____	____	____	____	____
40	24		56	72	64	80	72

c	____	____	____	____	____	____	____
	48	16	56	8	32	56	32

Completa estas operaciones básicas tan rápido como puedas.

$5 \times 6 =$ ____	$8 \times 6 =$ ____	$1 \times 6 =$ ____
$6 \times 2 =$ ____	$6 \times 9 =$ ____	$6 \times 6 =$ ____
$4 \times 6 =$ ____	$7 \times 6 =$ ____	$3 \times 6 =$ ____

Práctica continua

1. Completa estos algoritmos estándares de suma.

a.

	C	D	U
	6	3	1
+		8	7

b.

	C	D	U
	2	5	6
+		7	3

c.

	C	D	U
	4	6	7
+		5	2

d.

	3	8	0
+		4	7

e.

	2	4	0
+		6	8

f.

	4	5	7
+	1	7	0

g.

	5	6	3
+	2	5	5

2. Completa las operaciones básicas que correspondan a cada imagen.

a.

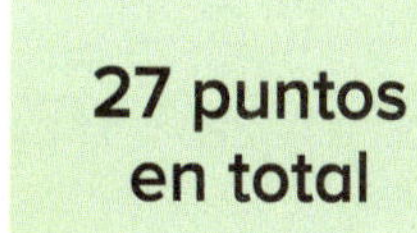

____ × ____ = ____

____ ÷ ____ = ____

b.

54 puntos en total

____ × ____ = ____

____ ÷ ____ = ____

c.

36 puntos en total

____ × ____ = ____

____ ÷ ____ = ____

d.

63 puntos en total

____ × ____ = ____

____ ÷ ____ = ____

Prepárate para el módulo 9

Lee cada problema. Luego colorea la etiqueta que indica tu estimado.

a. Reece corrió por 20 minutos y luego caminó por 37 minutos. ¿Cerca de cuantos minutos se ejercitó en total?

60 minutos | 70 minutos | 80 minutos

b. Lillian tiene $72 dólares. Ella compra algunas partes de auto por $51. ¿Cerca de cuánto dinero le queda?

$5 | $10 | $20

División: Introduciendo las operaciones básicas del seis y las últimas operaciones básicas

Conoce

Observa esta matriz.

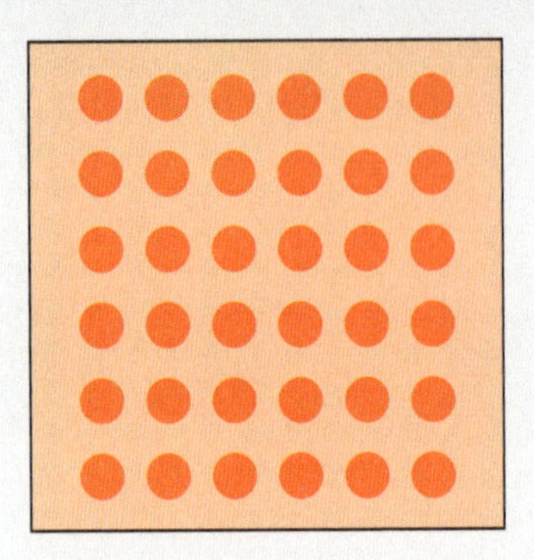

¿Cuál es una manera fácil de calcular el número total de puntos?

42 puntos en total

Observa esta imagen.

¿Cómo podrías calcular el número total de puntos en cada fila?

Podría utilizar la división. $42 \div 6 = ?$

Pero es más fácil pensar en multiplicación. $6 \times ? = 42$

¿Cómo podrías utilizar la multiplicación para calcular $30 \div 6$?

Intensifica

1. Completa la operación básica de multiplicación que utilizarías para calcular la operación básica de división. Luego completa la operación básica de división.

a. 12 puntos en total

$2 \times \_\_\_ = 12$

$12 \div 2 = \_\_\_$

b. 60 puntos en total

$10 \times \_\_\_ = 60$

$60 \div 10 = \_\_\_$

c. 36 puntos en total

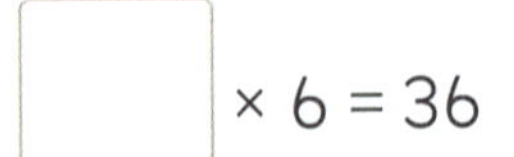

$\_\_\_ \times 6 = 36$

$36 \div 6 = \_\_\_$

d. 18 puntos en total

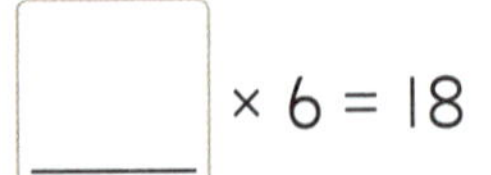

$\_\_\_ \times 6 = 18$

$18 \div 6 = \_\_\_$

2. Escribe las operaciones básicas correspondientes.

a.

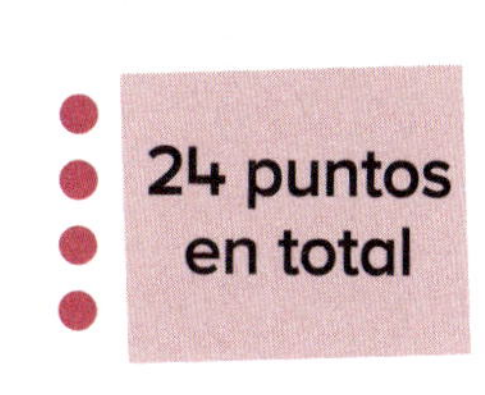

___ × ___ = ___

___ ÷ ___ = ___

b.

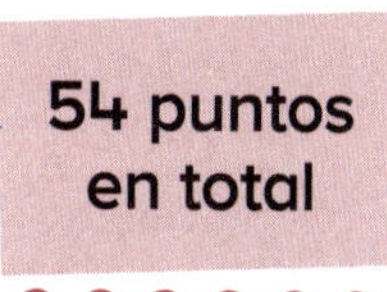

___ × ___ = ___

___ ÷ ___ = ___

c.

___ × ___ = ___

___ ÷ ___ = ___

d.

21 puntos en total

___ × ___ = ___

___ ÷ ___ = ___

e.

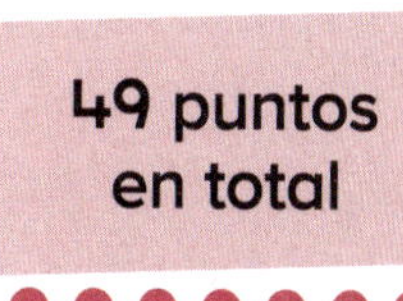

___ × ___ = ___

___ ÷ ___ = ___

f.

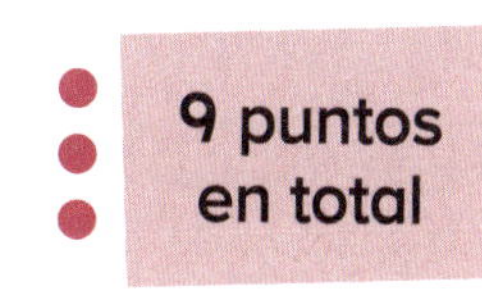

___ × ___ = ___

___ ÷ ___ = ___

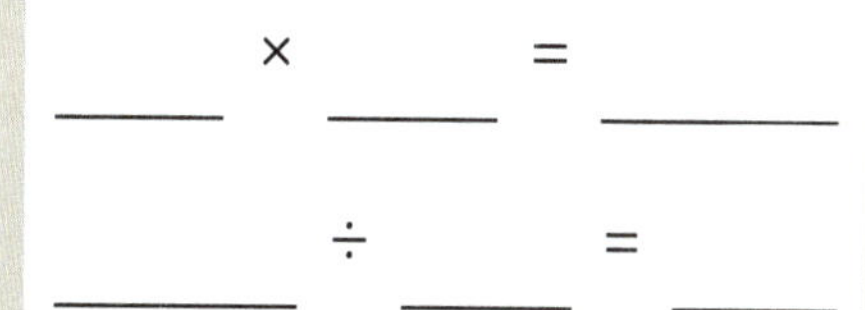

3. Escribe la operación básica de multiplicación y la de división que correspondan a este problema. Utiliza un **?** para indicar la cantidad desconocida.

Los boletos cuestan $8 cada uno. Ruben pagó $48 en total. ¿Cuántos boletos compró?

___ × ___ = ___

___ ÷ ___ = ___

Avanza

Utiliza las operaciones básicas de las páginas 288 y 289 como ayuda para resolver estos problemas. Indica tu razonamiento en la página 318.

Se necesita un limón para preparar un vaso de limonada.

a. Seis niños exprimieron ocho limones cada uno para preparar algunos vasos de limonada. ¿Cuántos vasos de limonada pudieron preparar?

___ vasos

b. Ellos vendieron toda la limonada por $72 en total. Si se reparten la cantidad equitativamente, ¿cuánto dinero recibirá cada uno?

$___

División: Reforzando las operaciones básicas del seis y las últimas operaciones básicas

Conoce

Se le pidió a un grupo de amigos que ordenaran 60 sillas en filas iguales.

Podrías tener 12 sillas en cada fila, o

3 filas de 20, o

6 filas iguales.

¿Cómo podrías calcular si cada una de estas reparticiones es posible?

Colorea una matriz abajo para indicar otra manera de ordenar las sillas.

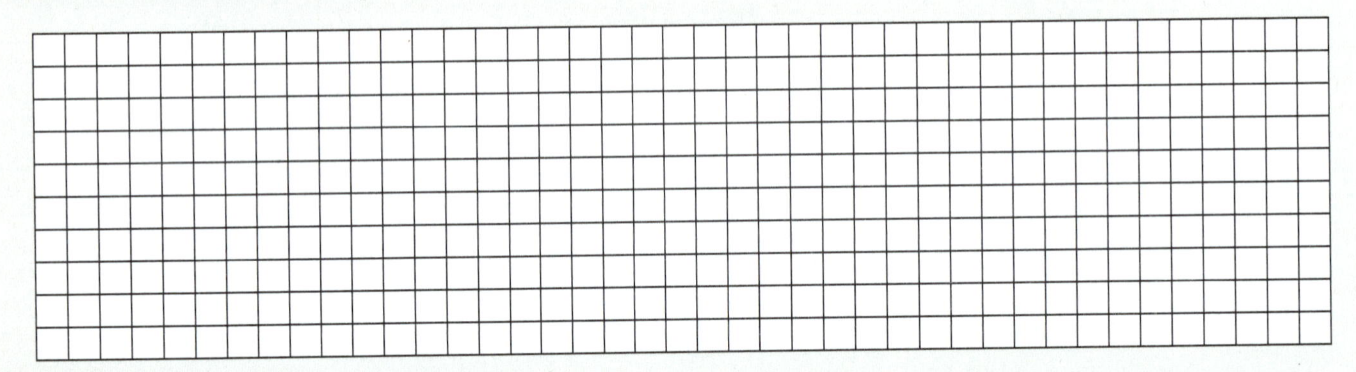

¿Cuál familia de operaciones básicas podrías escribir para describir la repartición?

Intensifica

1. Colorea una matriz que corresponda a los números dados. Luego completa la familia de operaciones básicas correspondiente.

a.

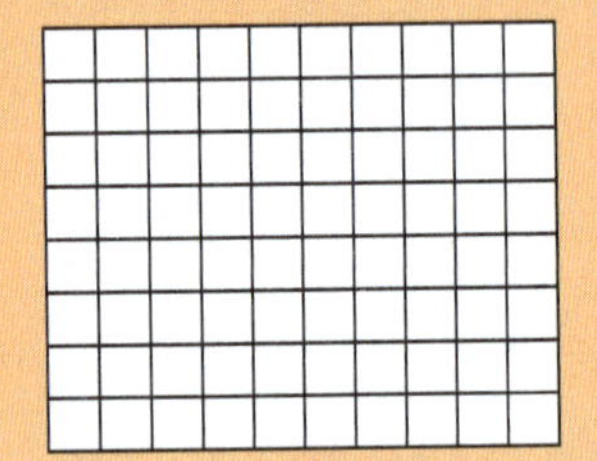

$7 \times 6 =$ ______

______ × ______ = ______

______ ÷ ______ = ______

______ ÷ ______ = ______

b.

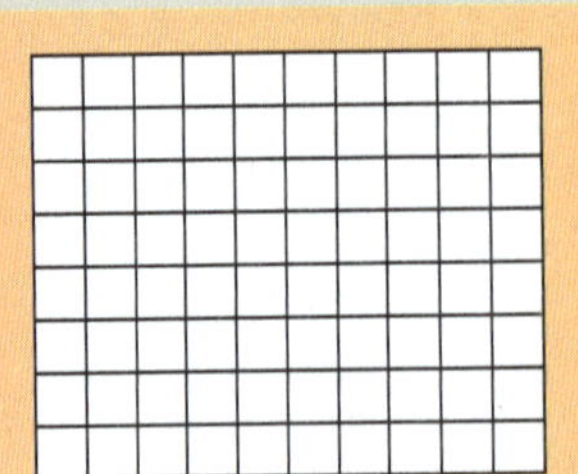

$8 \times 6 =$ ______

______ × ______ = ______

______ ÷ ______ = ______

______ ÷ ______ = ______

c.

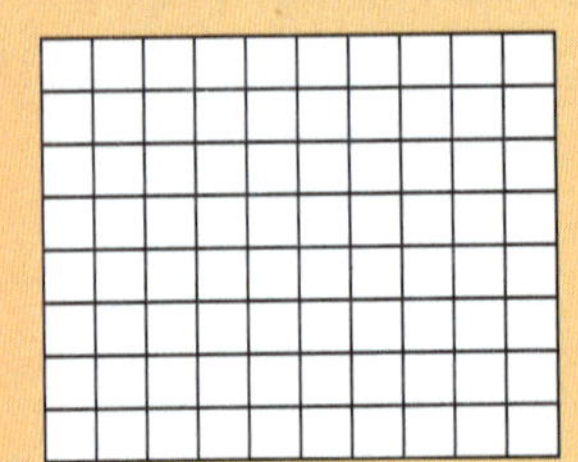

$6 \times 2 =$ ______

______ × ______ = ______

______ ÷ ______ = ______

______ ÷ ______ = ______

2. Completa cada operación básica. Luego traza líneas para conectar operaciones básicas de la misma familia. Tacha las dos operaciones básicas que no corresponden.

$18 \div 3 =$ ____

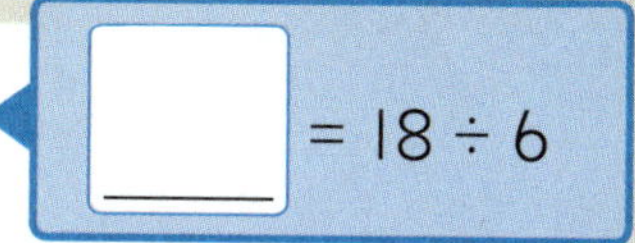

____ $= 18 \div 6$

$9 \times 6 =$ ____

$6 \times 7 =$ ____

____ $= 24 \div 4$

____ $= 7 \times 8$

$42 \div 7 =$ ____

$54 \div 6 =$ ____

____ $= 7 \times 7$

$6 \times 4 =$ ____

$24 \div 8 =$ ____

$49 \div 7 =$ ____

3. Escribe el número que falta en cada operación básica.

a. $60 \div 6 =$ ____	b. ____ $\div 6 = 6$	c. $21 \div$ ____ $= 3$	d. $24 \div$ ____ $= 6$
e. ____ $\div 9 = 6$	f. $7 =$ ____ $\div 6$	g. $0 \div 6 =$ ____	h. $1 =$ ____ $\div 3$

Avanza

Encierra cada caja de adhesivos que crees se puede repartir equitativamente entre seis. Indica tu razonamiento en la página 318.

80 ADHESIVOS

90 ADHESIVOS

120 ADHESIVOS

100 ADHESIVOS

8.4 Reforzando conceptos y destrezas

Piensa y resuelve

Los números en los círculos son las sumas de las filas y las columnas.

Las letras iguales representan los mismos números. Escribe el valor de cada letra.

A = ____ B = ____

C = ____ D = ____

E = ____ F = ____

Inicia con una fila o una columna que tenga las mismas letras.

A	B	A	A	15
D	B	C	B	24
8	12	E	F	

Palabras en acción

Escribe un problema verbal que involucre una operación básica de división del seis. Luego escribe cómo encontraste la solución.

Práctica continua

1. Completa estos algoritmos estándares de la suma.

a.

	C	D	U
	2	4	8
+		2	7

b.

	C	D	U
	4	1	6
+		5	6

c.

	C	D	U
		3	6
+		8	3

d.

		4	5
+		9	2

e.

	3	1	8
+	1	5	7

f.

	4	7	2
+	2	5	6

DE 3.7.10

2. Escribe las operaciones básicas correspondientes.

a.

18 puntos en total

_____ × _____ = _______

_______ ÷ _____ = _____

b.

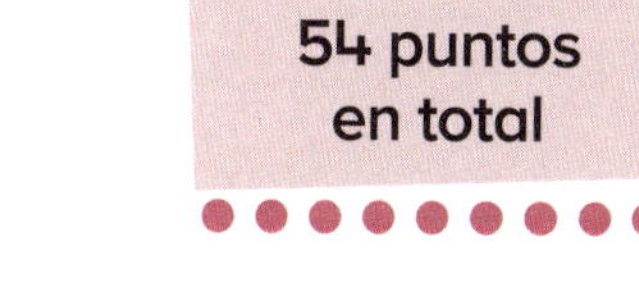

_____ × _____ = _______

_______ ÷ _____ = _____

c.

_____ × _____ = _______

_______ ÷ _____ = _____

DE 3.8.3

Prepárate para el módulo 9

Calcula la diferencia. Dibuja saltos en la recta numérica para indicar tu razonamiento.

a. 65 − 27 = _______

b. 72 − 35 = _______

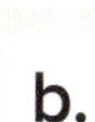

8.5 Fracciones comunes: Contando más allá de un entero

Conoce

Ocho amigos compartieron una pizza.
Cada amigo tenía un octavo de la pizza entera.

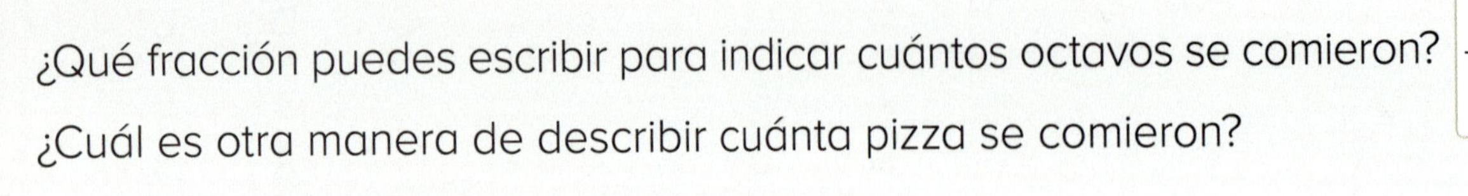

¿Qué fracción puedes escribir para indicar cuántos octavos se comieron? $\frac{\square}{\square}$

¿Cuál es otra manera de describir cuánta pizza se comieron?

$\frac{8}{8}$ es el mismo valor que un entero.
Un entero es el mismo valor que 1.

Intensifica

1. Cada tira es un entero. Colorea partes para indicar cada fracción.

a. $\frac{1}{3}$

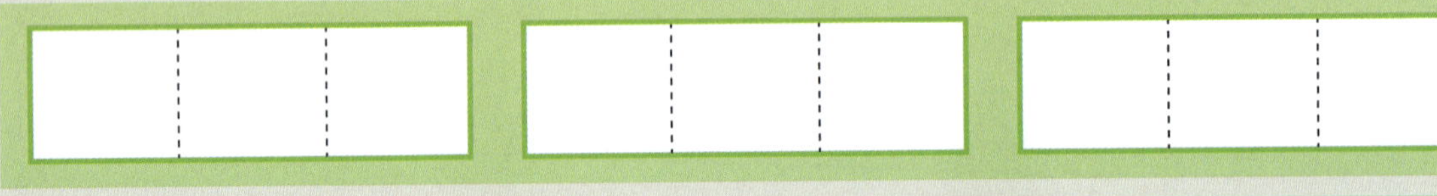

b. $\frac{2}{3}$

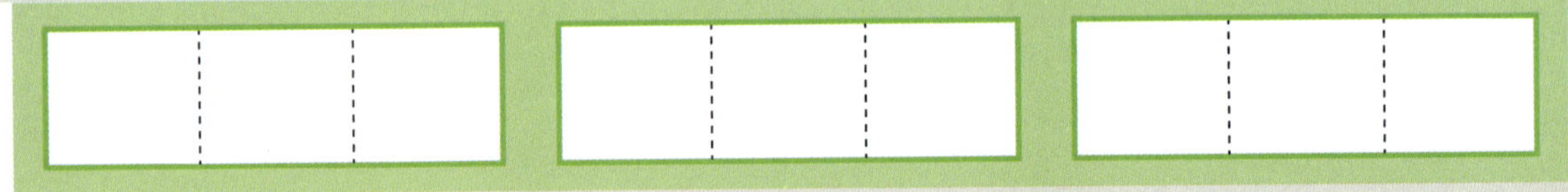

c. $\frac{3}{3}$

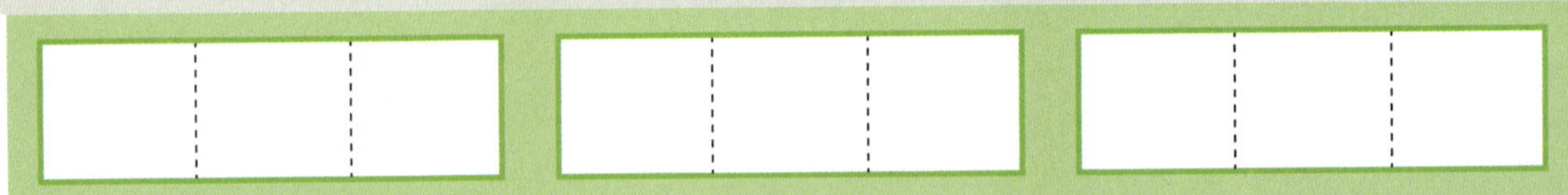

d. $\frac{4}{3}$

e. $\frac{5}{3}$

f. $\frac{6}{3}$

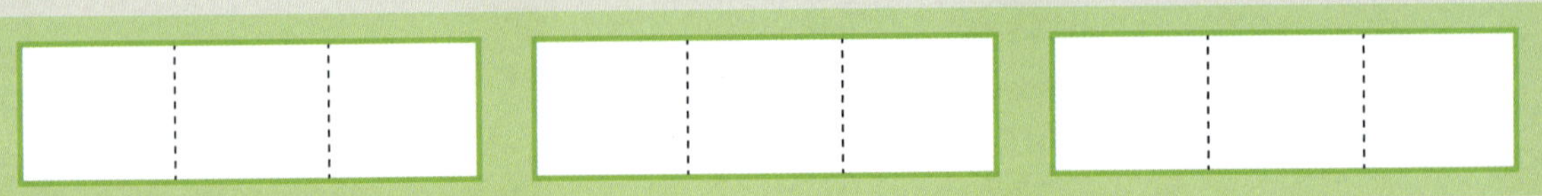

g. $\frac{7}{3}$

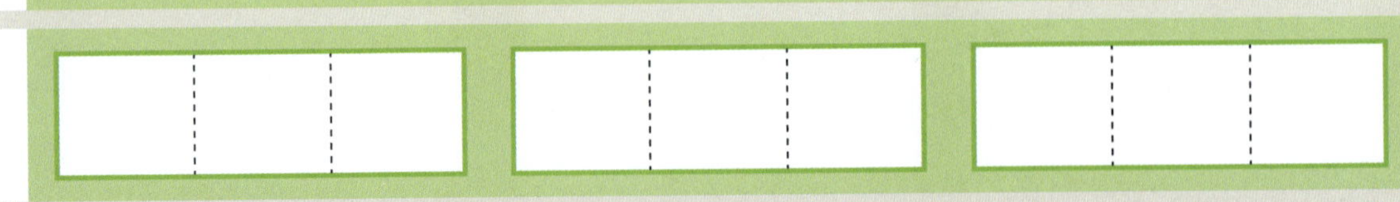

2. Encierra las fracciones de arriba que representan 1 o 2.

3. Cada tira es un entero. Colorea partes para indicar cada fracción.

a. un cuarto		
b. dos cuartos		
c. tres cuartos		
d. cuatro cuartos		
e. cinco cuartos		
f. seis cuartos		
g. siete cuartos		
h. ocho cuartos		

4. Encierra las fracciones de arriba que son iguales a 1 o 2.

Avanza Cuenta en octavos. Escribe la fracción que dirías.

un octavo	dos octavos	____ octavos
____ octavos	____ octavos	____ octavos
____ octavos	____ octavos	____ octavos

Fracciones comunes: Explorando fracciones impropias

Conoce

Se colocan dos tiras de papel juntas.
Cada tira de papel indica un entero.

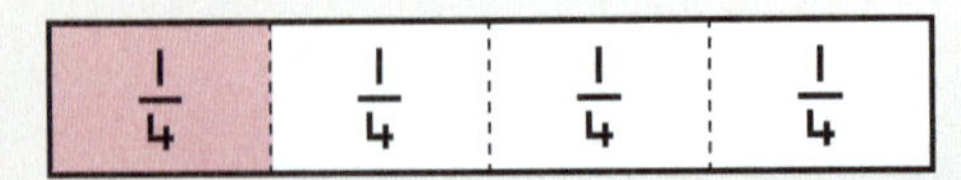

¿Cuántos cuartos se han coloreado en total?
¿Cuánto mayor que un entero es eso?

Una **fracción impropia** tiene un numerador igual o mayor que el denominador.
$\frac{5}{5}$ y $\frac{9}{5}$ son fracciones impropias.

Las fracciones mayores que uno también se pueden indicar con figuras.

Cada cuadrado grande a la derecha es un entero.

Cada entero se parte en cuatro partes de igual tamaño.

¿Cuántos cuartos están coloreados en total?

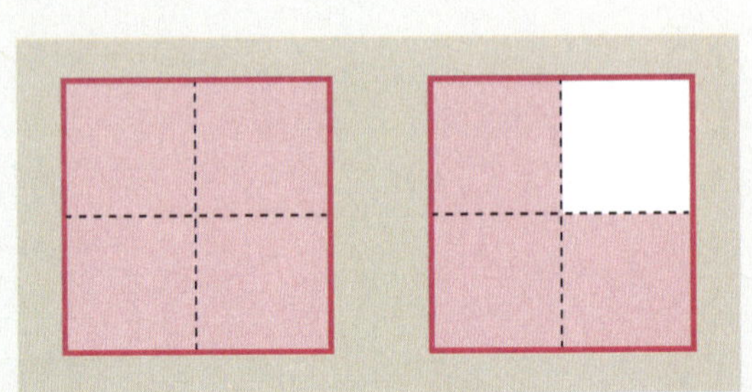

¿Qué fracción está coloreada?

Intensifica

1. Cada figura grande es un entero. Escribe la fracción que está coloreada.

a.

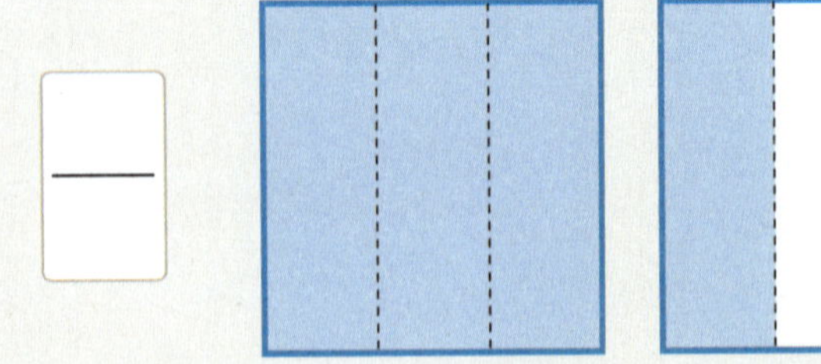

b.

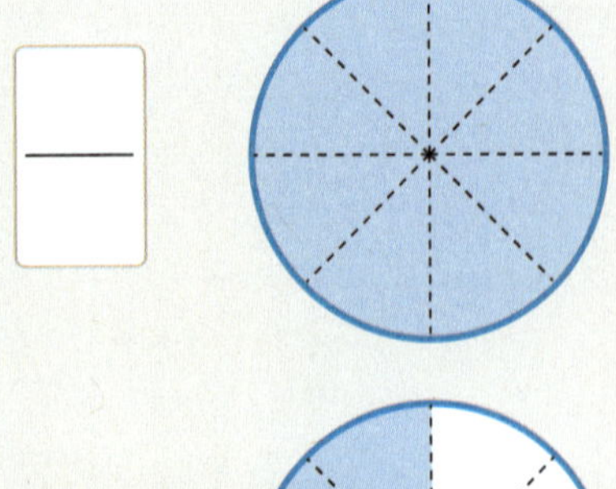

c.

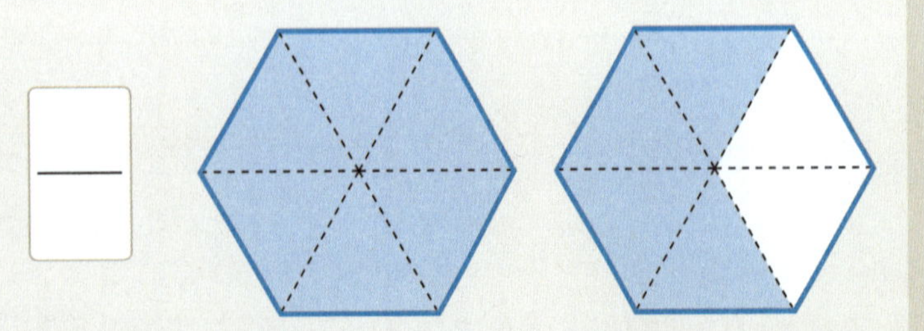

2. Cada figura grande es un entero. Colorea las figuras para indicar cada fracción.

a. $\frac{6}{4}$

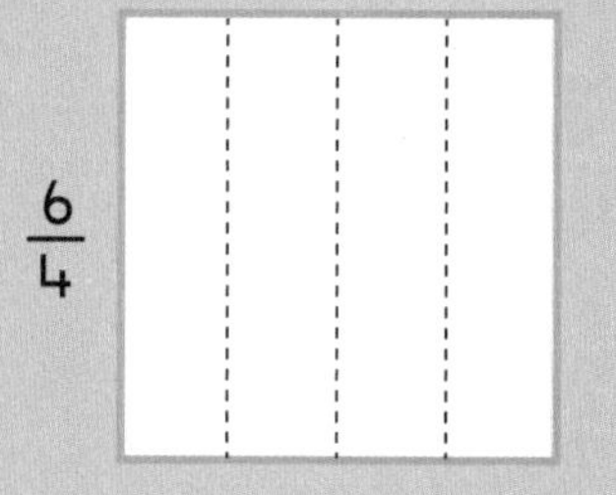

b. $\frac{5}{2}$

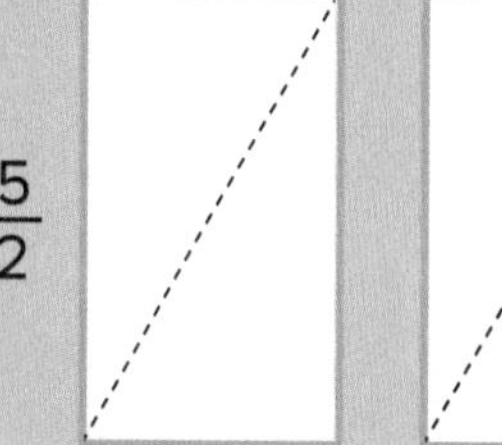
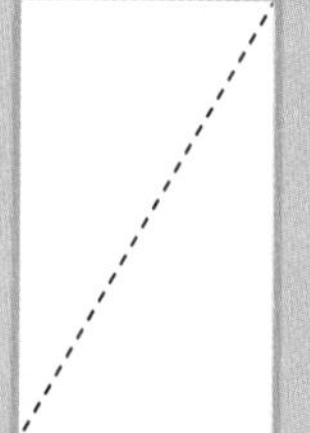
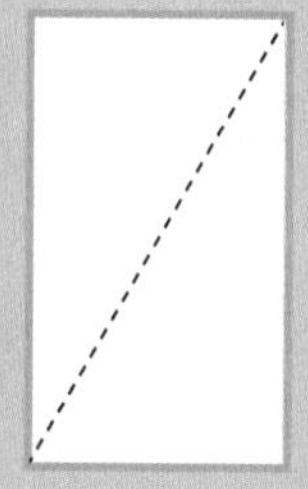

c. $\frac{9}{8}$

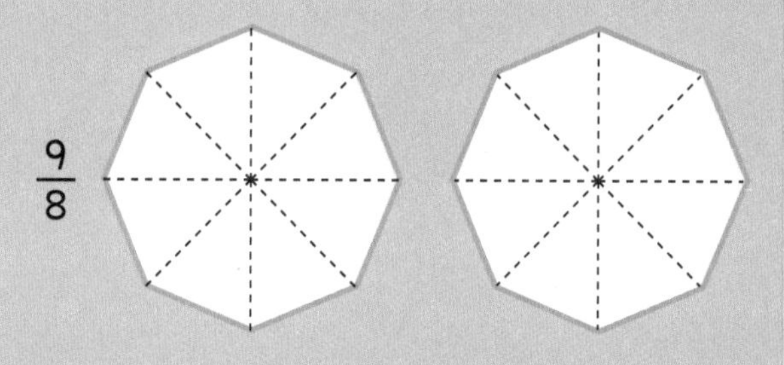

d. $\frac{10}{4}$

e. $\frac{9}{6}$

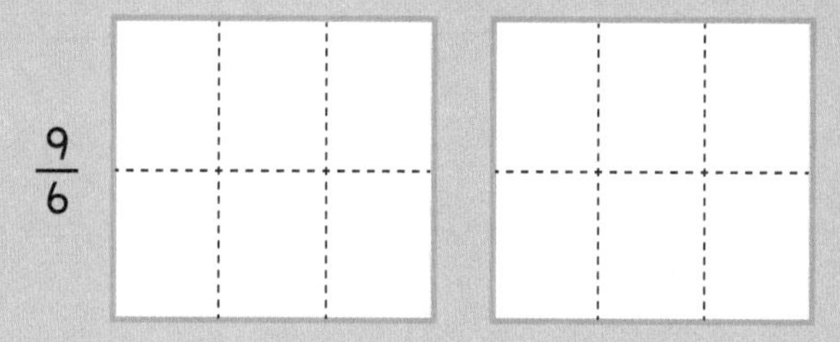

f. $\frac{8}{3}$

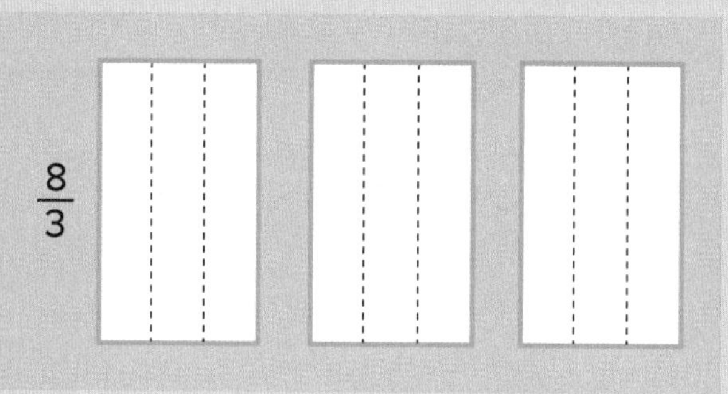

g. $\frac{6}{3}$

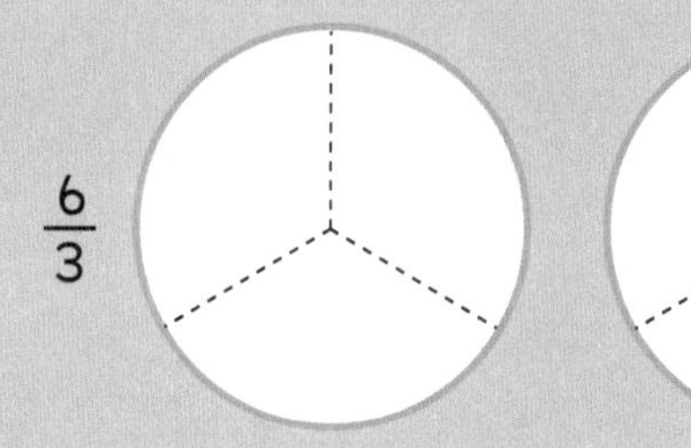

h. $\frac{13}{8}$

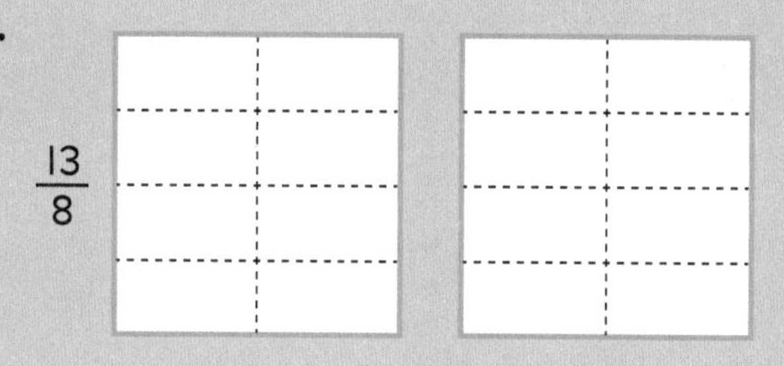

Avanza

Cada cuadrado es un entero. Traza líneas para partir cada cuadrado en partes de igual tamaño. Luego colorea partes para indicar $\frac{9}{4}$.

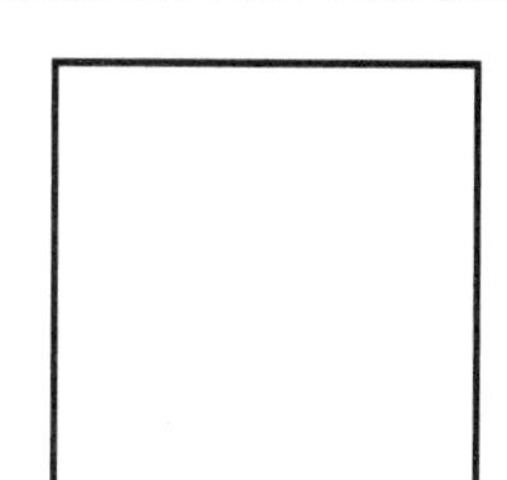

8.6 Reforzando conceptos y destrezas

Práctica de cálculo

¿Quién es este que se arrima trayendo su casa encima?

★ Escribe la operación básica de multiplicación que utilizarías para calcular la de división. Escribe los cocientes. Traza una línea desde cada cociente a la izquierda hasta el cociente correspondiente a la derecha. La línea pasará por un número y una letra. Escribe cada letra de arriba de su número en la parte inferior de la página. Algunas letras se repiten.

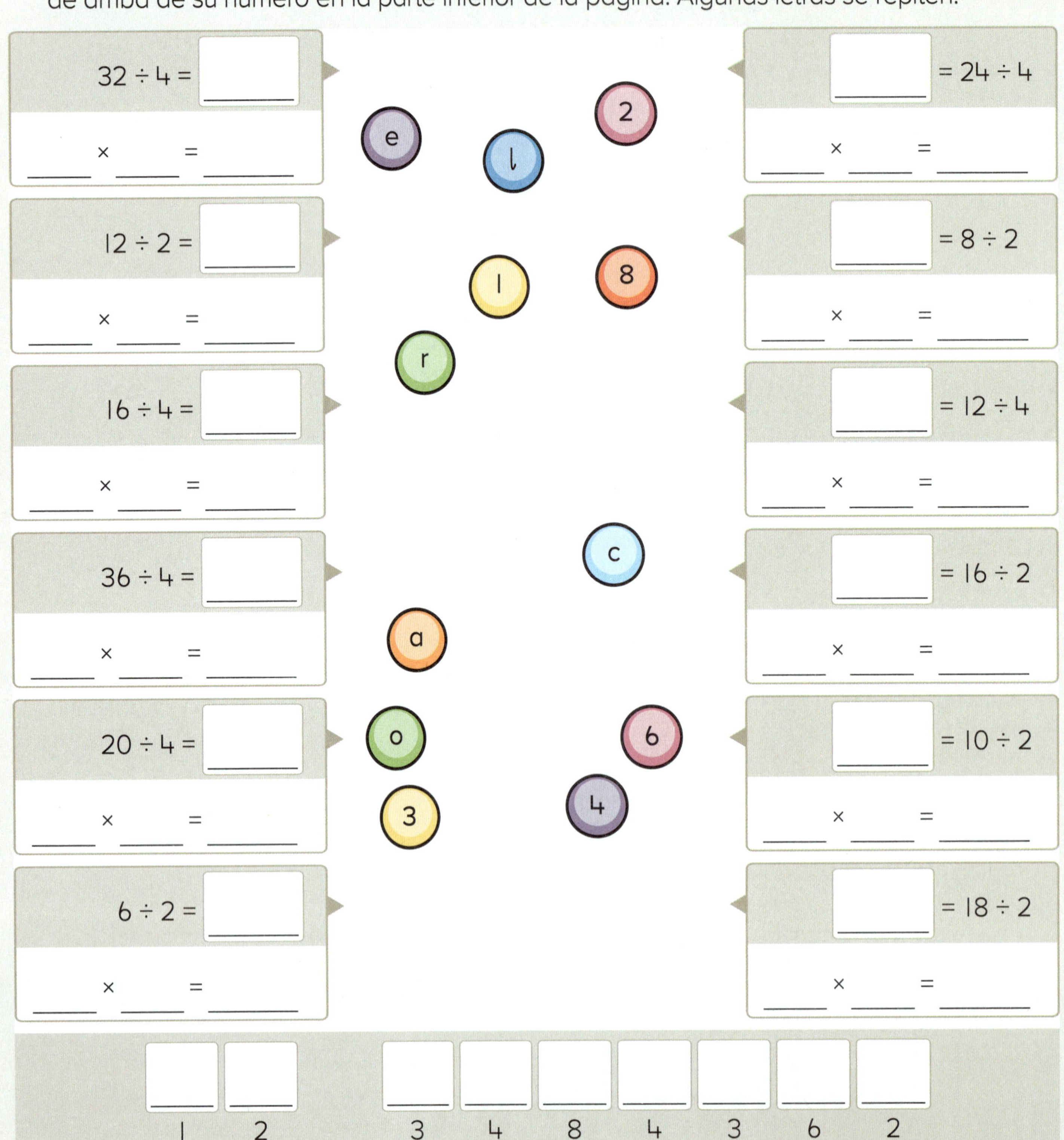

1 2 3 4 8 4 3 6 2

Práctica continua

1. Piensa en cómo puedes cambiar estos números para sumarlos más fácilmente. Luego completa la ecuación.

DE 3.7.11

a. 75 + 98

es igual a

____ + ____ = ____

b. 149 + 46

es igual a

____ + ____ = ____

c. 72 + 128

es igual a

____ + ____ = ____

d. 48 + 137

es igual a

____ + ____ = ____

e. 279 + 31

es igual a

____ + ____ = ____

f. 147 + 39

es igual a

____ + ____ = ____

2. Colorea una matriz que corresponda al número dado. Luego completa la familia de operaciones básicas correspondiente.

DE 3.8.4

a.

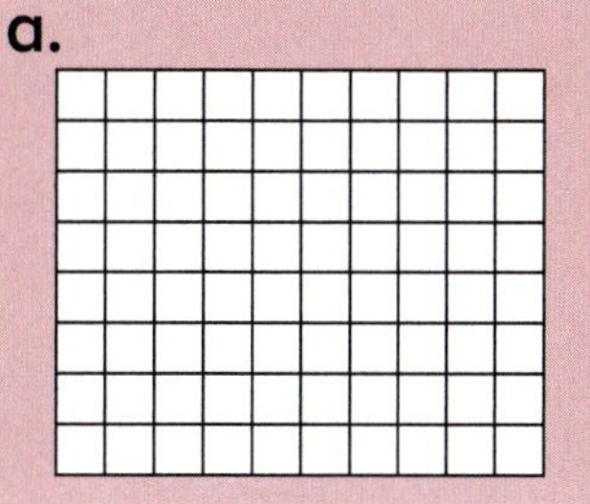

7 × 3 = ____

____ × ____ = ____

____ ÷ ____ = ____

____ ÷ ____ = ____

b.

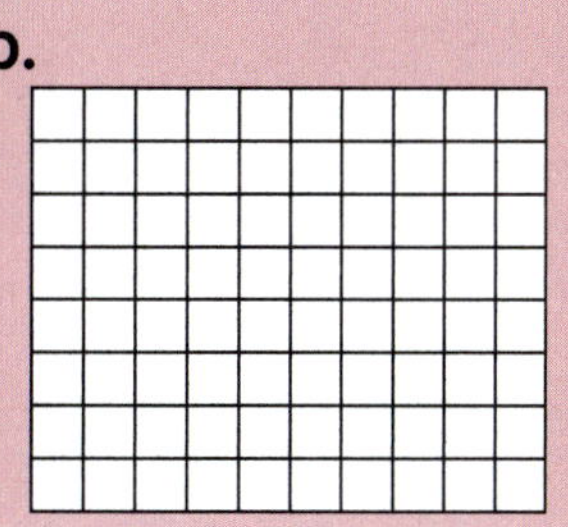

6 × 7 = ____

____ × ____ = ____

____ ÷ ____ = ____

____ ÷ ____ = ____

c.

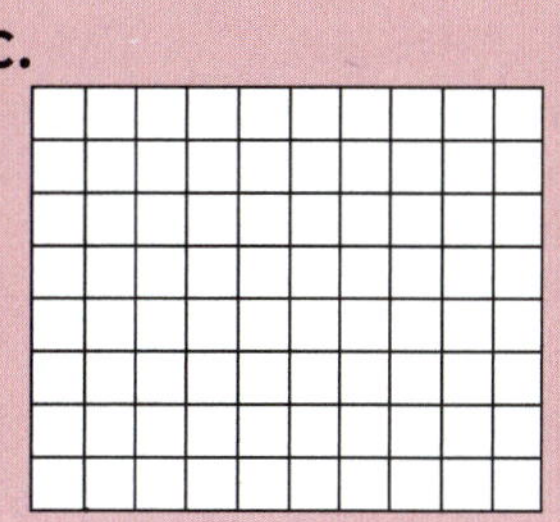

6 × 9 = ____

____ × ____ = ____

____ ÷ ____ = ____

____ ÷ ____ = ____

d.

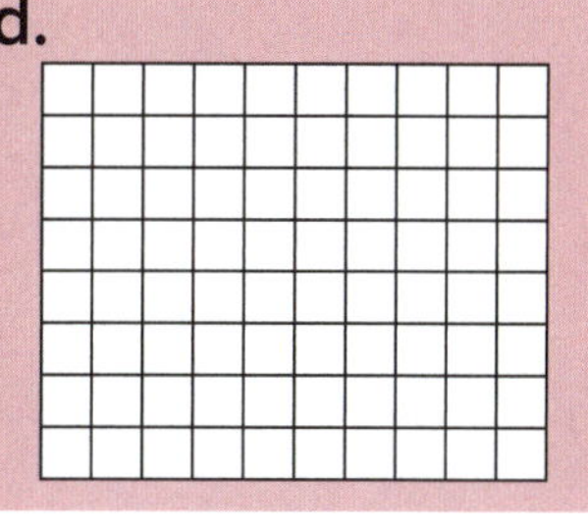

6 × 3 = ____

____ × ____ = ____

____ ÷ ____ = ____

____ ÷ ____ = ____

Prepárate para el módulo 9

Calcula la diferencia. Luego dibuja saltos en la recta numérica para indicar tu razonamiento.

147 − 62 = ____

Fracciones comunes: Identificando fracciones impropias en una recta numérica

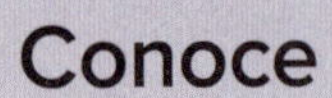

Se necesitan $\frac{2}{3}$ de taza de puré de banana para hacer una hornada de 12 *muffins*.

Maka quiere hacer 2 hornadas pero solo tiene una taza de medir de $\frac{1}{3}$.

¿Qué puede hacer él para medir la cantidad correcta de banana para hacer 2 hornadas de *muffins*?

Maka puede utilizar la taza de medir de $\frac{1}{3}$ dos veces para una hornada, por lo tanto puede utilizarla cuatro veces para dos hornadas.

¿Cómo podrías indicar tu razonamiento en una recta numérica?

¿Qué fracción podrías escribir para indicar la cantidad total de banana?

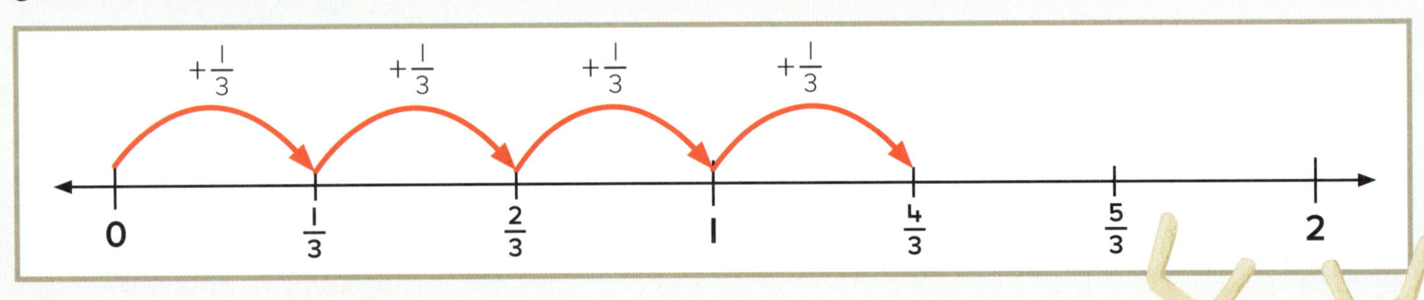

¿Qué notas en la fracción $\frac{4}{3}$?

El numerador es mayor que el denominador. Puedo ver en la recta numérica que $\frac{4}{3}$ es mayor que 1.

Intensifica

1. En esta recta numérica la distancia de 0 a 1 es un entero. Escribe la fracción que debería estar en cada casilla. Dibuja saltos como ayuda.

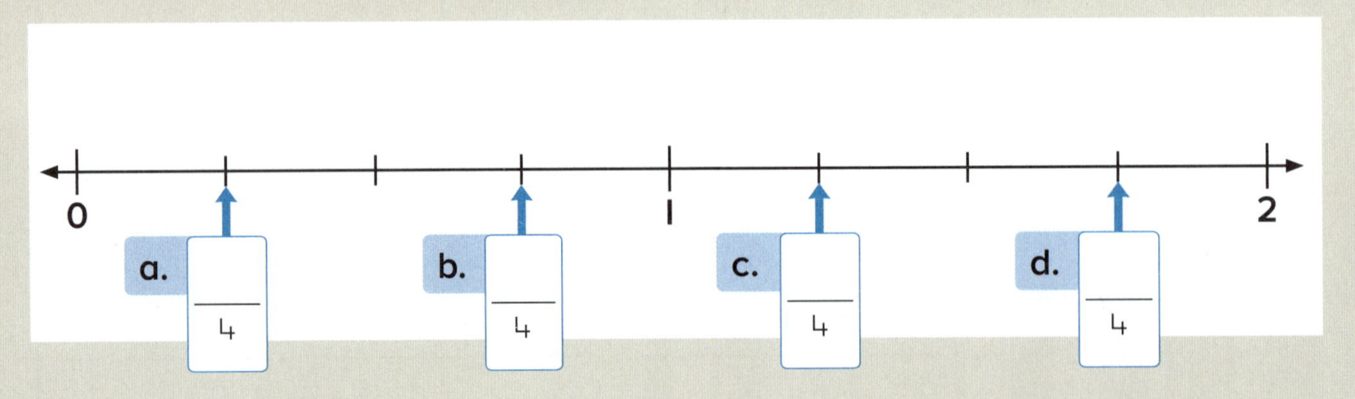

2. En esta recta numérica la distancia de 0 a 1 es un entero. Escribe la fracción que debería estar en cada casilla. Dibuja saltos como ayuda.

a.

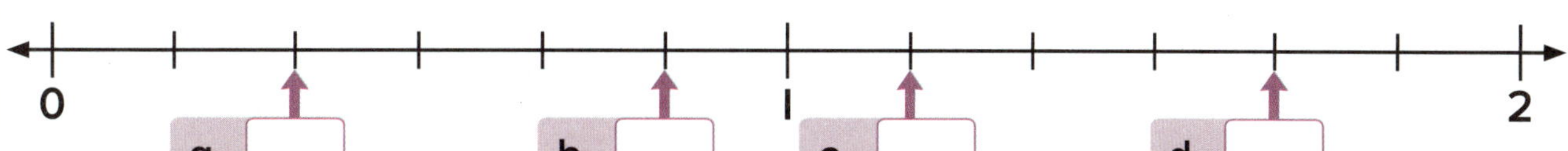

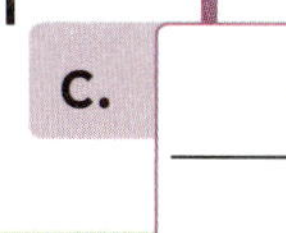

b.

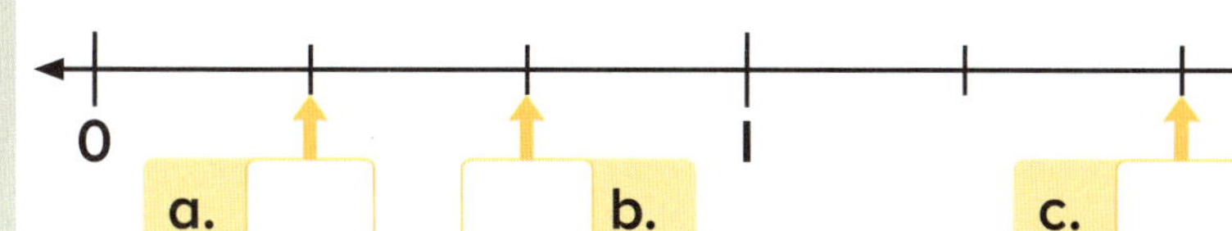

c.

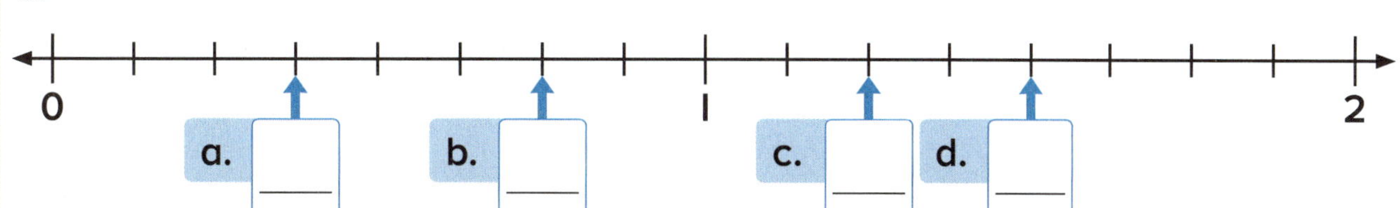

3. Utiliza las fracciones que escribiste en las rectas numéricas de arriba.

a. Haz una lista de las fracciones menores que 1.

b. Haz una lista de las fracciones mayores que 1 pero menores que 2.

Avanza Completa cada ecuación.

a. $\frac{1}{4}+\frac{1}{4}+\frac{1}{4}+\frac{1}{4}+\frac{1}{4}=$ ___

b. $\frac{1}{3}+\frac{1}{3}+\frac{1}{3}+\frac{1}{3}=$ ___

c. $\frac{1}{6}+\frac{1}{6}+\frac{1}{6}+\frac{1}{6}+\frac{1}{6}+\frac{1}{6}+\frac{1}{6}=$ ___

d. $\frac{1}{2}+\frac{1}{2}+\frac{1}{2}+\frac{1}{2}+\frac{1}{2}=$ ___

8.8 Fracciones comunes: Explorando fracciones equivalentes

Conoce

La figura de arriba es un entero.
¿Qué fracción está coloreada?
¿Cómo lo sabes?

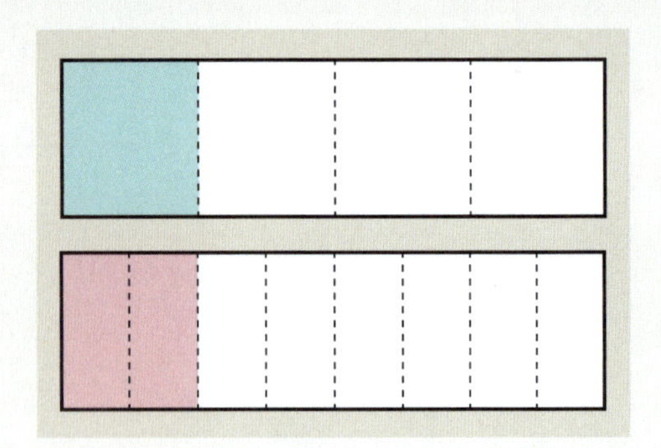

La figura de abajo también es un entero.

¿Qué fracción está coloreada?

¿Qué notas en las dos fracciones?

¿Qué notas en la fracción que está coloreada en cada una de las figuras?

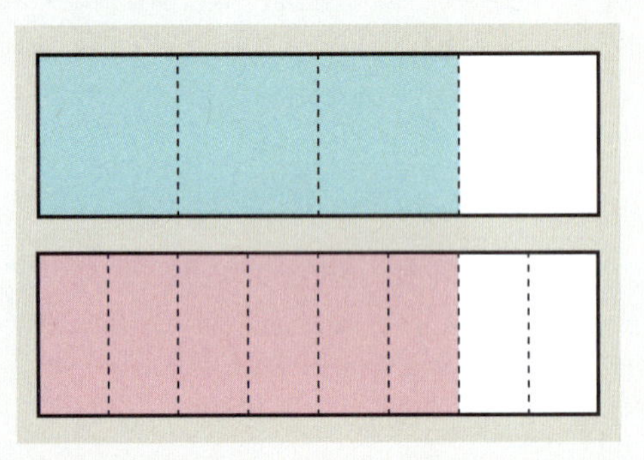

Las fracciones en estas imágenes son **equivalentes** si cubren la misma cantidad de espacio en cada figura.

Intensifica

1. Cada figura grande es un entero. Observa la primera figura. Colorea la misma área en la segunda figura. Escribe la fracción coloreada de la segunda figura.

a. $\frac{1}{3}$

es equivalente a

$\frac{}{}$

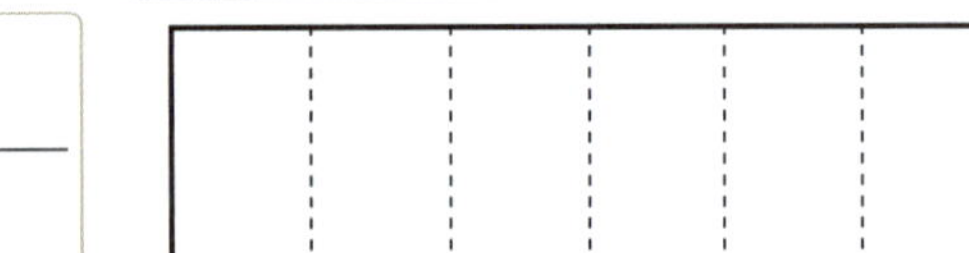

b. $\frac{1}{4}$

es equivalente a

$\frac{}{}$

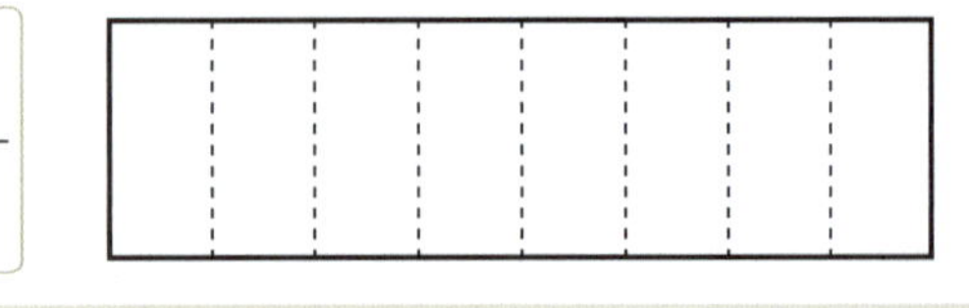

c. $\frac{1}{2}$

es equivalente a

$\frac{}{}$

d. $\frac{1}{2}$

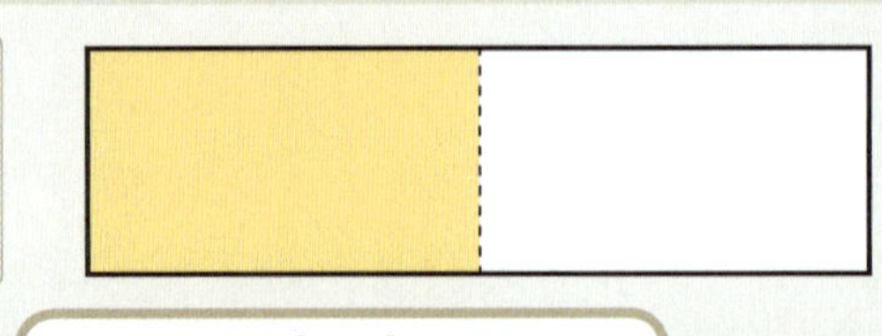

es equivalente a

$\frac{}{}$

2. Cada figura grande es un entero. Colorea la primera figura de manera que corresponda a la fracción. Luego colorea la misma área en la segunda figura y escribe la fracción equivalente.

a. $\frac{2}{4}$

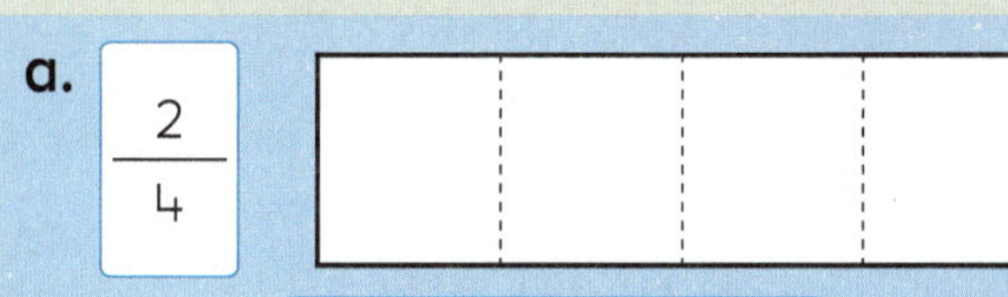

es equivalente a

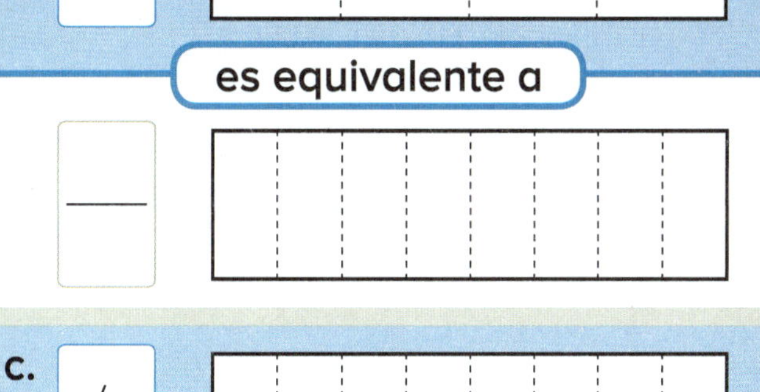

b. $\frac{2}{3}$

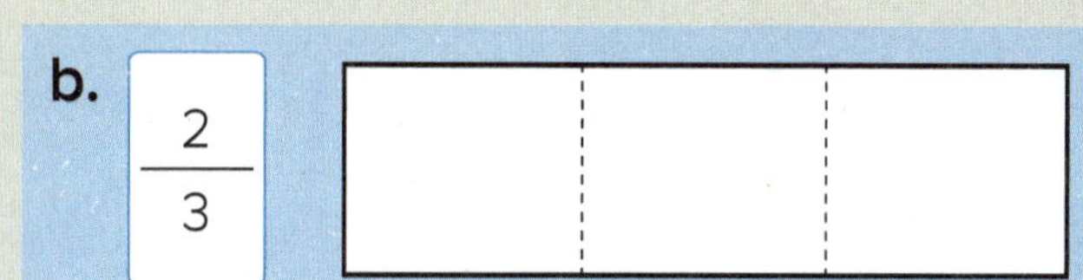

es equivalente a

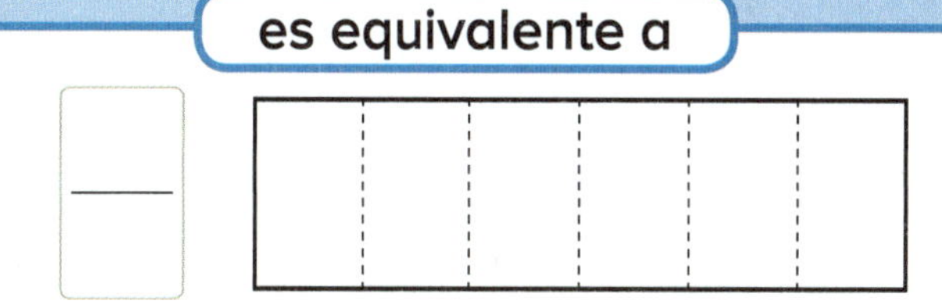

c. $\frac{6}{8}$

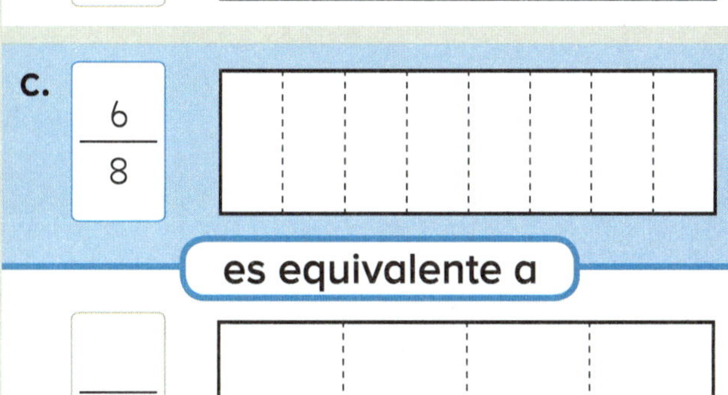

es equivalente a

d. $\frac{2}{2}$

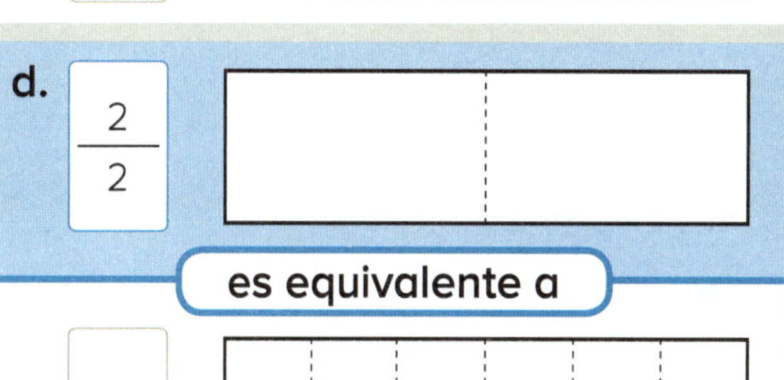

es equivalente a

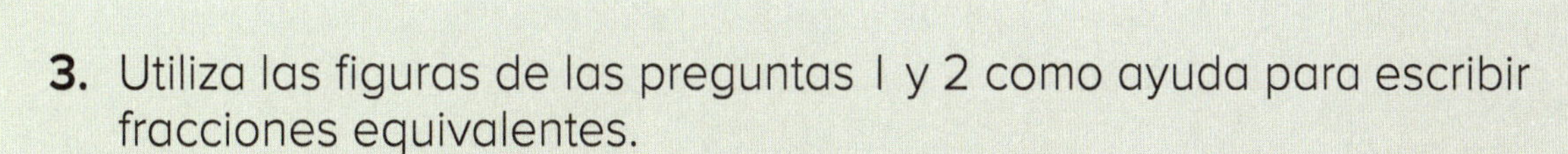

3. Utiliza las figuras de las preguntas 1 y 2 como ayuda para escribir fracciones equivalentes.

a. $\frac{\_\_}{2} = \frac{2}{4}$

b. $\frac{\_\_}{8} = \frac{1}{4}$

c. $\frac{\_\_}{3} = \frac{6}{6}$

d. $\frac{2}{2} = \frac{\_\_}{8}$

Avanza

Observa la figura de la derecha. Escribe la fracción sombreada. Luego dibuja más líneas en la figura de la derecha para indicar una fracción equivalente.

a. es equivalente a

b. es equivalente a

Reforzando conceptos y destrezas

Piensa y resuelve

Ruth puede mover dos objetos de manera que hayan 12 kilogramos en cada báscula.

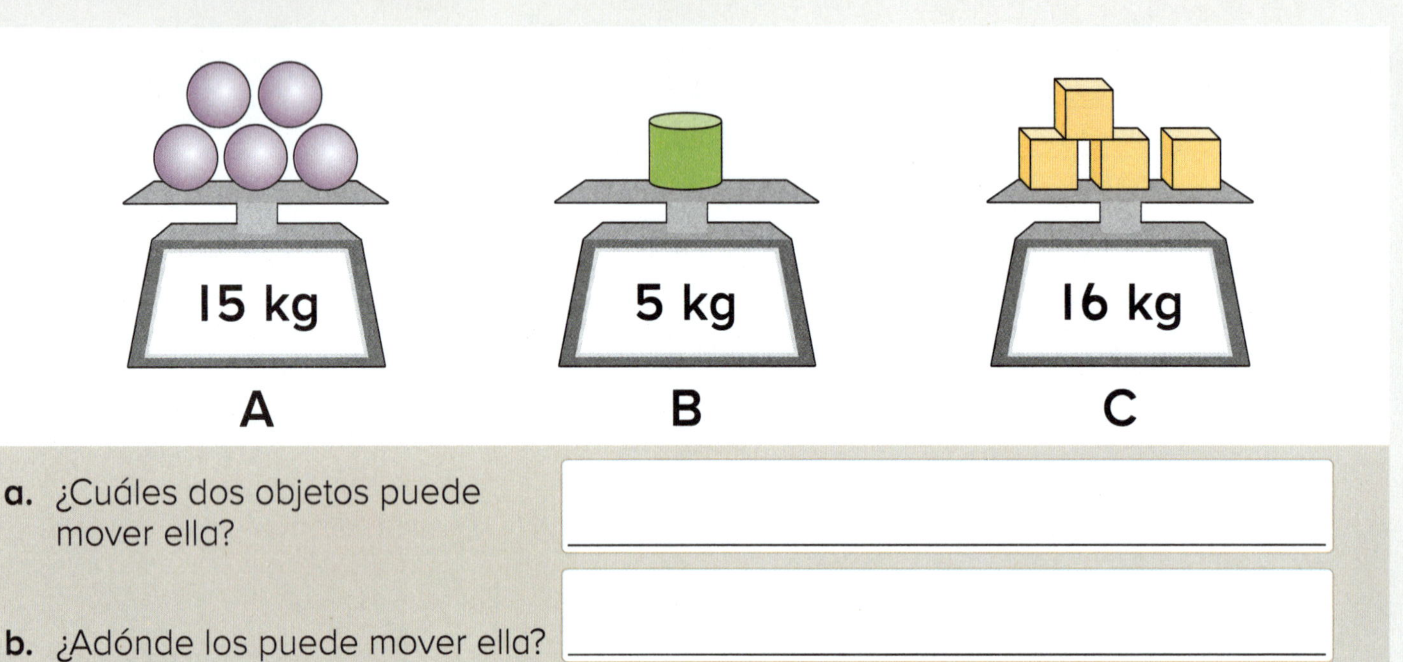

a. ¿Cuáles dos objetos puede mover ella? ____________________

b. ¿Adónde los puede mover ella? ____________________

Palabras en acción

Escribe dos fracciones equivalentes.

Escribe cómo sabes que las dos fracciones son equivalentes.

Práctica continua

1. Resuelve cada problema. Indica tu razonamiento.

a. Una florista vende 258 ramos de flores en una semana y 147 en la semana siguiente. ¿Cuántos ramos de flores vendió en total?

_____ ramos

b. Jamar envía 353 paquetes en dos semanas. Él envió 164 paquetes en una de las semanas. ¿Cuántos envió él la otra semana?

_____ paquetes

DE 3.7.12

2. Cada tira es un entero. Colorea partes para indicar cada fracción.

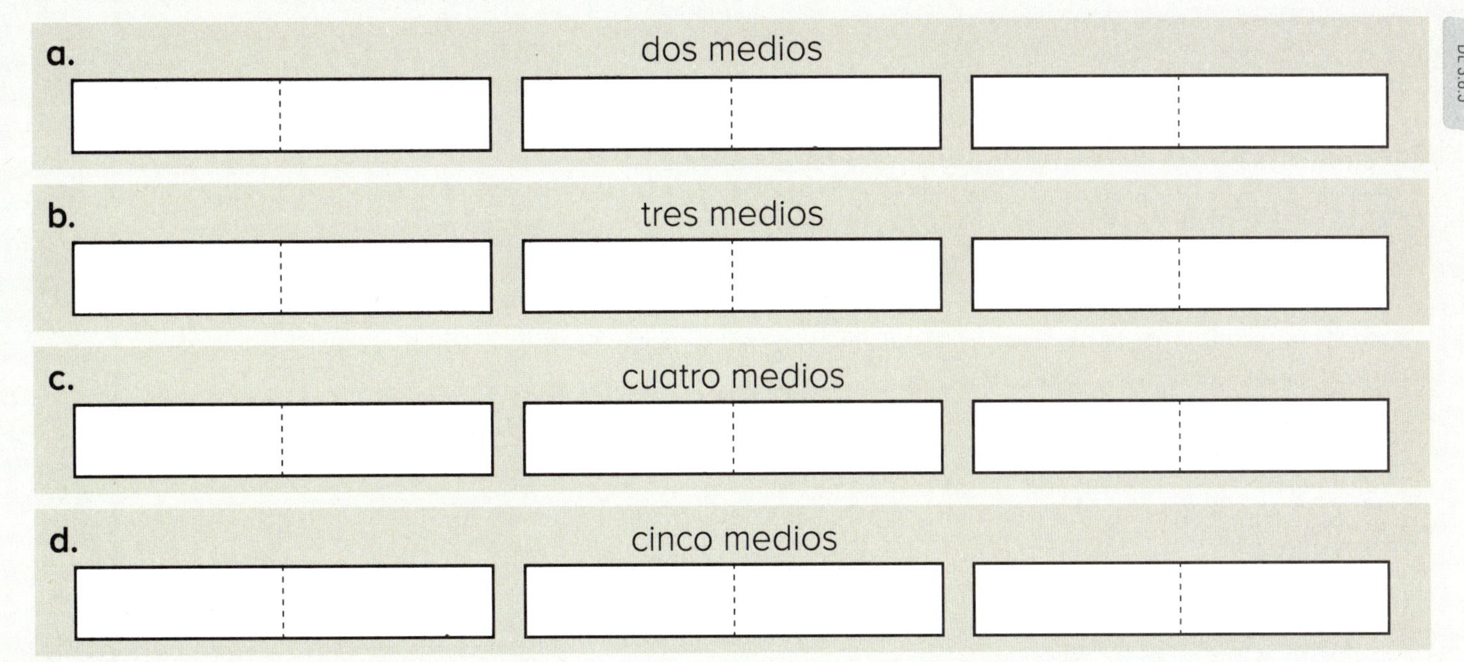

DE 3.8.5

Prepárate para el módulo 9

Piensa en cómo puedes cambiar estos números para sumarlos más fácilmente. Luego completa el enunciado.

a. 48 + 72

es igual a

_____ + _____ = _____

b. 18 + 158

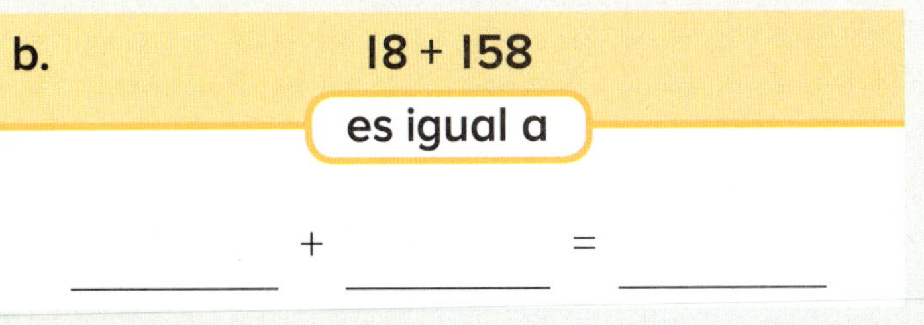

8.9 Fracciones comunes: Identificando fracciones equivalentes en una recta numérica

Conoce

En cada recta numérica la distancia de 0 a 1 es un entero. ¿A qué fracción está apuntando la flecha? ¿Cómo lo sabes?

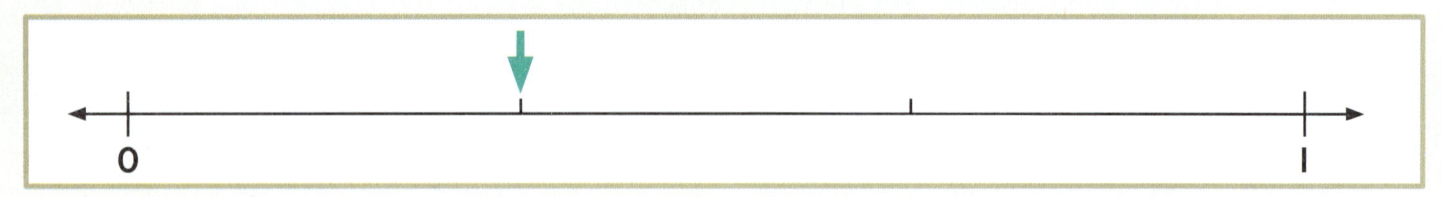

Esta recta numérica también está dividida en partes.
¿A qué fracción está apuntando la flecha? ¿Cómo lo sabes?

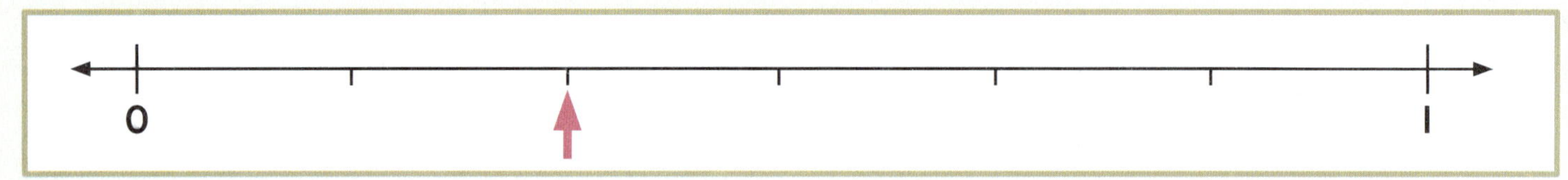

¿Qué puedes decir acerca de las fracciones en cada flecha?

Completa esta ecuación para indicar cómo son equivalentes las fracciones.

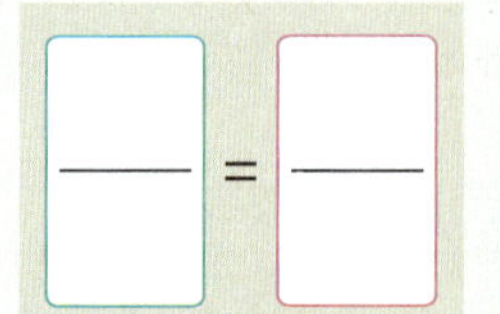

En una recta numérica, las fracciones son **equivalentes** si están a la misma distancia del cero.

Esta recta numérica está dividida en tercios y sextos.
¿Qué par de fracciones equivalentes indica?

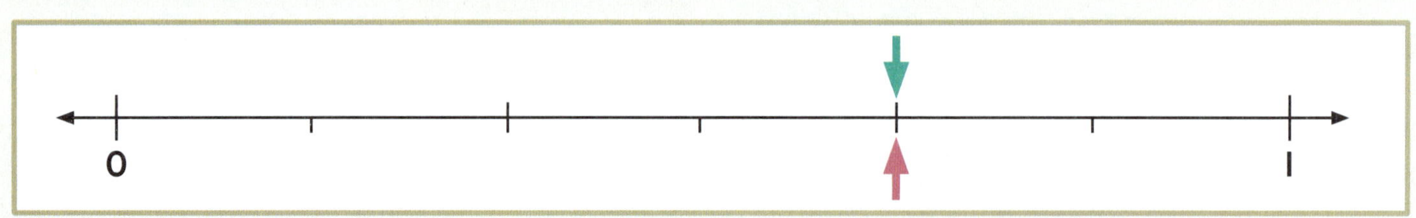

Intensifica

1. En cada recta numérica la distancia de 0 a 1 es un entero. Escribe la fracción que indica la flecha arriba de la recta. Luego escribe abajo la fracción equivalente que se indica.

a.

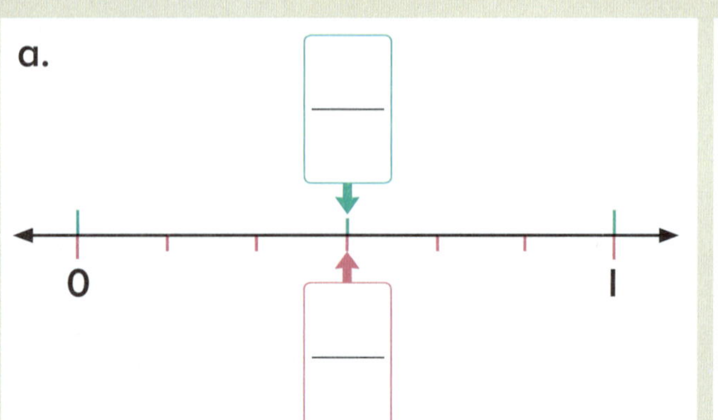

b.

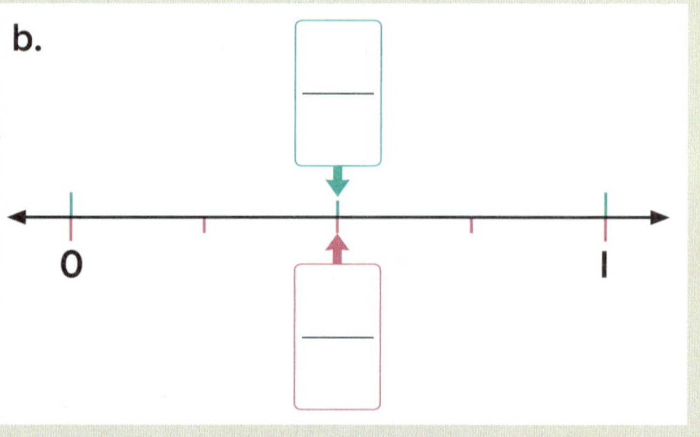

2. En cada recta numérica la distancia de 0 a 1 es un entero. Traza una línea desde cada fracción hasta su posición en la recta numérica. Luego escribe las fracciones equivalentes.

a. $\frac{2}{3} = \frac{4}{6}$

b. $\frac{8}{3} = \underline{\quad}$

c. $\frac{10}{6} = \underline{\quad}$

d. $\frac{18}{6} = \underline{\quad}$

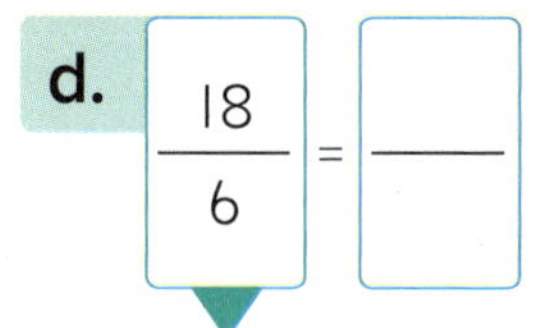

e. $\frac{3}{2} = \underline{\quad}$

f. $\frac{4}{2} = \underline{\quad}$

g. $\frac{5}{2} = \underline{\quad}$

h. $\frac{8}{2} = \underline{\quad}$

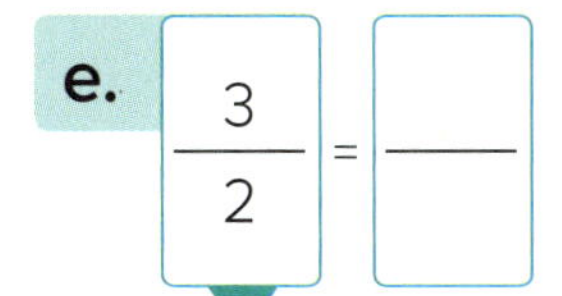
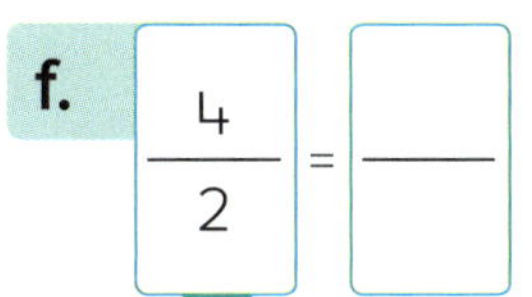
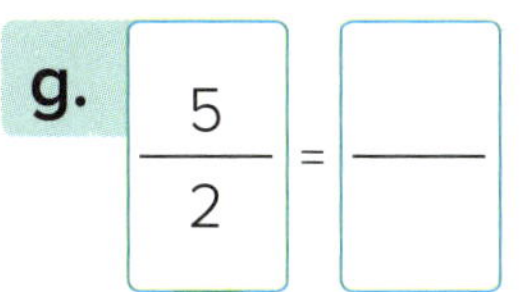
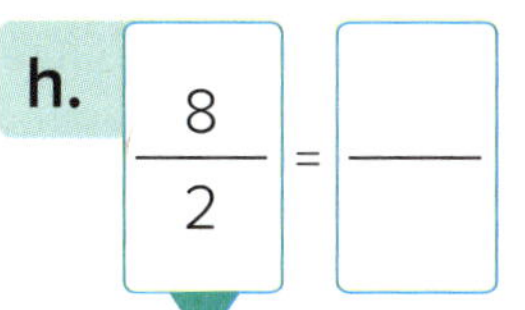

3. Encierra todas las fracciones equivalentes a 2.

$\frac{8}{8}$ $\frac{12}{4}$ $\frac{12}{6}$ $\frac{9}{3}$ $\frac{4}{2}$ $\frac{14}{8}$

Avanza

En esta recta numérica la distancia de 0 a 1 es un entero. Traza una línea desde cada fracción para indicar su ubicación en la recta numérica.

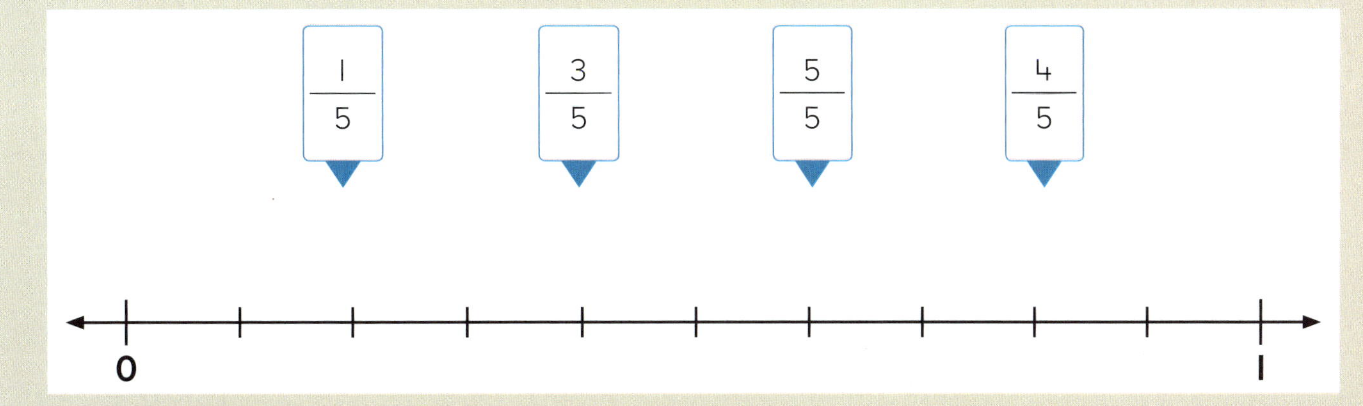

Capacidad: Repasando los litros y las fracciones de un litro

Conoce

¿Cuánta agua hay en esta jarra? ¿Cómo lo sabes?

Yo observé la escala. La línea del agua llega hasta el final de la escala, entonces la jarra debe contener un litro.

Selena tiene que verter **medio** litro de agua en esta jarra.

Marca la ubicación del medio litro en la escala de la jarra.
¿Cómo decidiste dónde dibujar la marca?

¿Cómo indicarías **un cuarto** de litro en la misma escala?
¿Cómo indicarías **tres cuartos** de litro?

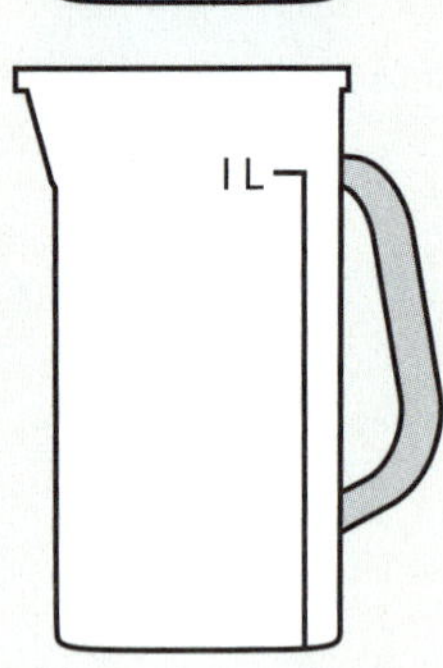

La escala de esta jarra se dividió en décimas de litro.

¿Cómo dirías la cantidad de agua que hay en esta jarra?

Marca en la escala la ubicación de $\frac{7}{10}$ de litro.

Intensifica

1. Escribe la cantidad de jugo en cada jarra como una fracción de un litro.

a.

b.

c.

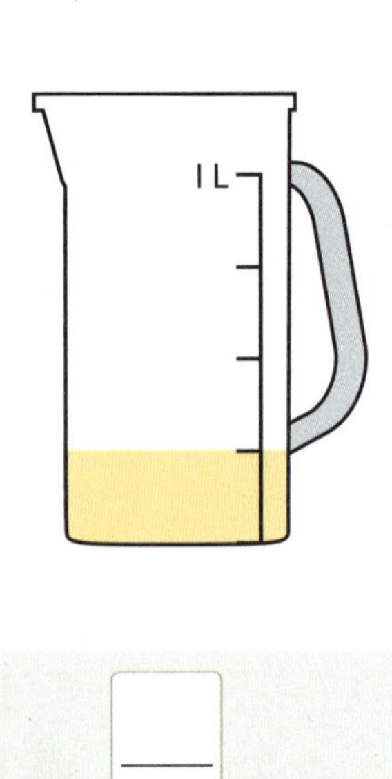

2. Escribe la cantidad de agua en cada jarra como una fracción de un litro.

a.

b.

c.

3. Colorea cada jarra de manera que corresponda a la fracción.

a.

b.

c.

4. Resuelve este problema. Colorea la jarra como ayuda en tu razonamiento.

La jarra contiene un litro de agua. Se vierten 2 vasos de agua de la jarra. Ahora quedan $\frac{4}{10}$ de litro en la jarra.
¿Cuánta agua se vertió de la jarra?

L

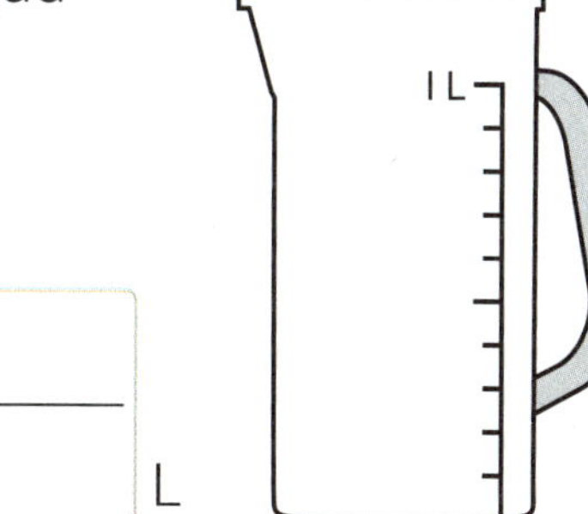

Avanza

Encierra la fracción que indica la mayor cantidad de agua. Colorea las jarras como ayuda en tu razonamiento.

a.

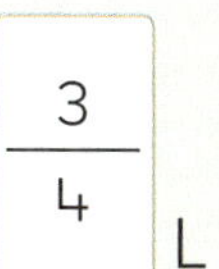

o

$\frac{5}{10}$ L

b.

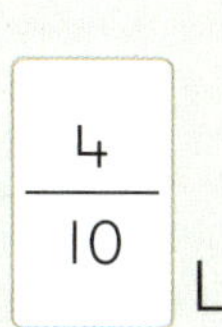

o

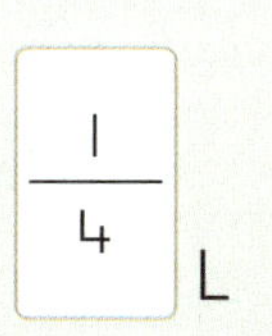

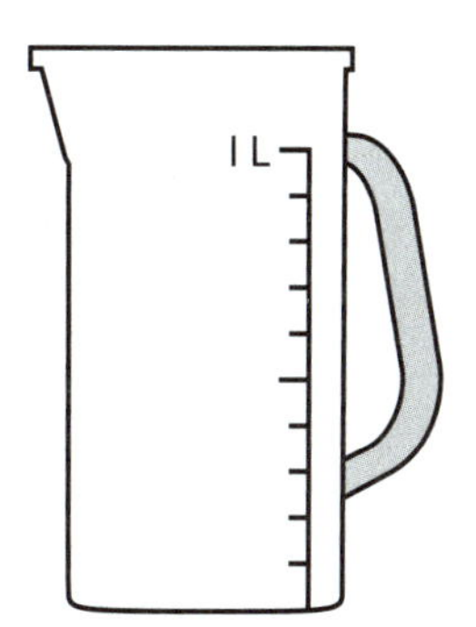

8.10 Reforzando conceptos y destrezas

Práctica de cálculo

★ Completa las ecuaciones. Luego encuentra los totales en las letras de abajo y colorea esas letras. Algunos totales se repiten. La respuesta está en inglés.

146 + 37 = ______	63 + 118 = ______	57 + 117 = ______
237 + 48 = ______	275 + 26 = ______	136 + 57 = ______
323 + 68 = ______	217 + 46 = ______	114 + 76 = ______
18 + 253 = ______	28 + 326 = ______	137 + 18 = ______
134 + 27 = ______	37 + 258 = ______	

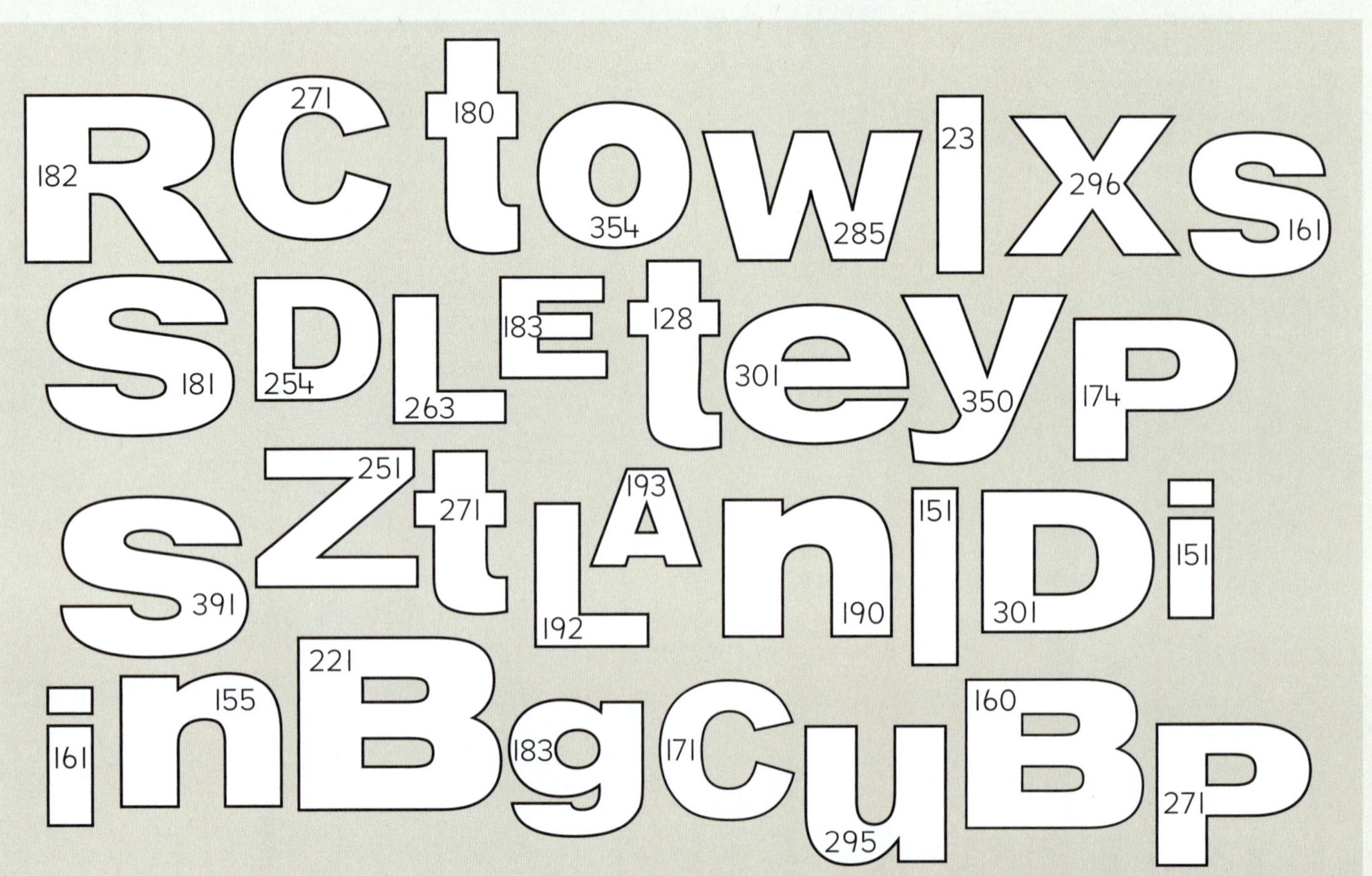

Práctica continua

1. Una **pirámide** tiene muchas caras triangulares que se unen en un mismo punto. Encierra las pirámides.

a.
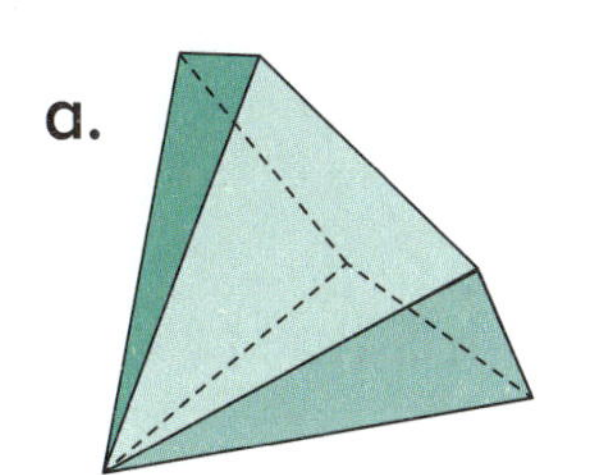

b.
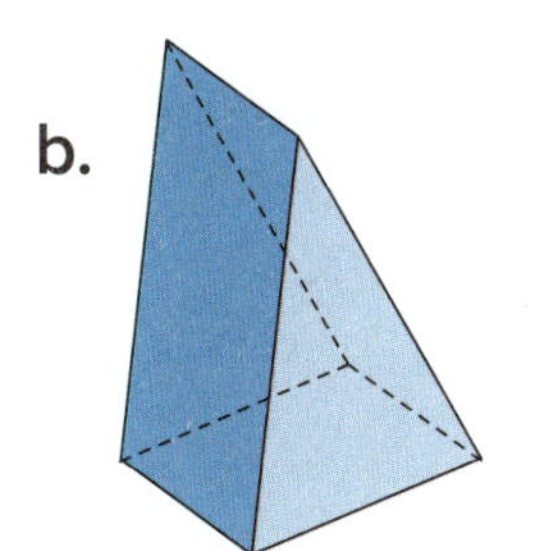

c.
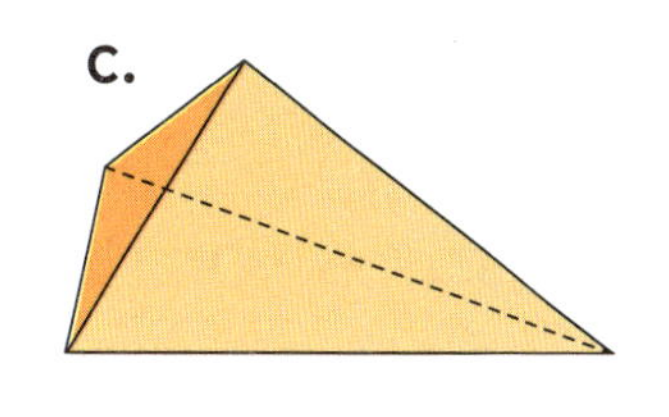

d.
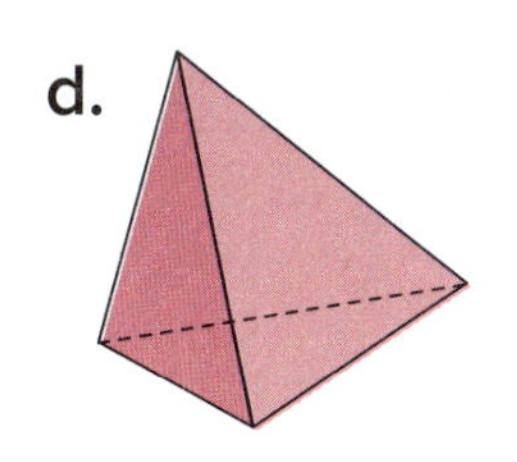

DE 2.11.7

2. Cada figura grande es un entero. Escribe la fracción coloreada.

a.
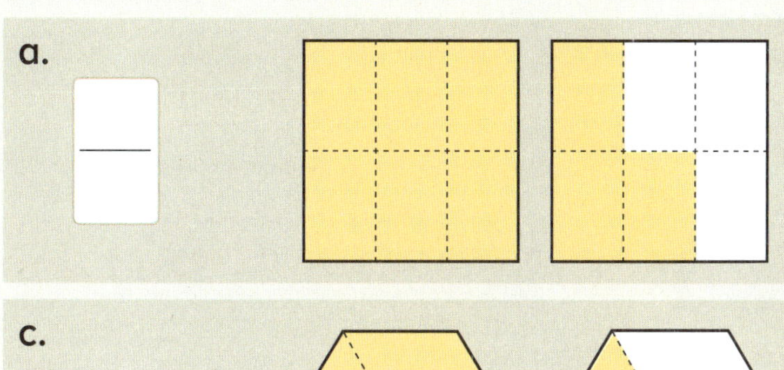

b.
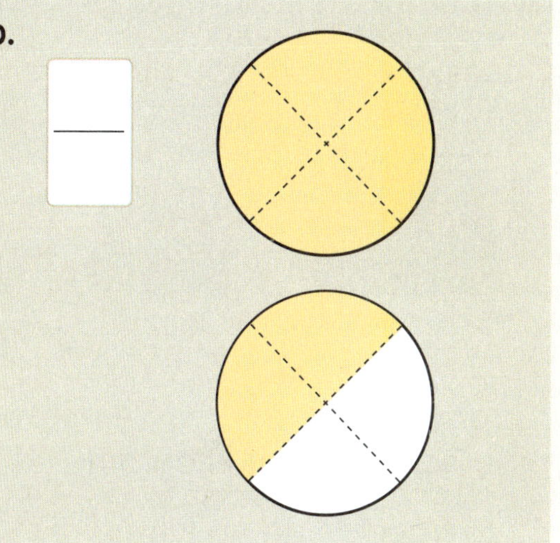

c.
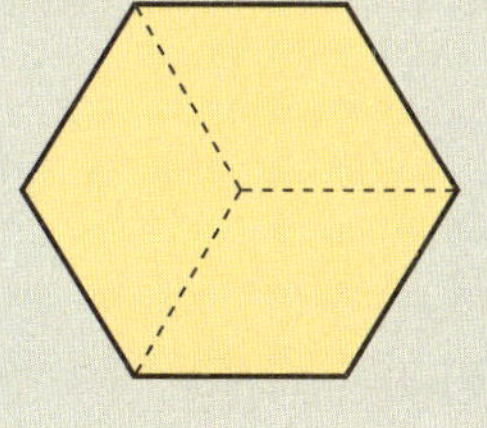
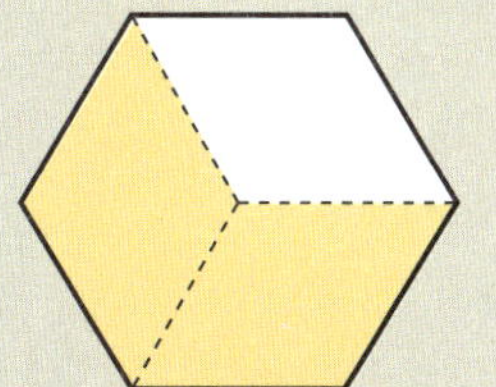

DE 3.8.6

Prepárate para el módulo 9

La distancia de 0 a 1 es un entero. Observa el número de partes en la recta numérica. Escribe la fracción que debería estar en cada casilla.

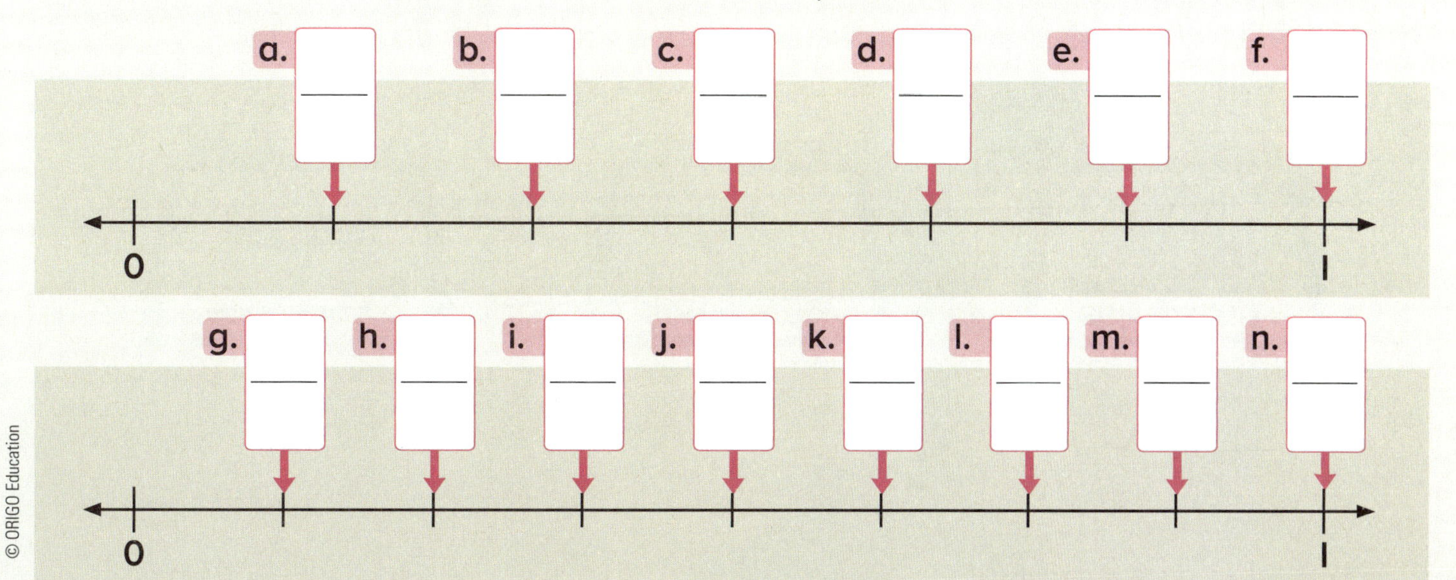

Masa: Repasando los kilogramos e introduciendo las fracciones de un kilogramo (gramos)

Conoce

¿Cuánto pesa este paquete? ¿Cómo lo sabes?

La escala de esta báscula es curva. La flecha está señalando hacia el punto medio, entonces el paquete debe pesar medio kilogramo.

Dibuja una flecha para indicar $\frac{8}{10}$ de kilogramo en la escala de esta báscula.

Los **gramos** se utilizan frecuentemente para medir cantidades menores que un kilogramo. Un kilogramo es igual a 1,000 gramos.

Observa estas pesas de masa.

Una manera corta de escribir gramos es **g**.

¿Cuántas de cada una de estas pesas necesitas para equilibrar un kilogramo?

¿Qué fracción de un kilogramo equilibra cada pesa?

¿Qué patrón repetitivo y de duplicación puedes observar?

Intensifica

1. Escribe cada masa como una fracción de un kilogramo.

a.

0 — 1
KILOGRAMOS

$\frac{\ \ }{10}$ kg

b.

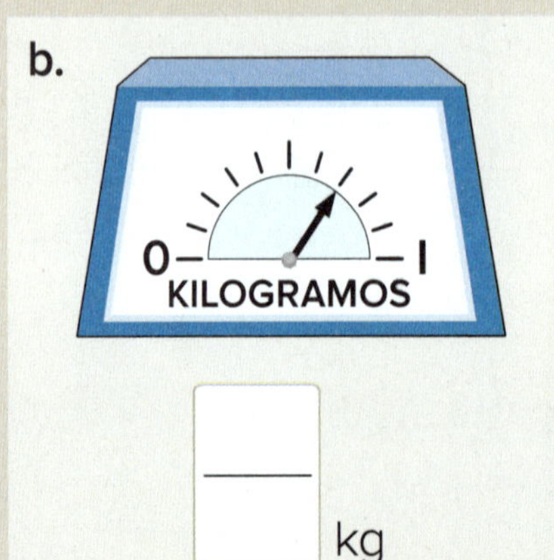

c.

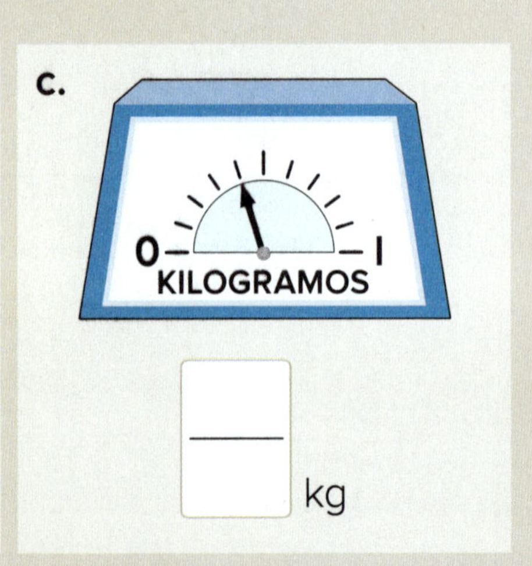

2. Co[illegible]s pesas que necesitarías para hacer un kilogramo.

a.

b.

c.

d.

3. Escribe cuántas pesas de 50 g se necesitarían para equilibrar estas pesas.

a.

a.

a.

a.

Avanza

Calcula la masa de cada cilindro.

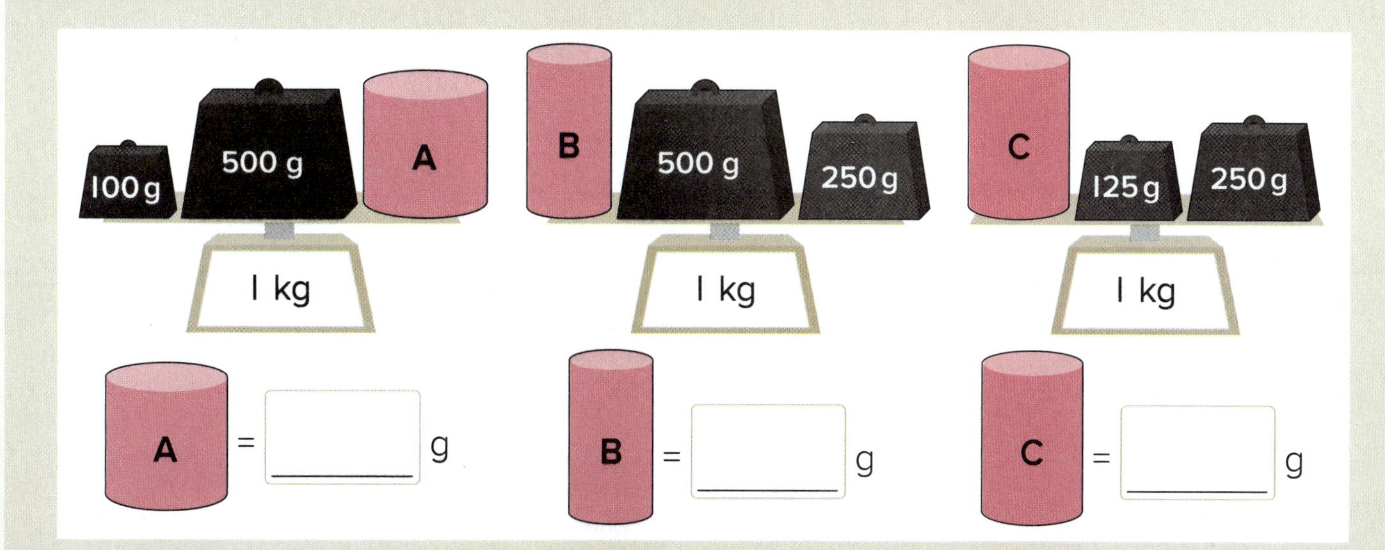

A = ______ g

B = ______ g

C = ______ g

Masa/capacidad: Resolviendo problemas verbales

Conoce

Connor empaca frascos pequeños de jalea en una caja. Él pesa la caja cuando hay 5 frascos adentro.

¿Cuántos gramos crees que pesan los 5 frascos juntos?

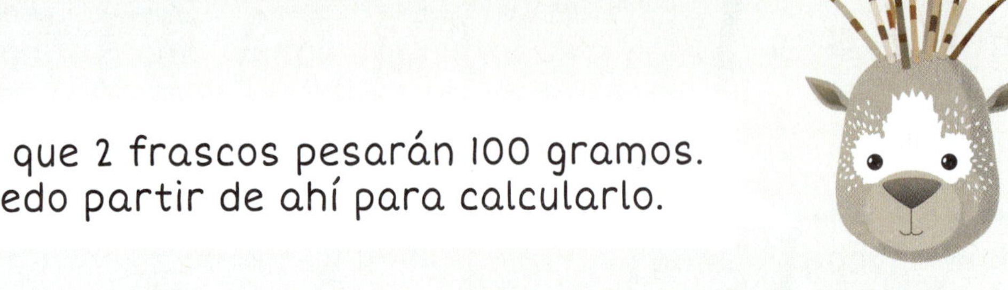

Connor entrega la caja de frascos a la tienda de abarrotes local. La empleada saca tres frascos de la caja y los coloca en el estante.

¿Cuánto pesan en total los frascos que quedan?

¿Cómo dirías la masa como una fracción de un kilogramo?

Intensifica

1. Calcula la masa de cada pedido. Escribe el total en gramos y luego como una fracción de un kilogramo.

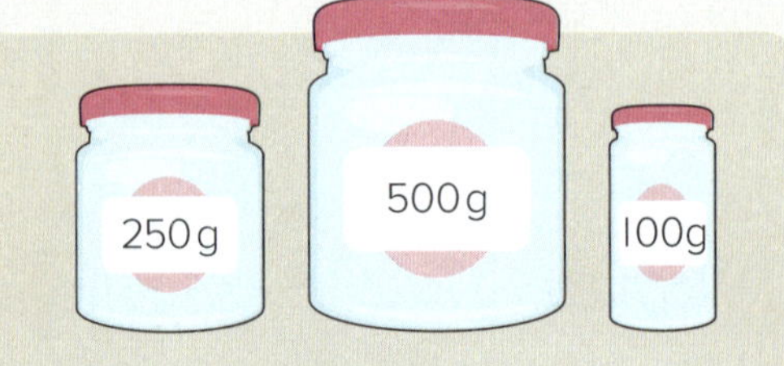

Pedido	Pedido	Pedido
1 frasco de 500 g	2 frascos de 250 g	4 frascos de 100 g
3 frascos de 100 g	1 frasco de 100 g	1 frasco de 500 g
____ g $\frac{\square}{10}$ kg	____ g $\frac{\square}{10}$ kg	____ g $\frac{\square}{10}$ kg

2. Resuelve cada problema. Indica tu razonamiento.

a. Se empacan tres frascos en una bolsa. Dos de los frascos pesan 200 g cada uno. El tercer frasco pesa 500 g. ¿Cuál es la masa total de los tres frascos?

_______ g

b. Una jarra contiene un litro de agua. El agua de la jarra se vierte en 8 vasos pequeños. ¿Qué fracción de un litro hay en cada vaso?

$\frac{\square}{\square}$ L

c. Una receta utiliza 5 gramos de jalea por cada *muffin*. ¿Cuántos *muffins* se pueden hacer con 40 gramos de jalea?

_______ *muffins*

d. Una caja de frascos pesa 800 gramos en total. Se sacan 2 frascos de la caja. Cada uno de los frascos pesa 100 g. ¿Cuánto pesa la caja de frascos ahora?

_______ g

Avanza

Vishaya visita una tienda de abarrotes en Canadá. Ella compra $\frac{3}{4}$ kg de manzanas, $\frac{1}{2}$ kg de naranjas y 250 g de uvas. La empleada empaca las frutas en una bolsa.

¿Cuál es la masa total de la frutas?

_______ g

8.12 Reforzando conceptos y destrezas

Piensa y resuelve

Lee las instrucciones primero.

Utiliza una regla para trazar una línea y hacer dos partes del **mismo** tamaño y forma.

La suma de los números en cada parte debe ser igual.

Palabras en acción

Elige y escribe palabras de la lista para completar estos enunciados. Sobran algunas palabras.

un medio
denominador
masa
equivalentes
capacidad
numerador
gramos
un cuarto

a. Un kilogramo es igual a 1,000 ____________.

b. Un litro es una unidad de ____________.

c. Las fracciones en una recta numérica son ____________ si están a la misma distancia del cero.

d. 500 gramos son equivalentes a ____________ de un kilogramo.

e. Una fracción impropia tiene un ____________ igual o mayor que el ____________.

Práctica continua

1. Completa esta tabla.

Objecto	Vértices	Aristas rectas	Aristas curvas	Superficies planas	Superficies curvas
a.	4				0
b.			0		

2. Colorea la figuras y escribe las fracciones correspondientes.

a. $\frac{3}{4}$ equivalen a ___

b. $\frac{2}{6}$ equivalen a ___

Prepárate para el módulo 9

En cada recta numérica, la distancia de 0 a 1 es un entero. Divide cada recta numérica en más partes como ayuda para encontrar fracciones equivalentes.

a.

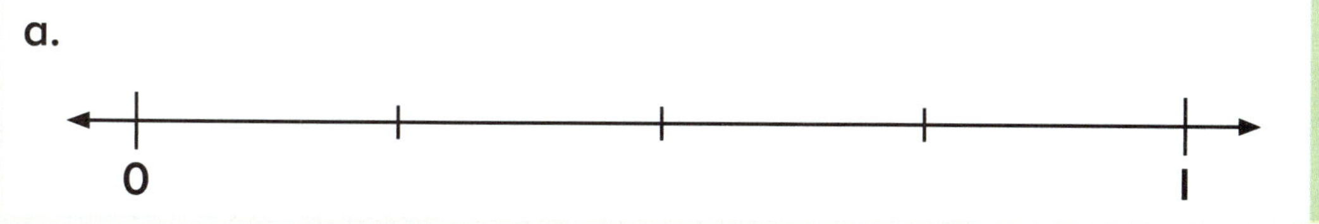

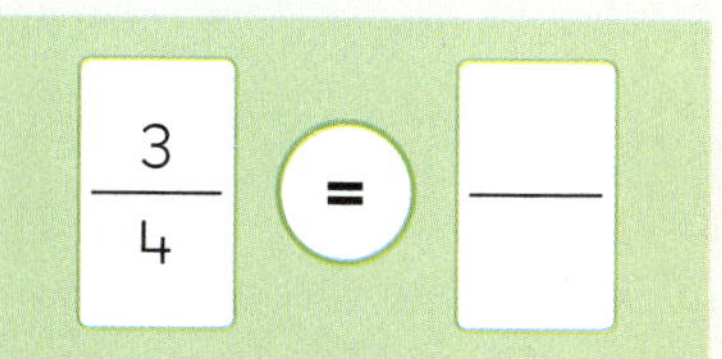

b.

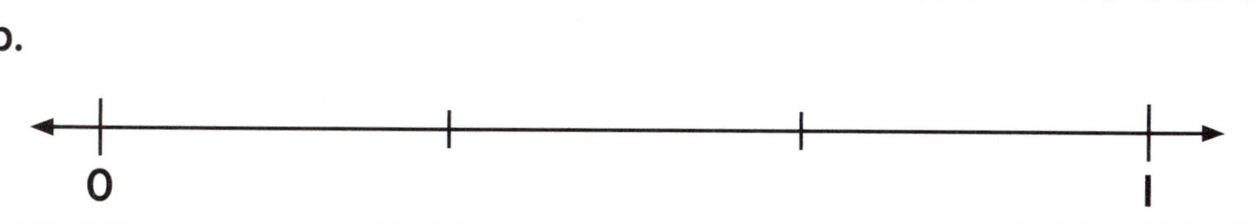

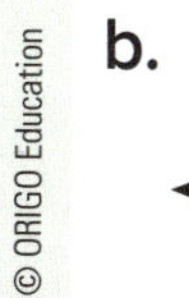

Espacio de trabajo

Resta: Haciendo estimaciones

Conoce

No es siempre necesario dar la respuesta exacta. Las estimaciones son a veces igual de útiles.

Smallfield 45 millas →
Granton 64 millas →
Stryker 92 millas →

¿Cerca de cuánto más lejos está Granton que Smallfield?

¿Cuál es tu estimado de la distancia de Smallfield a Stryker?

Sé que doble de 45 son 90, entonces debe ser un poco más de 45 millas.

A veces es más fácil utilizar la suma que utilizar la resta. Piensa 45 + ___ = 92.

Intensifica

1. Estima la distancia entre estos pueblos.

a. La distancia de Barton a Moonby es cerca de ______ millas.

La distancia de Moonby a Leyburn es cerca de ______ millas.

Barton 15 millas →
Moonby 52 millas →
Leyburn 81 millas →

b. La distancia de Saxville a Belding es cerca de ______ millas.

La distancia de Belding a Chapin es cerca de ______ millas.

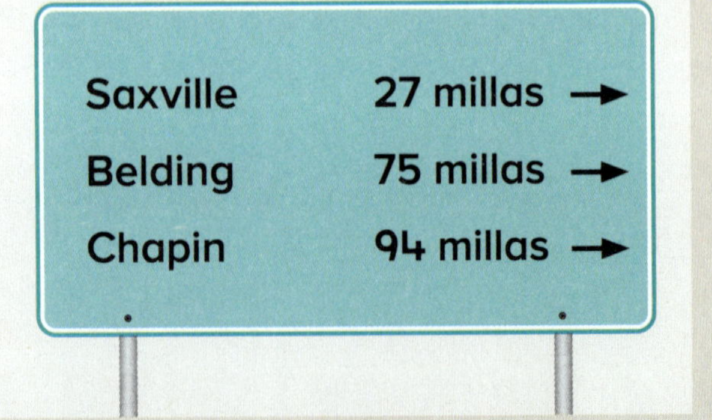

2. Estima la distancia entre estos pueblos.

a. La distancia de Hibbing a Canton

es cerca de ______ millas.

La distancia de Canton a Gann

es cerca de ______ millas.

La distancia de Canton a Thayer

es cerca de ______ millas.

Hibbing 9 millas →
Canton 46 millas →
Gann 51 millas →
Thayer 83 millas →

b. La distancia de Findley a Gowen

es cerca de ______ millas.

La distancia de Gowen a Upstone

es cerca de ______ millas.

La distancia de Upston a McRae

es cerca de ______ millas.

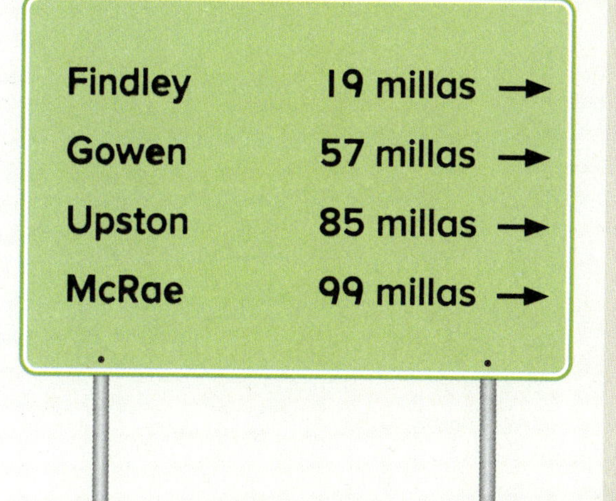

Avanza Observa las direcciones.
Estima las distancias.

a. La distancia entre Moonby y Gann

es cerca de ______ millas.

b. La distancia de Belding a Upston

es cerca de ______ millas.

9.2 Resta: Introduciendo el algoritmo estándar

Conoce **Jacob y Antonio utilizaron métodos diferentes para calcular la diferencia entre 578 y 263.**

¿En qué se parecen sus métodos? ¿En que se diferencian?

Método de Jacob

Paso 1

	C	D	U
	5	7	8
–			3
	5	7	5
–			
–			

Paso 2

	C	D	U
	5	7	8
–			3
	5	7	5
–		6	0
	5	1	5
–			

Paso 3

	C	D	U
	5	7	8
–			3
	5	7	5
–		6	0
	5	1	5
–	2	0	0
	3	1	5

Método de Antonio

Paso 1

	C	D	U
	5	7	8
–	2	6	3
			5

Paso 2

	C	D	U
	5	7	8
–	2	6	3
		1	5

Paso 3

	C	D	U
	5	7	8
–	2	6	3
	3	1	5

El método de Antonio se llama algoritmo estándar para la resta.

¿Dónde más has escuchado la palabra algoritmo?
¿En qué se parece el algoritmo estándar de la suma al algoritmo estándar de la resta?

¿Cómo crees que funciona el algoritmo estándar de la resta con estos problemas?

	C	D	U
	3	6	7
–		2	5

	C	D	U
	6	4	5
–			3

	D	U
	8	4
–	5	3

	D	U
	5	8
–		6

¿De qué otra manera podrías calcular algunos de estos problemas?

Intensifica

Estima la diferencia entre los dos precios. Luego utiliza el algoritmo estándar de la resta para calcular la diferencia exacta.

a. $769 $238

Estimado $______

	C	D	U
	7	6	9
–	2	3	8

b. $32 $57

Estimado $______

	D	U
–		

c. $849 $217

Estimado $______

	C	D	U
–			

d. $68 $5

Estimado $______

	D	U
–		

e. $756 $122

Estimado $______

	D	C	U
–			

f.

Estimado $______

	D	C	U
–			

g.

Estimado $______

	D	C	U
–			

h.

Estimado $______

	D	C	U
–			

Avanza

Morgan utilizó el algoritmo estándar para calcular la diferencia entre estos precios.

$32 $485

Escribe con palabras el error que ella cometió.

____

____

____

	C	D	U
	4	8	5
–	3	2	
	1	6	5

Reforzando conceptos y destrezas

Práctica de cálculo

Entre más avanza, más pequeña es.

★ Completa las ecuaciones. Luego escribe la letra arriba del total correspondiente en la parte inferior de la página. Algunas letras se repiten.

Ecuación	Letra	Ecuación	Letra
$56 + 57 =$ ____	a	$67 + 68 =$ ____	v
$77 + 75 =$ ____	l	$85 + 87 =$ ____	n
$96 + 98 =$ ____	i	$58 + 57 =$ ____	e
$66 + 68 =$ ____	u	$86 + 88 =$ ____	c
$97 + 95 =$ ____	n	$75 + 76 =$ ____	a
$67 + 65 =$ ____	d		

Espacio de trabajo

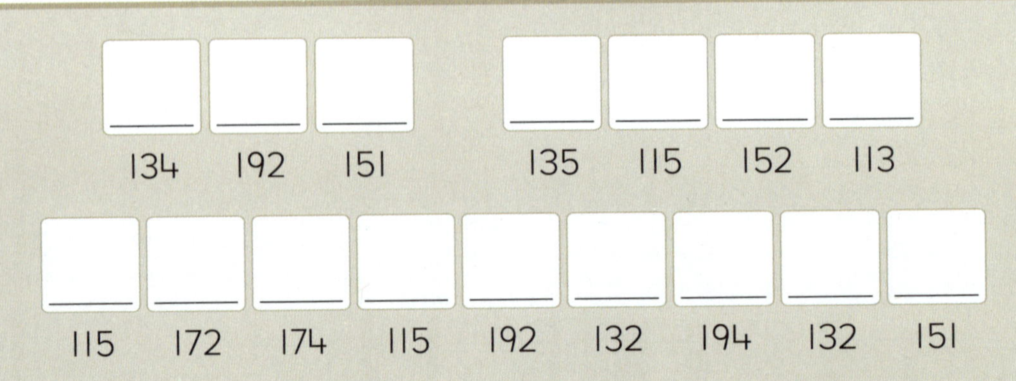

Práctica continua

1. Escribe la cantidad de agua en cada recipiente como una fracción de un litro.

a.

______ L

b.

______ L

c.

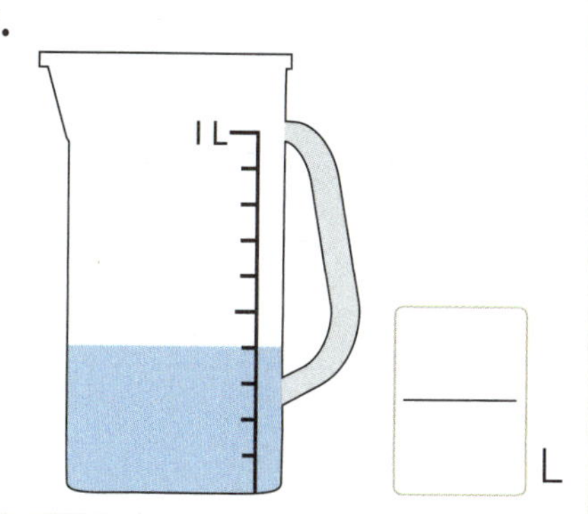

______ L

DE 3.8.10

2. Estima la distancia entre estos pueblos.

a. La distancia de Ashford a Oxford es cerca de ______ millas.

b. La distancia de Oxford a Weston es cerca de ______ millas.

c. La distancia entre Ashford y Weston es cerca de ______ millas.

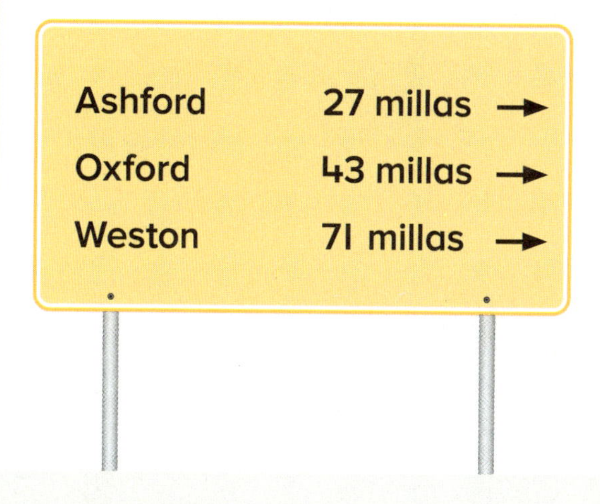

DE 3.9.1

Prepárate para el módulo 10

Utiliza tu regla para dibujar filas y columnas de cuadrados. Luego escribe el número total de cuadrados en cada rectángulo.

______ cuadrados

a.

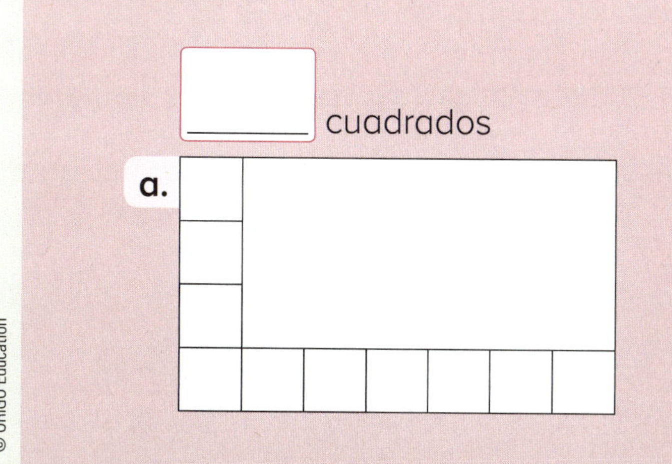

b.

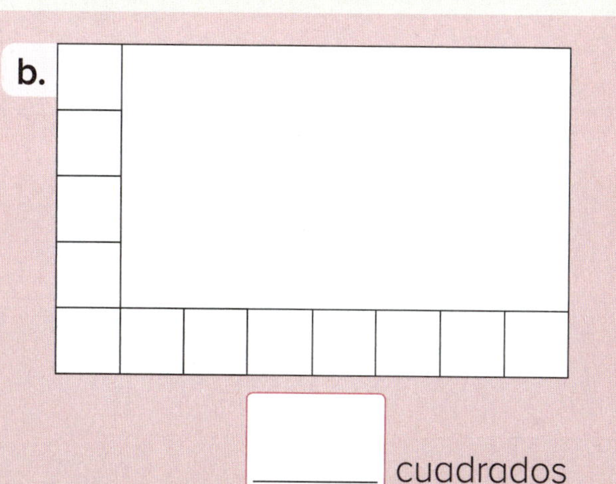

______ cuadrados

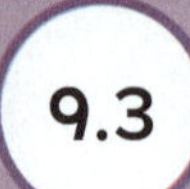

Resta: Utilizando el algoritmo estándar con números de dos dígitos (descomposición de decenas)

Conoce

Dorothy tiene $92 y compra este juego.

¿Cuánto dinero le sobrará?
¿Cómo podrías calcularlo utilizando bloques base 10?

Yo indicaría 92 utilizando 9 bloques de decenas y 2 bloques de unidades. Luego tendría que descomponer 1 bloque de decenas en 10 bloques de unidades para tener 8 decenas y 12 unidades.

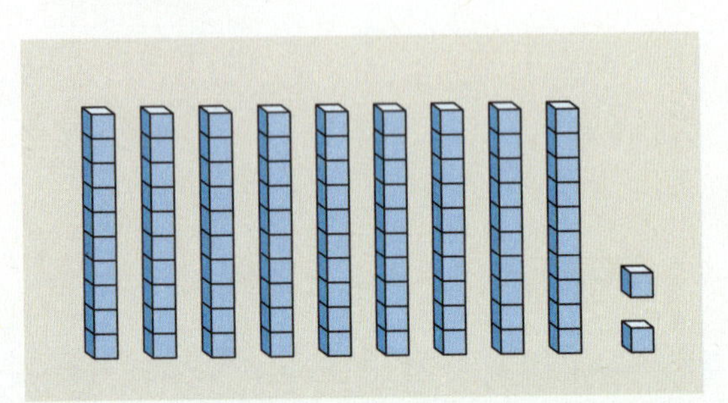

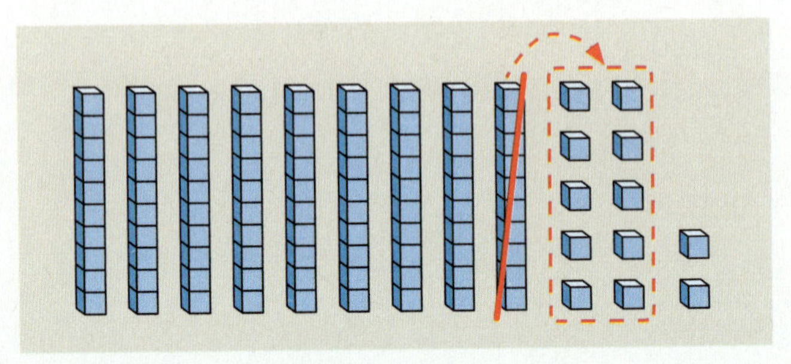

Utilizar el algoritmo estándar de la resta es como utilizar bloques base 10.

Necesitas reagrupar cuando el dígito de arriba en una columna de la tabla de valor posicional es menor que el dígito debajo de éste en la misma columna.

Paso 1	Paso 2	Paso 3	Paso 4
Observa los dígitos en cada posición. ¿Puedes restar cada posición fácilmente?	Necesitas 1 decena como ayuda para restar las unidades. Tacha las 9 decenas y escribe 8 decenas.	Tacha el dígito de las unidades y escribe el nuevo total. 92 se escribe ahora como 8 decenas y 12 unidades.	Resta las unidades, luego resta las decenas. A 12 unidades quitas 8 unidades, a 8 decenas quitas 3 decenas.
D U 9 2 − 3 8 ___	D U 8 ~~9~~ 2 − 3 8 ___	D U 8 12 ~~9~~ ~~2~~ − 3 8 ___	D U 8 12 ~~9~~ ~~2~~ − 3 8 5 4

Intensifica

1. Cambia los bloques para indicar la reagrupación. Luego cambia los números y utiliza el algoritmo estándar de la resta para calcular la diferencia.

a.

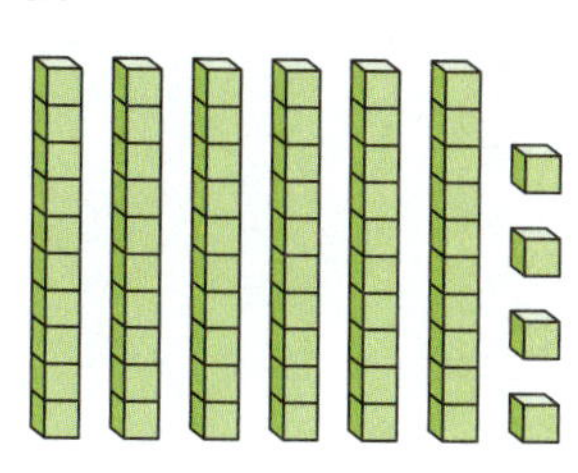

	D	U
	6	4
−	3	7

b.

	D	U
	7	3
−	4	6

c.

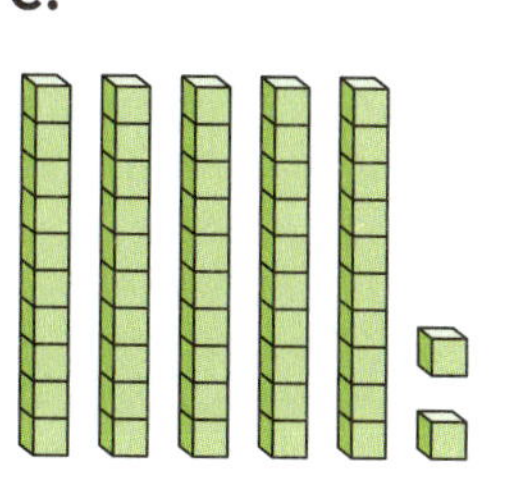

	D	U
	5	2
−		8

d.

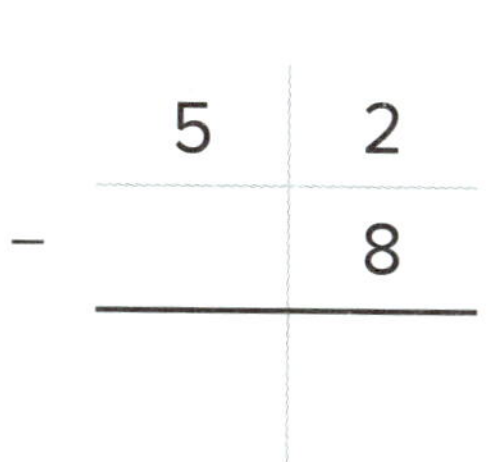

	D	U
	4	5
−	2	9

2. Estima la diferencia. Luego utiliza el algoritmo estándar de la resta para calcular la diferencia exacta.

a. Estimado ______

	D	U
	7	3
−	6	5

b. Estimado ______

	D	U
	4	6
−	1	8

c. Estimado ______

	D	U
	6	2
−	2	7

d. Estimado ______

	D	U
	9	5
−	6	8

Avanza

Escribe los dígitos que faltan en estos algoritmos estándares de la resta y reagrupa cuando sea necesario para que las respuestas tengan sentido.

a.

	D	U
	5	7
−	2	☐
	3	2

b.

	D	U
	☐	7
−		2
	6	5

c.

	D	U
	6	4
−	☐	5
	1	9

d.

	D	U
	4	☐
−		8
	3	7

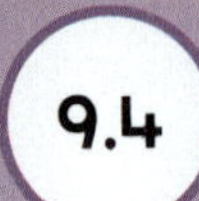

9.4 Resta: Utilizando el algoritmo estándar con números de tres dígitos (descomposición de decenas)

Conoce

Jayden está en una librería y tiene $283.

¿Cuánto dinero le sobrará si compra el libro de máquinas?

¿Cómo podrías calcular la diferencia utilizando bloques base 10?

¿Qué escribirías utilizando el algoritmo estándar?

Yo necesito más unidades, entonces voy a descomponer 1 decena en 10 unidades. 283 se escribe ahora como 2 centenas, 7 decenas y 13 unidades.

	C	D	U
		7	13
	2	~~8~~	~~3~~
–		3	7
	2	4	6

Si Jayden compra el libro de mascotas, ¿cuánto dinero le sobrará?

Utiliza el algoritmo estándar para indicar tu razonamiento.

	C	D	U
–			

Yo podría resolver estos problemas mentalmente o utilizar una recta numérica, pero utilizar el algoritmo estándar es una buena costumbre para cuando tenga que restar números más grandes.

Intensifica

1. Estima la diferencia. Luego utiliza el algoritmo estándar de la resta para calcular la diferencia exacta.

a. Estimado ______

	C	D	U
	3	7	3
–		4	9

b. Estimado ______

	C	D	U
	6	5	2
–		3	7

c. Estimado ______

	C	D	U
	5	7	4
–		4	6

d. Estimado ______

	C	D	U
	8	4	6
–		2	9

2. Estima cuánto dinero sobrará después de cada compra. Luego utiliza el algoritmo estándar para calcular la cantidad exacta.

a. $35 $472

Estimado $______

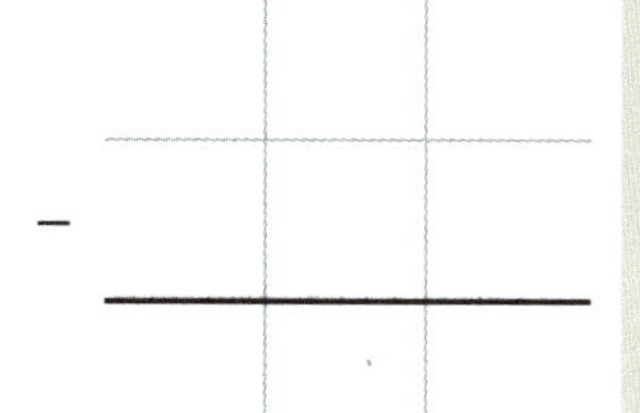

b. $27 $145

Estimado $______

c. $35 $261

Estimado $______

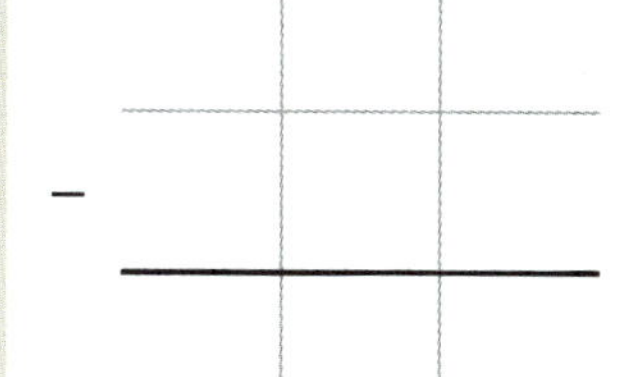

d. $18 $352

Estimado $______

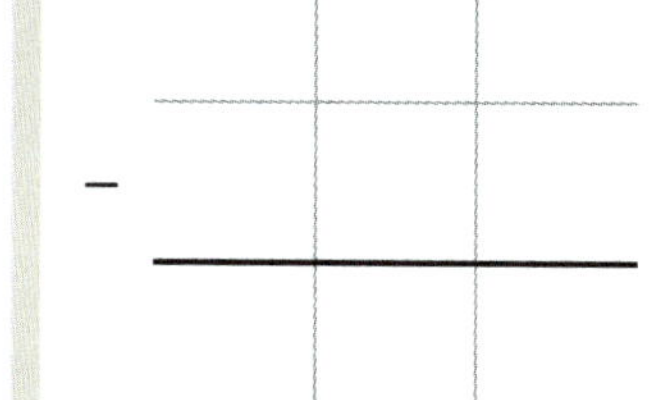

e. $9 $543

Estimado $______

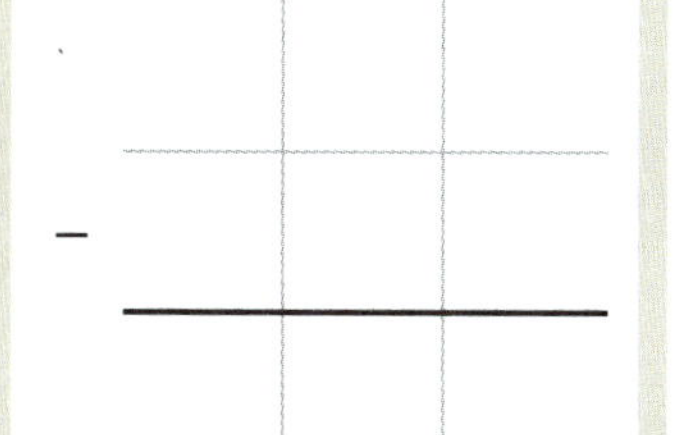

f. $35 $254

Estimado $______

g. $27 $175

Estimado $______

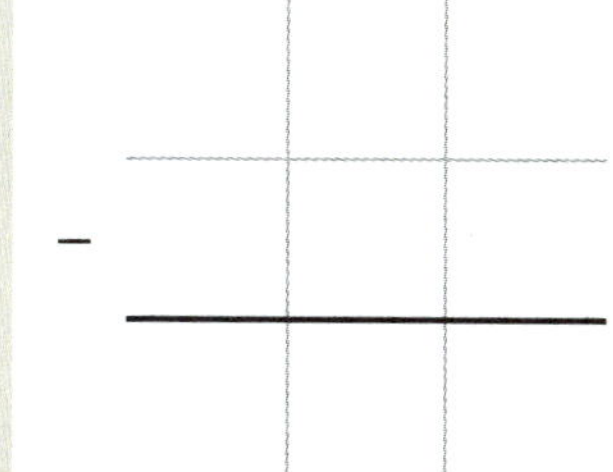

h. $8 $636

Estimado $______

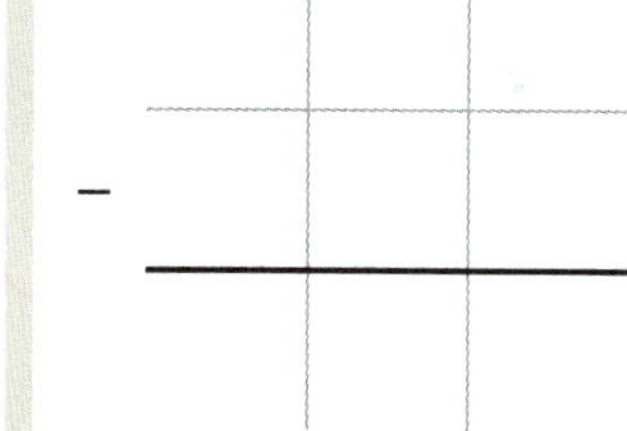

Avanza Susan está pensando en un número de tres dígitos. Jerome está pensando en un número de dos dígitos.

La diferencia entre sus números es 148.

Escribe dos números que den esa diferencia.

______ ______

Reforzando conceptos y destrezas

Piensa y resuelve

Calcula el total que falta.

oso + oso + auto + auto = \$30

auto + auto + auto + auto = \$20

oso + oso + auto = \$_____

Palabras en acción

Imagina que tu amigo estuvo ausente cuando aprendiste acerca del algoritmo estándar de la resta. Escribe los pasos para calcular 372 – 157 y completa el algoritmo provisto.

	C	D	U
–			

Práctica continua

1. Colorea el recipiente de manera que corresponda a la fracción que se indica.

a. $\frac{7}{10}$ L

b. $\frac{2}{10}$ L

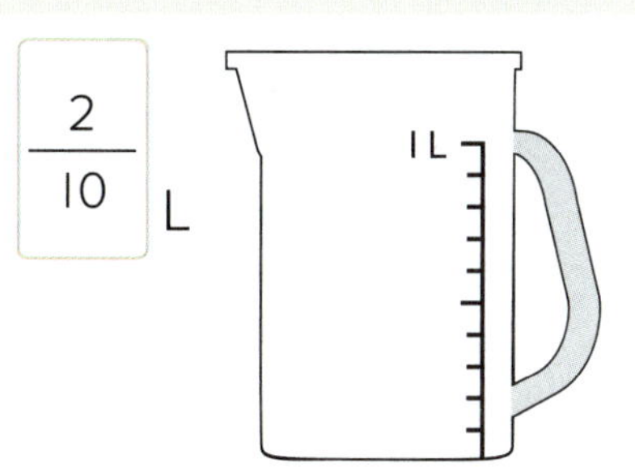

c. $\frac{5}{10}$ L

DE 3.8.10

2. Utiliza el algoritmo estándar de la resta para calcular cada diferencia de precios.

a.

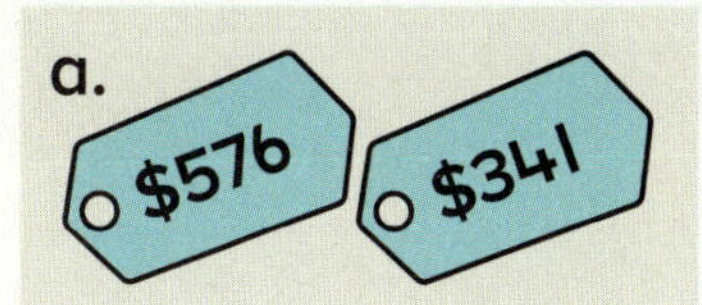

	C	D	U
	5	7	6
−	3	4	1

b.

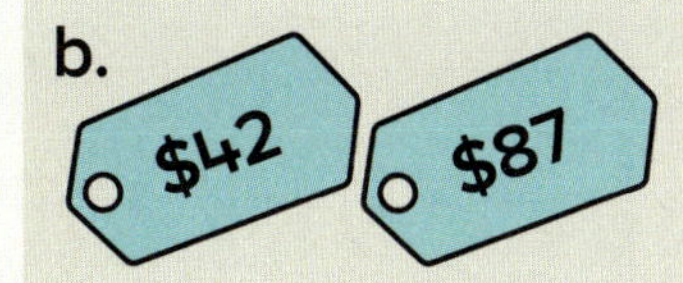

	D	U
−		

c.

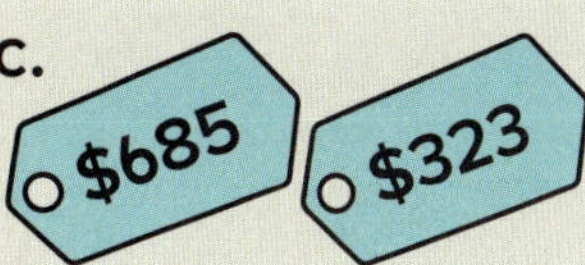

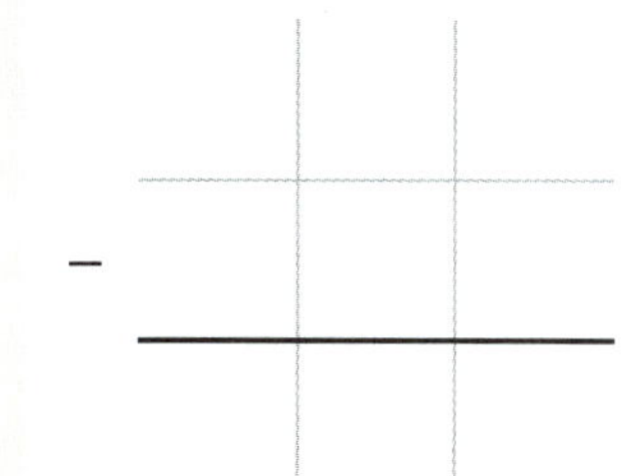

	C	D	U
−			

d.

	D	U
−		

DE 3.9.2

Prepárate para el módulo 10

Colorea una matriz que corresponda a los números dados. Completa la familia de operaciones básicas.

a.

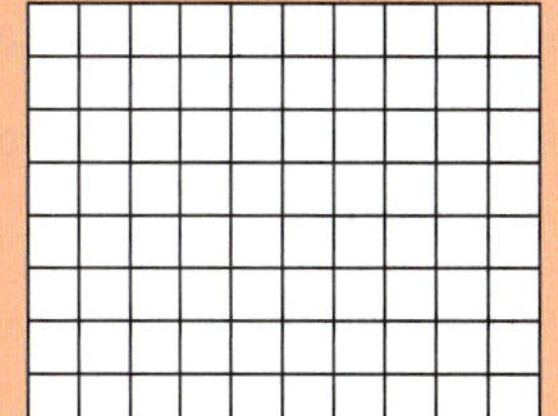

$5 \times 3 =$ ____

____ × ____ = ____

____ ÷ ____ = ____

____ ÷ ____ = ____

b.

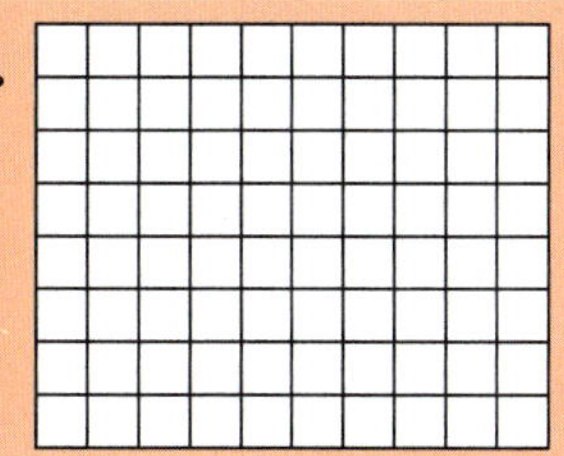

$4 \times 9 =$ ____

____ × ____ = ____

____ ÷ ____ = ____

____ ÷ ____ = ____

c.

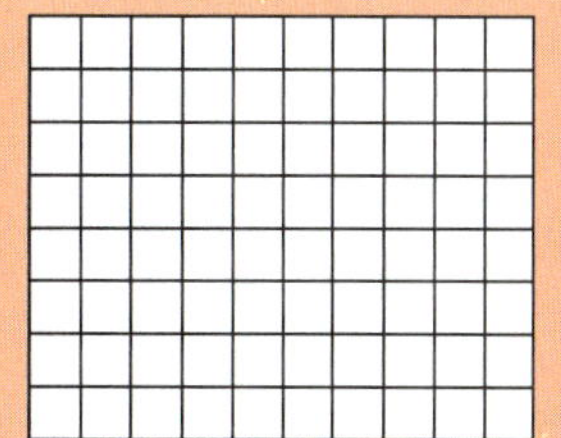

$6 \times 4 =$ ____

____ × ____ = ____

____ ÷ ____ = ____

____ ÷ ____ = ____

d.

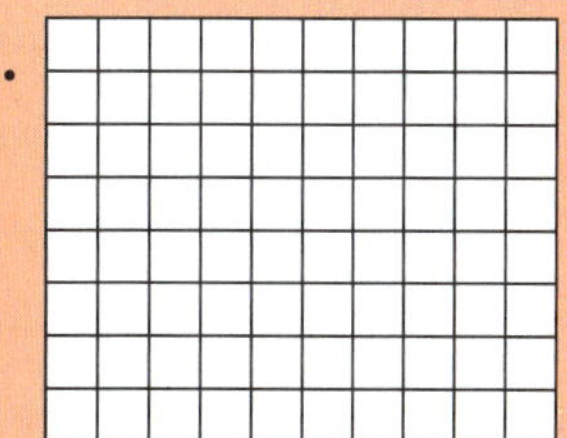

$7 \times 5 =$ ____

____ × ____ = ____

____ ÷ ____ = ____

____ ÷ ____ = ____

9.5 Resta: Utilizando el algoritmo estándar con números de tres dígitos (descomposición de centenas)

Conoce

Un jardinero tenía 235 plántulas para sembrar. En la primera sección, sembró 72 plántulas. ¿Cuántas plántulas le quedan por sembrar?

¿Cómo podrías calcularlas utilizando bloques base 10?

Yo indicaría 235 utilizando 2 bloques de centenas, 3 de decenas y 5 de unidades. Luego quitaría el número de plántulas que se han sembrado.

Puedo quitar 2 unidades a 5 unidades, pero necesito descomponer 1 bloque de centenas en 10 bloques de decenas para tener 13 decenas.

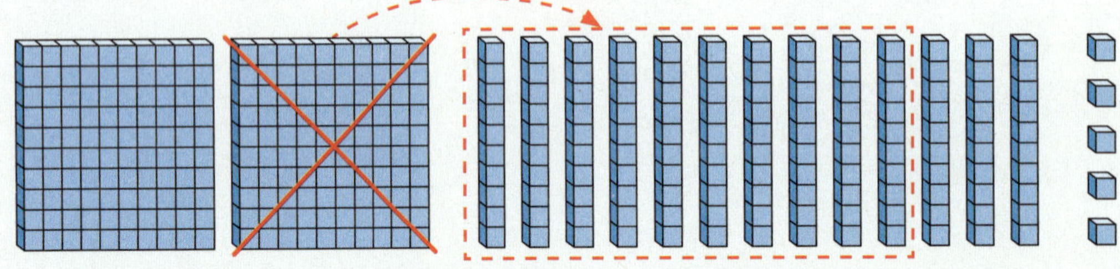

Observa los pasos seguidos en este algoritmo estándar de la resta. ¿Qué ocurre en cada paso?

Paso 1

	C	D	U
	2	3	5
−		7	2

Paso 2

	C	D	U
	1		
	~~2~~	3	5
−		7	2

Paso 3

	C	D	U
	1	13	
	~~2~~	~~3~~	5
−		7	2

Paso 4

	C	D	U
	1	13	
	~~2~~	~~3~~	5
−		7	2
	1	6	3

Intensifica

1. Estima la diferencia. Luego utiliza el algoritmo estándar de la resta para calcular la diferencia exacta.

a. Estimado ________

	C	D	U
	3	2	9
−		5	4

b. Estimado ________

	C	D	U
	4	1	5
−		3	2

c. Estimado ________

	C	D	U
	6	4	8
−		7	7

d. Estimado ________

	C	D	U
	5	3	7
−		8	6

2. Un zoológico tiene estos diferentes tipos de serpientes en exhibición.

Serpiente	Longitud (cm)
Ratonera	65
Cobra real	559
Cascabel muda	261
Chirrionera	96

Serpiente	Longitud (cm)
Anaconda	589
Zumbadora	236
Lira	74
Cabeza de cobre	81

Utiliza el algoritmo estándar de la resta para calcular la diferencia de longitud exacta. Recuerda estimar para verificar que tu respuesta tenga sentido.

a. Cobra real y Chirrionera

−

b. Zumbadora y Cabeza de cobre

−

c. Anaconda y Ratonera

−

d. Cascabel muda y Lira

−

e. Cobra real y Cabeza de cobre

−

f. Anaconda y Chirrionera

−

Avanza

La serpiente A mide 36 cm más que la serpiente B. La serpiente C mide 245 cm de largo. La serpiente B es 128 cm más corta que la serpiente C. ¿Cuánto mide cada serpiente?

La serpiente A mide ________ cm

La serpiente B mide ________ cm

La serpiente C mide ________ cm

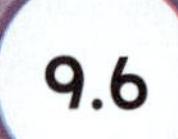

9.6 Resta: Explorando la resta que involucra el cero

Conoce

¿Cómo calcularías la diferencia entre cada precio y la cantidad en la billetera?

	C	D	U
		7	10
	5	~~8~~	~~0~~
−	1	2	6

No puedo quitar 6 unidades a 0 unidades, entonces necesito descomponer 1 decena en 10 unidades.

	C	D	U
	2	10	
	~~3~~	~~0~~	6
−	1	8	2

No puedo quitar 8 decenas a 0 decenas, entonces necesito descomponer 1 centena en 10 decenas.

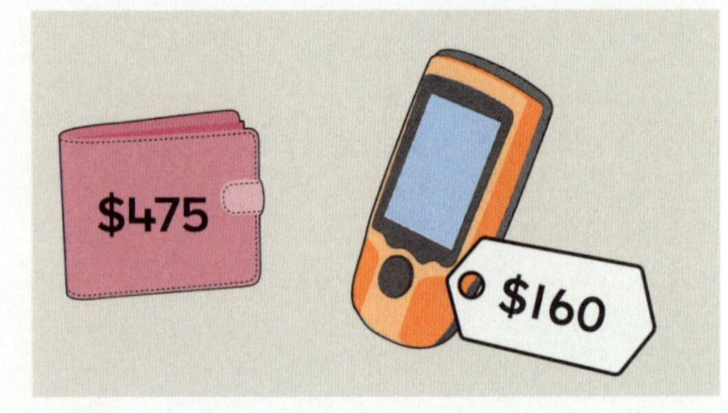

	C	D	U
	4	7	5
−	1	6	0

Puedo quitar 0 unidades a 5 unidades fácilmente. No necesito cambiar ningún dígito.

Intensifica

1. Utiliza el algoritmo estándar de la resta para calcular la diferencia exacta entre cada par de precios.

a.

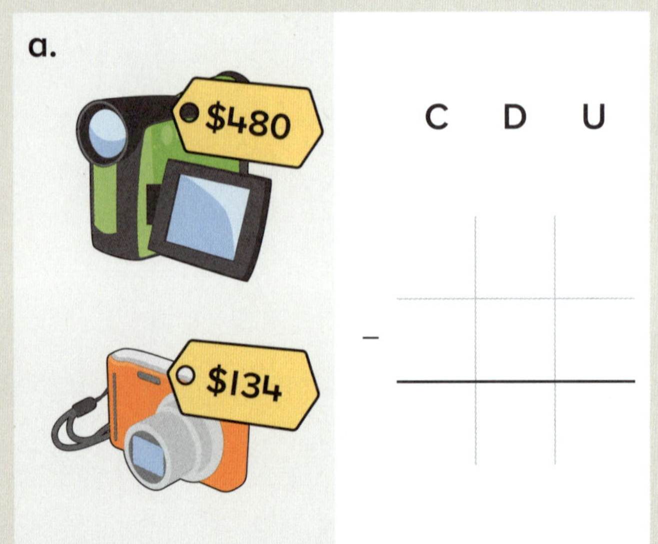

b.

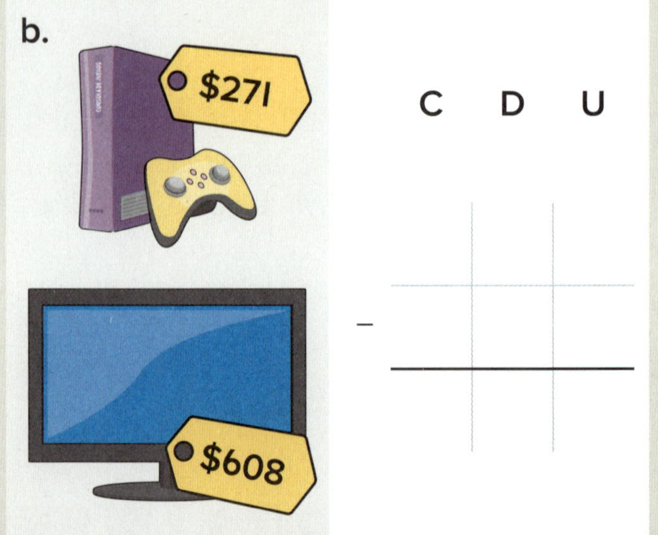

2. Utiliza el algoritmo estándar de la resta para calcular cuánto bajó el precio. Recuerda hacer un estimado para verificar que tu respuesta tenga sentido.

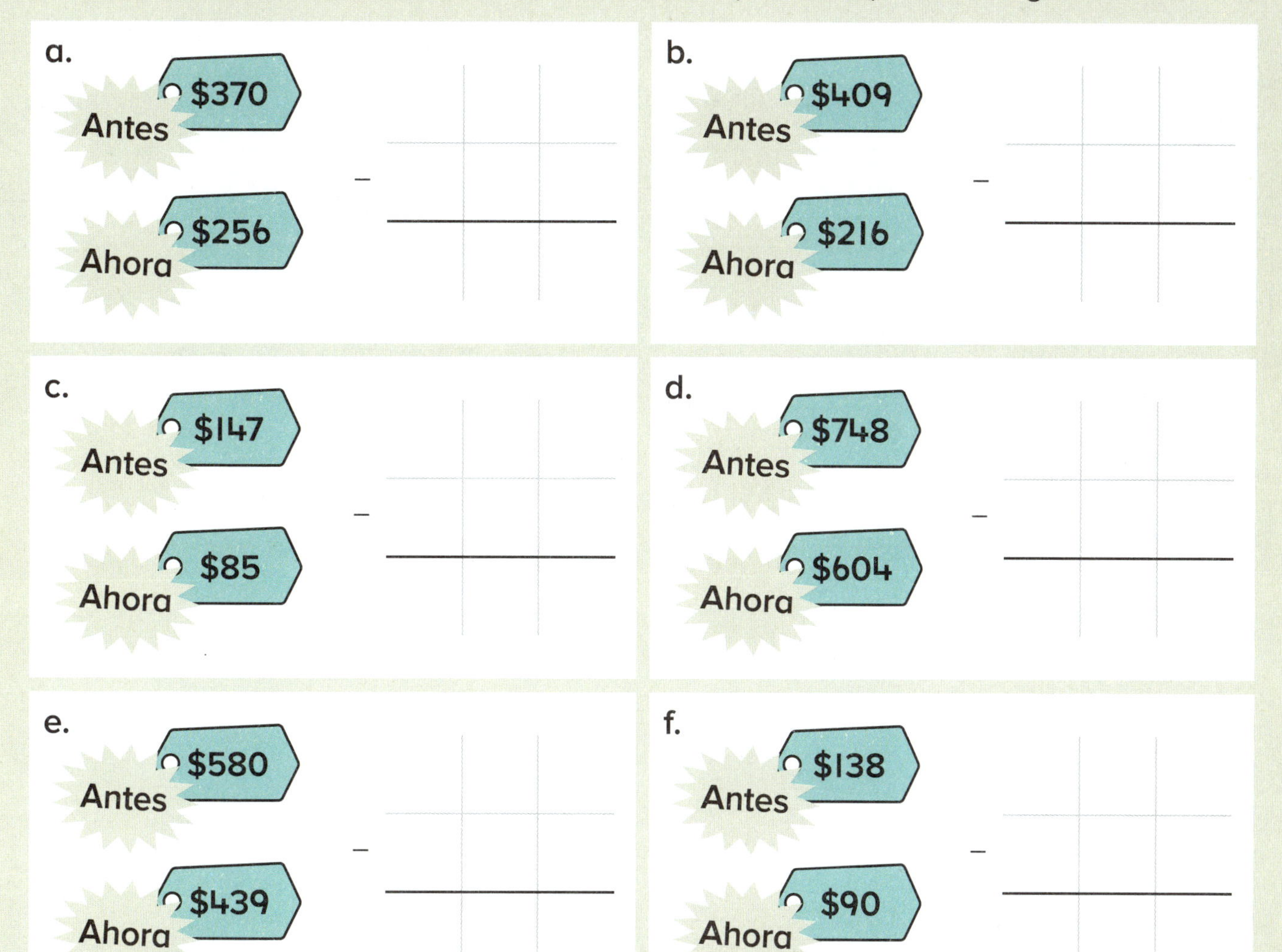

Avanza

Cada ladrillo indica el total de los dos ladrillos directamente debajo. Escribe los números que faltan. Puedes utilizar la página 356 para indicar tu razonamiento.

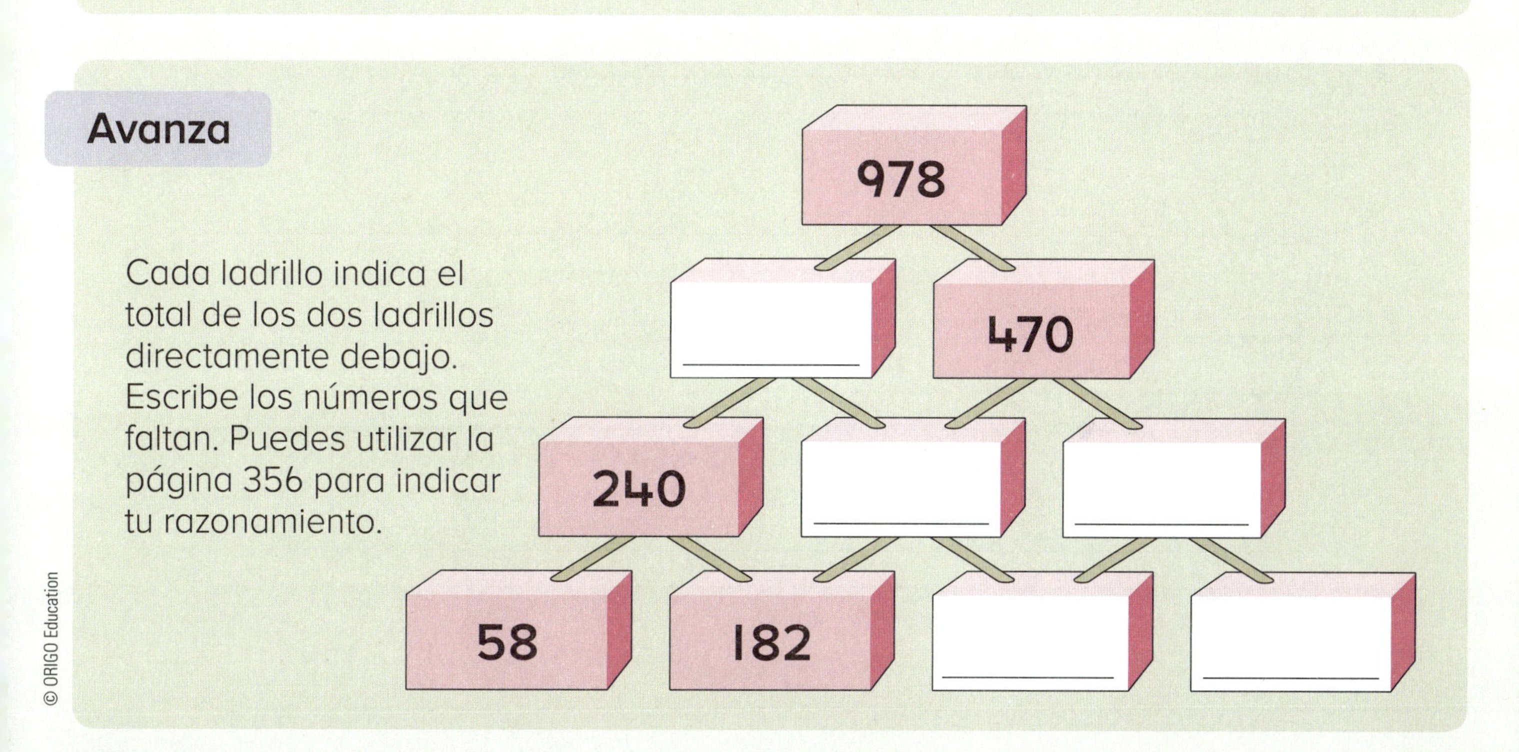

Reforzando conceptos y destrezas

Práctica de cálculo

Duración:

★ Escribe el producto y la operación conmutativa para cada operación básica. Utiliza el reloj de tu salón de clases para medir tu tiempo.

inicio

6 × 4 = 24 = 4 × 6	0 × 7 = ___ = ___ × ___
1 × 0 = ___ = ___ × ___	9 × 5 = ___ = ___ × ___
8 × 9 = ___ = ___ × ___	4 × 7 = ___ = ___ × ___
6 × 1 = ___ = ___ × ___	0 × 3 = ___ = ___ × ___
5 × 8 = ___ = ___ × ___	9 × 4 = ___ = ___ × ___
3 × 8 = ___ = ___ × ___	2 × 5 = ___ = ___ × ___
4 × 5 = ___ = ___ × ___	2 × 8 = ___ = ___ × ___
5 × 5 = ___ = ___ × ___	6 × 8 = ___ = ___ × ___
9 × 2 = ___ = ___ × ___	1 × 7 = ___ = ___ × ___
7 × 5 = ___ = ___ × ___	9 × 0 = ___ = ___ × ___

meta

Práctica continua

1. Colorea las pesas que necesitarías para hacer un kilogramo.

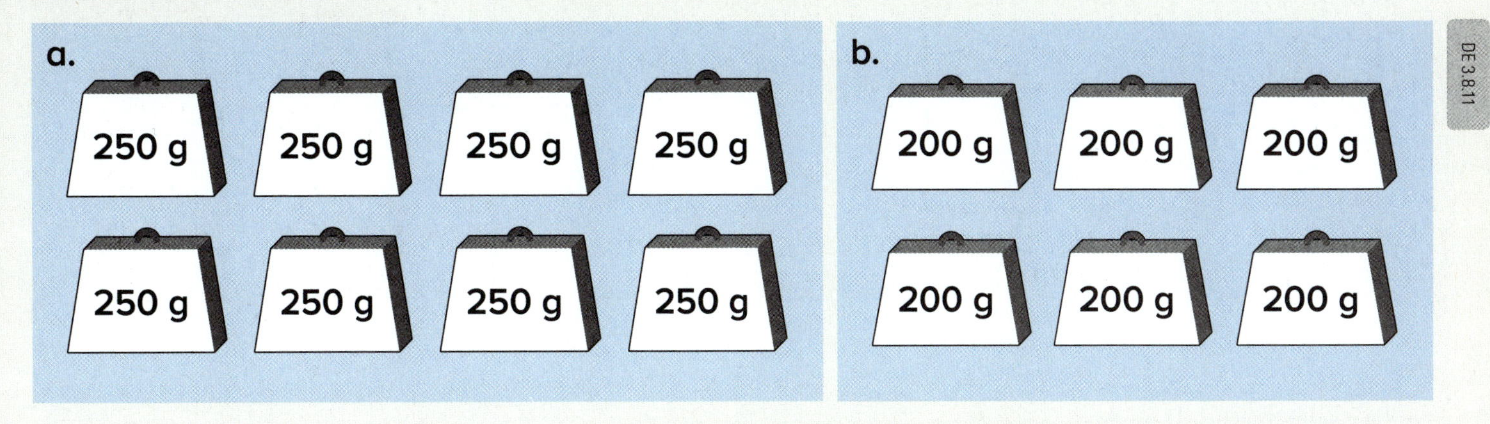

DE 3.8.11

2. Utiliza el algoritmo estándar de la resta para calcular la diferencia entre cada precio y la cantidad en cada billetera.

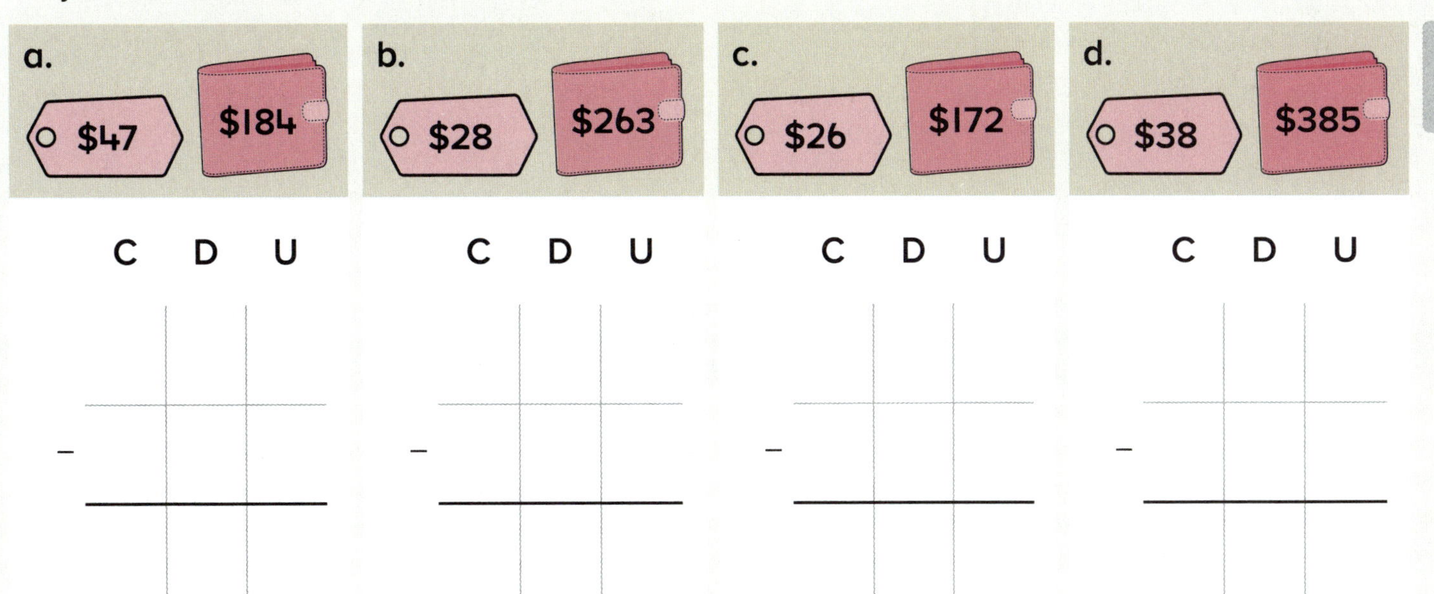

DE 3.9.4

Prepárate para el módulo 10

Utiliza una regla para trazar líneas que partan cada figura en **tres** rectángulos.

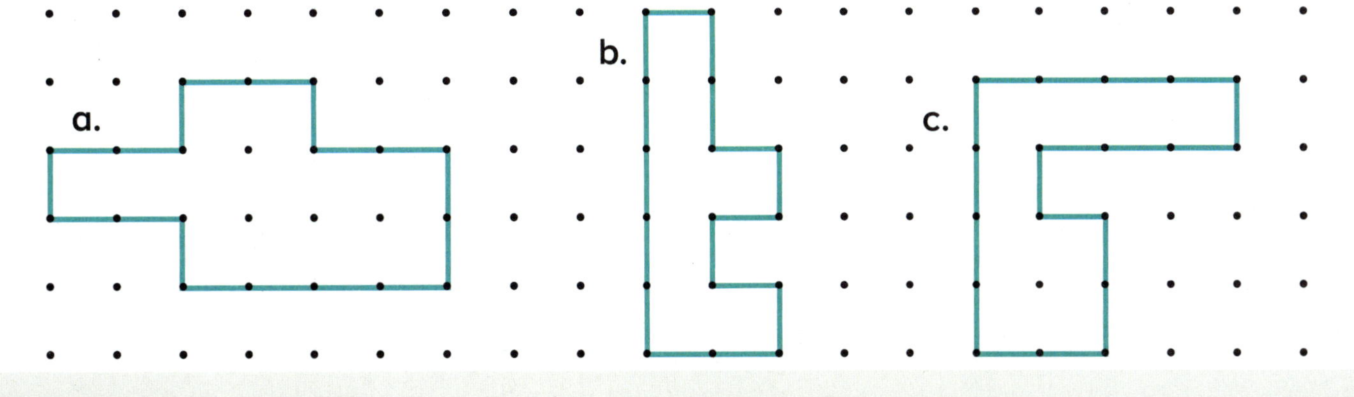

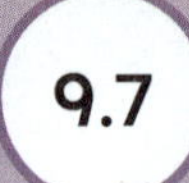

9.7 Resta: Aplicando la estrategia de compensación

Conoce

¿Cómo calcularías la diferencia entre los precios de estos dos teléfonos celulares?

Yo podría utilizar el algoritmo estándar, pero hay mucha reagrupación.

Robert indica cada número con bloques base 10.
Él luego suma el mismo número de bloques
a cada grupo para calcular la diferencia más fácilmente.

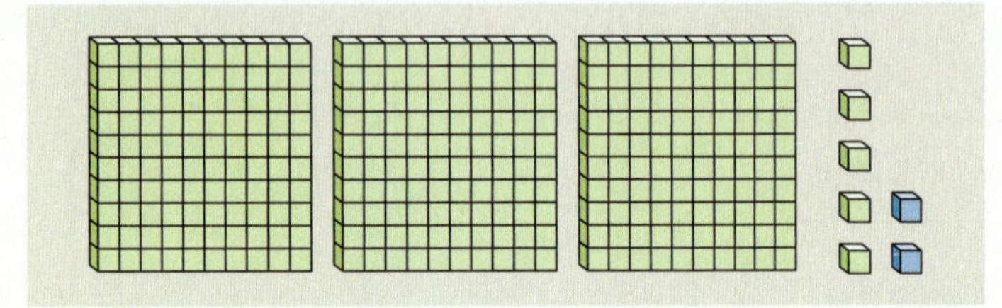

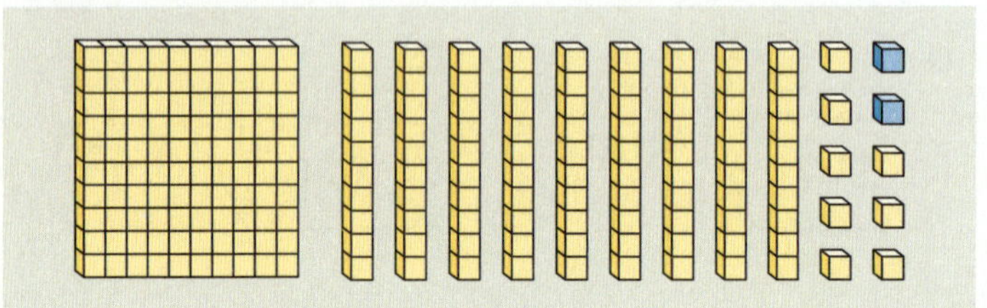

¿Cuántos bloques de unidades se suman a cada grupo?

¿Qué número indica ahora cada grupo de bloques?

¿Cómo facilita esto la resta? ¿La diferencia permanece igual?

¿Qué sucede si se resta el mismo número de bloques de cada grupo?
¿La diferencia permanece igual?

Robert indica la misma estrategia en la recta numérica.

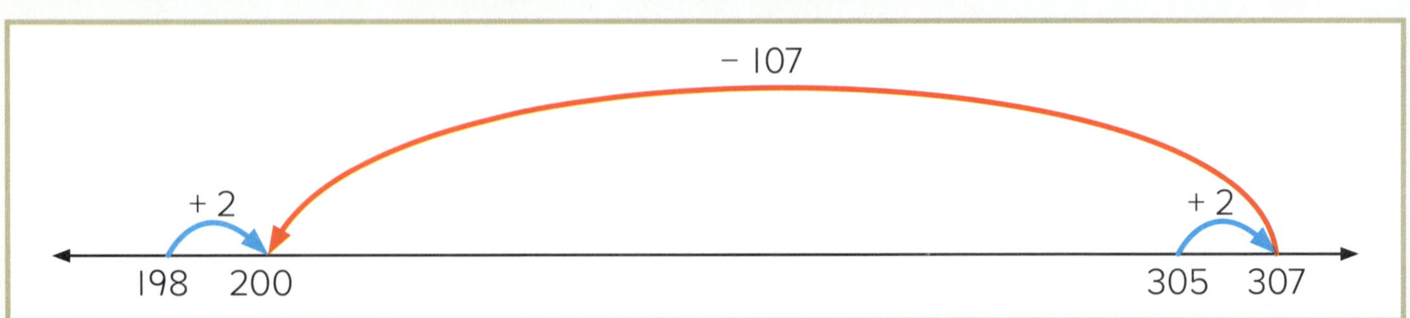

¿Cómo corresponden los saltos en la recta numérica a su estrategia de bloques?

¿Cómo podrías utilizar la misma estrategia para calcular 407 − 299?

Intensifica

1. Piensa en cómo puedes cambiar estos números para restarlos más fácilmente. Luego completa el enunciado.

a. 64 – 39	b. 87 – 52	c. 129 – 74
es igual a	es igual a	es igual a
______ – ______	______ – ______	______ – ______
d. 143 – 58	**e. 501 – 398**	**f. 305 – 199**
es igual a	es igual a	es igual a
______ – ______	______ – ______	______ – ______

2. Escribe la diferencia. Luego dibuja saltos en la recta numérica para indicar tu razonamiento.

a. 82 – 59 = ______

b. 147 – 88 = ______

c. 702 – 498 = ______

Avanza

Utiliza la misma estrategia para resolver este problema.

La mamá de Rita le da $5 para gastar en la tienda. Ella ve un estuche para lápices que cuesta $2 y 98 centavos y una regla que cuesta $1 y 99 centavos. Ella decide comprar el estuche para lápices. ¿Cuánto dinero le sobra?

$______ y ______¢

Fracciones comunes: Comparando fracciones unitarias (modelo longitudinal)

Conoce

Cada tira es un entero. ¿Qué fracción de cada tira ha sido coloreada?

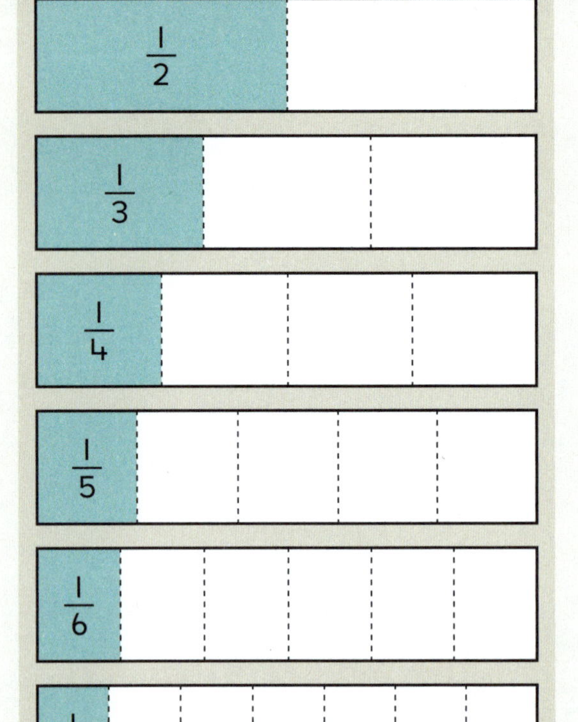

¿Cuál tira indica la mayor fracción coloreada?

¿Cuál tira indica la menor fracción coloreada?

Cuando escribes $\frac{1}{3}$, ¿qué te dice el 3?

Cuando escribes $\frac{1}{5}$, ¿qué te dice el 5?

¿Por qué $\frac{1}{5}$ es menor que $\frac{1}{3}$?

¿Cuál fracción es mayor en cada par de fracciones? ¿Cómo lo sabes?

$\frac{1}{8}$ o $\frac{1}{12}$

$\frac{1}{20}$ o $\frac{1}{50}$

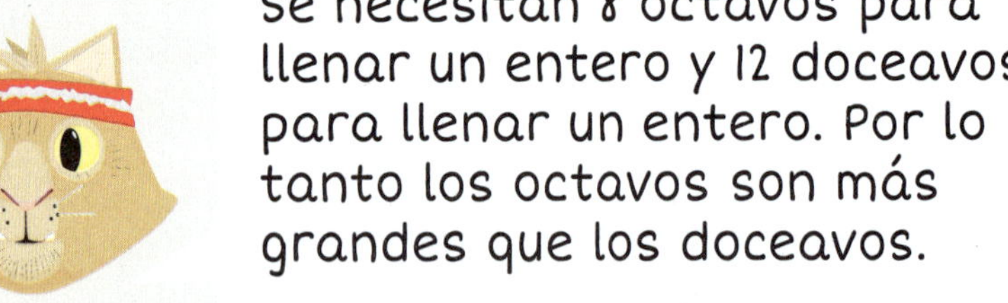

Intensifica

1. **a.** Colorea una parte en cada fila de esta tabla de fracciones.

1							
$\frac{1}{2}$				$\frac{1}{2}$			
$\frac{1}{4}$		$\frac{1}{4}$		$\frac{1}{4}$		$\frac{1}{4}$	
$\frac{1}{8}$	$\frac{1}{8}$	$\frac{1}{8}$	$\frac{1}{8}$	$\frac{1}{8}$	$\frac{1}{8}$	$\frac{1}{8}$	$\frac{1}{8}$

b. Encierra la fracción que es mayor en cada par de fracciones.

$\frac{1}{2}$ o $\frac{1}{4}$

$\frac{1}{8}$ o $\frac{1}{2}$

$\frac{1}{4}$ o $\frac{1}{8}$

2. a. Colorea una parte en cada fila de esta tabla de fracciones.

1								
$\frac{1}{3}$			$\frac{1}{3}$			$\frac{1}{3}$		
$\frac{1}{6}$		$\frac{1}{6}$	$\frac{1}{6}$		$\frac{1}{6}$	$\frac{1}{6}$		$\frac{1}{6}$
$\frac{1}{9}$	$\frac{1}{9}$	$\frac{1}{9}$	$\frac{1}{9}$	$\frac{1}{9}$	$\frac{1}{9}$	$\frac{1}{9}$	$\frac{1}{9}$	$\frac{1}{9}$

b. Encierra la fracción que es mayor en cada par de fracciones.

$\frac{1}{3}$ o $\frac{1}{9}$ | $\frac{1}{6}$ o $\frac{1}{3}$ | $\frac{1}{6}$ o $\frac{1}{9}$

3. Observa las fracciones que encerraste en las preguntas 1 y 2. ¿Qué notas?

____

____

4. Escribe otras fracciones para hacer estos enunciados verdaderos.

a. $\frac{1}{2}$ es equivalente a $\frac{\square}{\square}$ lo cual es equivalente a $\frac{\square}{\square}$.

b. $\frac{1}{3}$ es equivalente a $\frac{\square}{\square}$ lo cual es equivalente a $\frac{\square}{\square}$.

Avanza

Escribe estas fracciones en cada enunciado para hacerlos verdaderos.

$\frac{2}{6}$ $\frac{1}{2}$ $\frac{1}{9}$ $\frac{1}{3}$

a. $\frac{\square}{\square}$ es igual a $\frac{\square}{\square}$ lo cual es menor que $\frac{\square}{\square}$ lo cual es mayor que $\frac{\square}{\square}$.

b. $\frac{\square}{\square}$ mayor que $\frac{\square}{\square}$ lo cual es igual a $\frac{\square}{\square}$ lo cual es mayor que $\frac{\square}{\square}$.

9.8 Reforzando conceptos y destrezas

Piensa y resuelve

Esta bolsa está llena de canicas.

Algunas de las canicas pesan 2 gramos.

Algunas de las canicas pesan 3 gramos.

Algunas de las canicas pesan 7 gramos.

¿Cuántas de cada una podrían haber en la bolsa?

Palabras en acción

Escribe acerca de dos estrategias diferentes que podrías utilizar para resolver esta ecuación.

605 – 298 = ?

Práctica continua

1. Calcula la masa total de cada pedido. Escribe el total en gramos y como una fracción de un kilogramo.

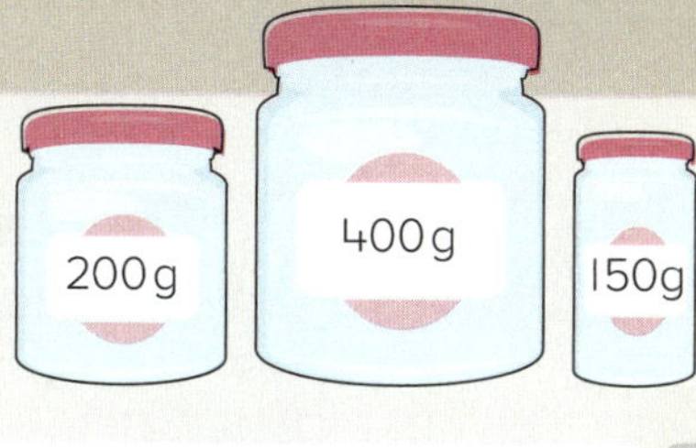

a. **Pedido**

1 frasco de 400 g

2 frascos de 150 g

_____ g

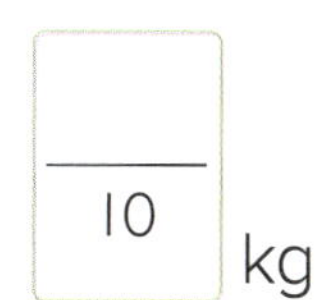

$\frac{\quad}{10}$ kg

b. **Pedido**

2 frascos de 400 g

1 frasco de 200 g

_____ g

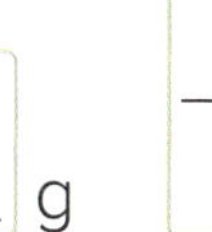

$\frac{\quad}{10}$ kg

c. **Pedido**

4 frascos de 150 g

1 frasco de 200 g

_____ g

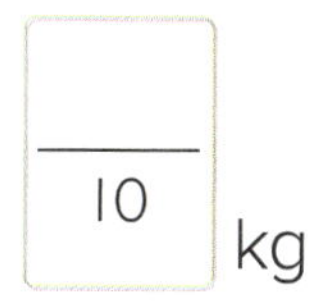

$\frac{\quad}{10}$ kg

2. Estima la diferencia. Luego utiliza el algoritmo estándar de la resta para calcular la diferencia exacta.

a. Estimado _____

	C	D	U
	3	1	9
−		6	5

b. Estimado _____

	C	D	U
	1	3	7
−		5	4

c. Estimado _____

	C	D	U
	2	4	6
−		7	3

d. Estimado _____

	C	D	U
	1	2	8
−		4	1

Prepárate para el módulo 10

Escribe una ecuación para indicar cada problema. Utiliza un **?** para la cantidad desconocida.

a. Amber cuelga 4 series de luces de jardín. Cada serie tiene 9 luces. ¿Cuántas luces había en total?

_____

b. Matthew colocó 8 paquetes de agua en el estante de la tienda. Cada paquete contenía 6 botellas. ¿Cuántas botellas colocó él en el estante?

_____

9.9 Fracciones comunes: Comparando fracciones unitarias (recta numérica)

Conoce

Tres estudiantes están hablando acerca de fracciones en una recta numérica.

Patricia quiere dividir la recta en octavos. Ben quiere dividirla en sextos y Paige quiere dividirla en cuartos.

Patricia dijo que utilizar octavos significaría que $\frac{1}{8}$ es la fracción mayor porque 8 es mayor que 6 y 4. Paige dijo que la fracción mayor sería $\frac{1}{4}$.
¿Quién tiene razón? ¿Cómo lo sabes?

Escribe < o > para completar cada comparación.

$\frac{1}{6}$ ◯ $\frac{1}{4}$ $\frac{1}{4}$ ◯ $\frac{1}{8}$ $\frac{1}{8}$ ◯ $\frac{1}{6}$

Intensifica

1. En cada recta numérica la distancia de 0 a 1 es un entero.

a. Escribe la fracción correcta **arriba** de cada marca en la recta numérica.

b. Divide la distancia de 0 a 1 en octavos y escribe la fracción correcta **debajo** de cada marca.

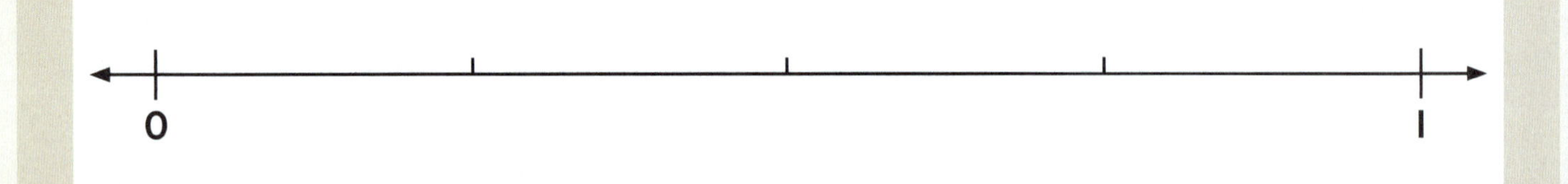

c. Escribe la fracción correcta **arriba** de cada marca en la recta numérica.

d. Divide la distancia de 0 a 1 en sextos y escribe la fracción correcta **debajo** de cada marca.

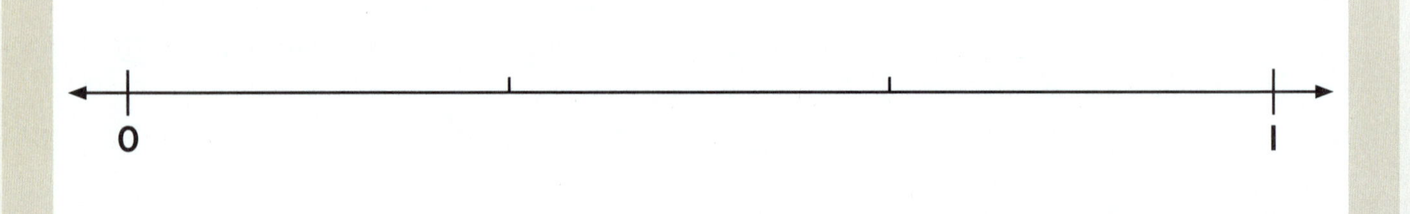

2. Divide la distancia de 0 a 1 en dieciseisavos y escribe la fracción correcta debajo de cada marca. Rotula cada marca azul arriba de la recta numérica y cada marca roja debajo. Luego escribe numerales y **<** o **>** para completar los enunciados numéricos.

a.

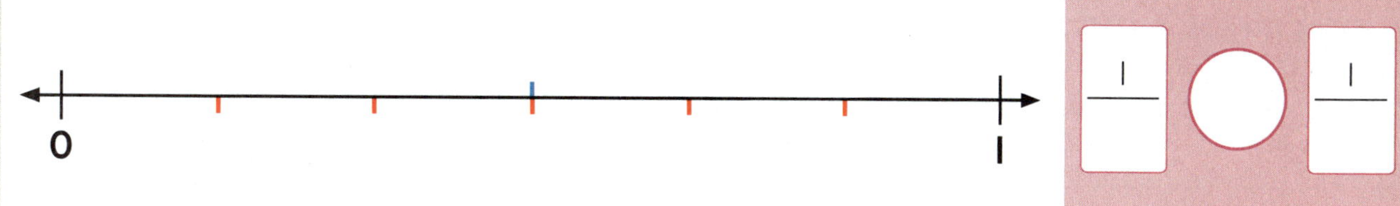

$\frac{1}{\_\_\_}$ ◯ $\frac{1}{\_\_\_}$

b.

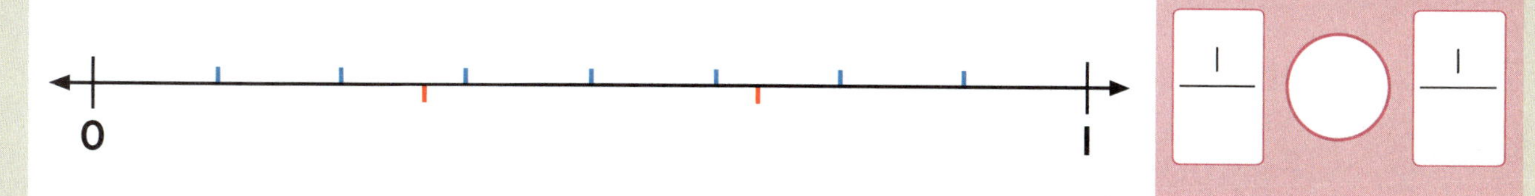

$\frac{1}{\_\_\_}$ ◯ $\frac{1}{\_\_\_}$

c.

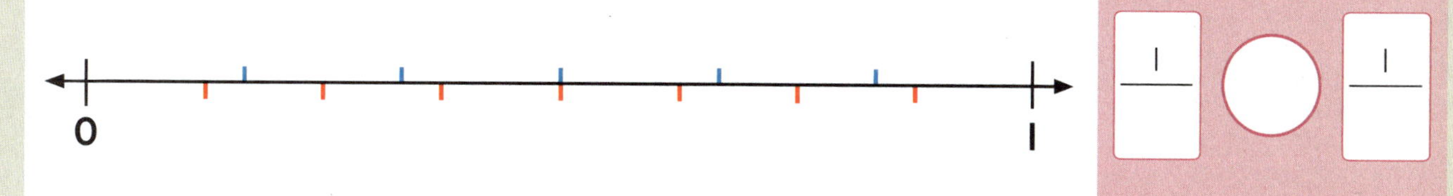

$\frac{1}{\_\_\_}$ ◯ $\frac{1}{\_\_\_}$

d.

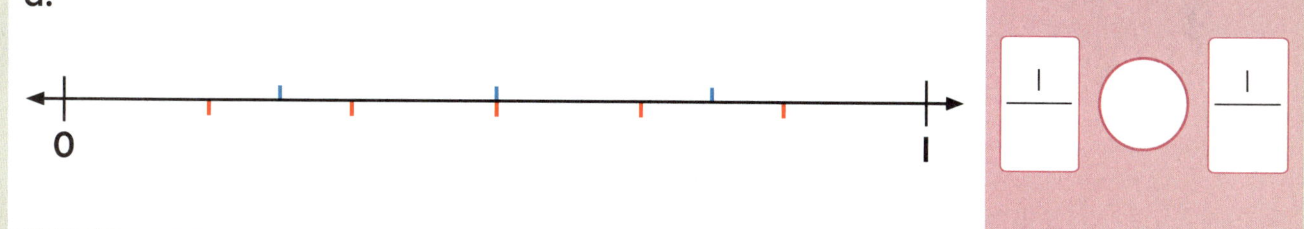

$\frac{1}{\_\_\_}$ ◯ $\frac{1}{\_\_\_}$

Avanza

a. Divide la distancia de 0 a 1 en dieciseisavos y escribe la fracción correcta debajo de cada marca.

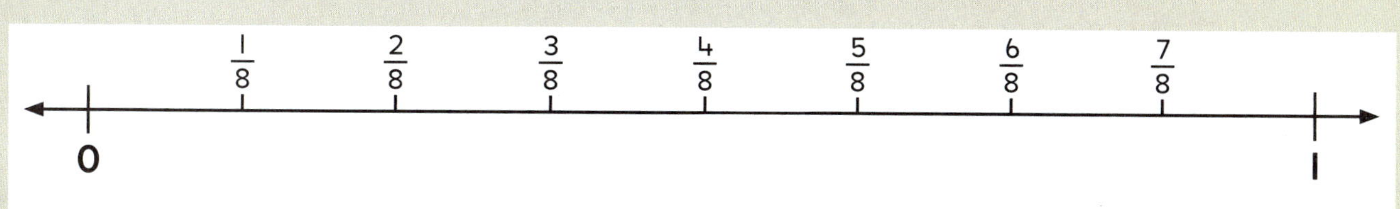

b. Completa estas ecuaciones.

$\frac{2}{8} = \frac{\_\_\_}{16}$ $\frac{\_\_\_}{16} = \frac{6}{8}$ $1 = \frac{\_\_\_}{16}$

9.10 Fracciones comunes: Comparando fracciones con el mismo denominador (recta numérica)

Conoce En estas rectas numéricas la distancia de 0 a 1 es un entero.

¿Qué indican las marcas entre el 0 y el 1 en esta recta numérica? ¿Cómo lo sabes?

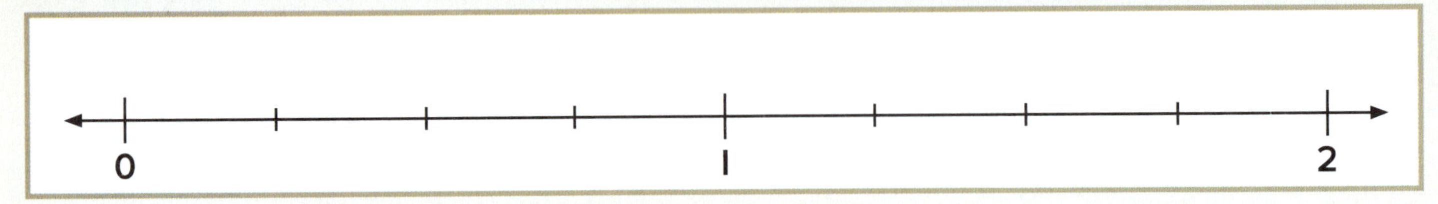

¿Cómo puedes calcular cuál marca indica seis cuartos?

¿Dónde rotularías $\frac{5}{4}$ y $\frac{7}{4}$ en la recta numérica? ¿Cuál fracción es mayor?

¿Qué fracciones podrías indicar en esta recta numérica?

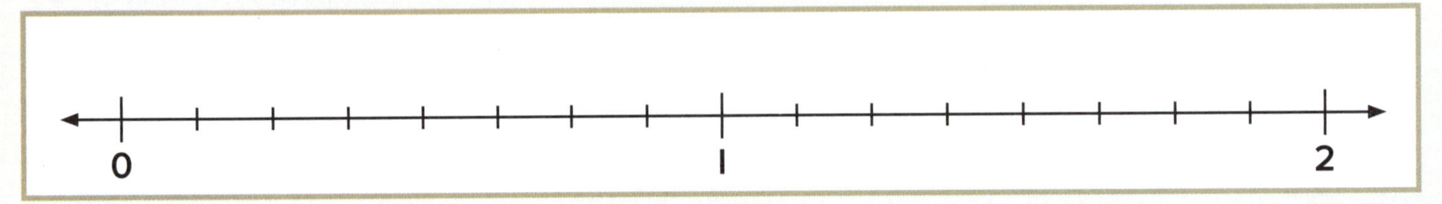

¿Dónde rotularías $\frac{7}{8}$ y $\frac{10}{8}$ en la recta numérica?

¿Cuál fracción es mayor? ¿Cómo lo sabes?

Intensifica

1. En cada recta numérica la distancia de 0 a 1 es un entero. Traza una línea para indicar dónde se ubica cada fracción en la recta numérica. Luego escribe **<**, **>** o **=** para completar cada declaración.

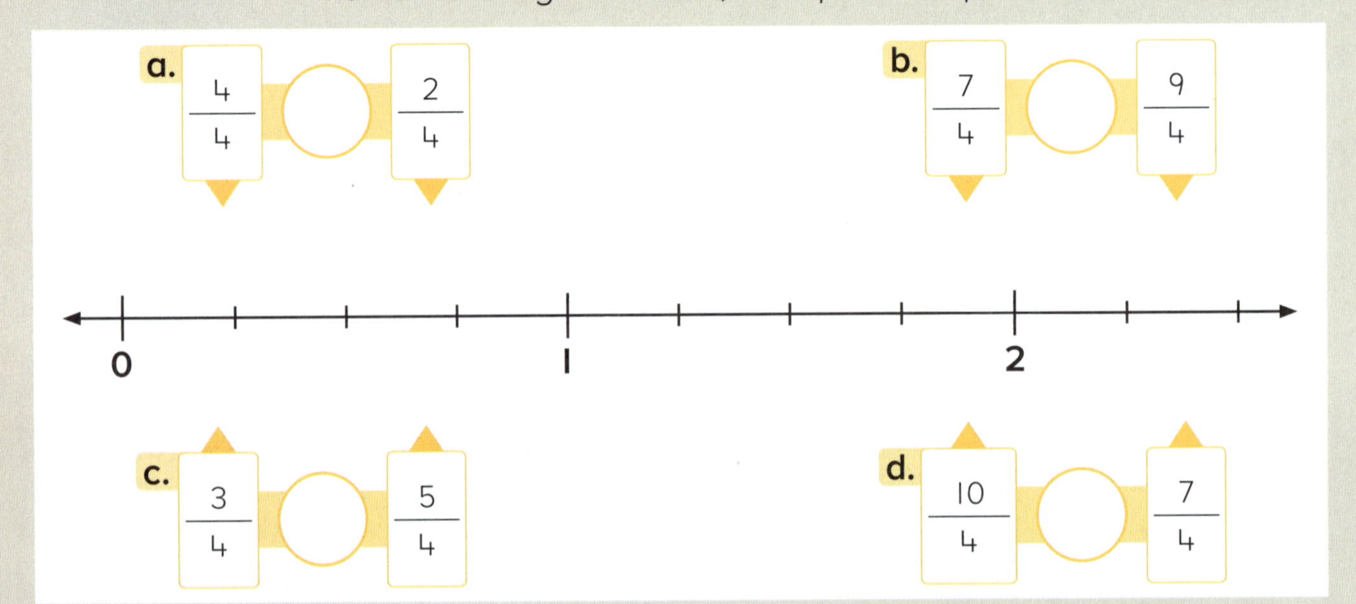

2. En cada recta numérica la distancia de 0 a 1 es un entero. En cada par de fracciones escribe **<**, **>** o **=** para que los enunciados sean verdaderos. Utiliza la recta numérica como ayuda.

a. $\frac{3}{8}$ ◯ $\frac{7}{8}$

b. $\frac{6}{8}$ ◯ $\frac{9}{8}$

c. $\frac{15}{8}$ ◯ $\frac{12}{8}$

d. $\frac{17}{8}$ ◯ $\frac{11}{8}$

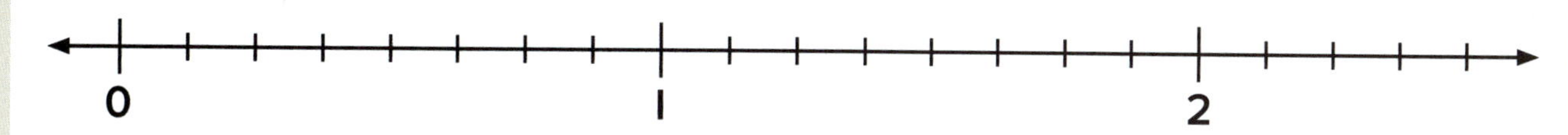

e. $\frac{2}{6}$ ◯ $\frac{1}{6}$

f. $\frac{7}{6}$ ◯ $\frac{5}{6}$

g. $\frac{10}{6}$ ◯ $\frac{12}{6}$

h. $\frac{15}{6}$ ◯ $\frac{13}{6}$

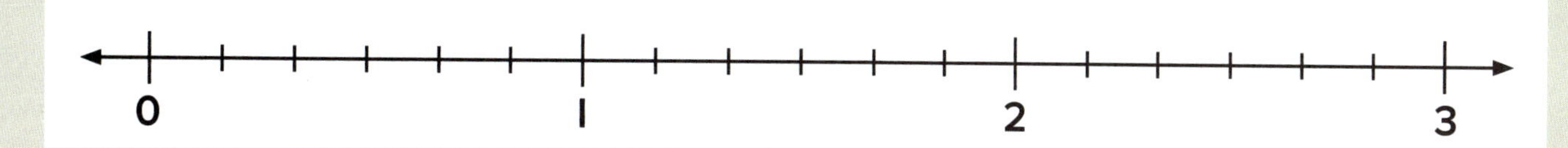

3. Escribe **<**, **>** o **=** para que los enunciados sean verdaderos.

a. $\frac{20}{6}$ ◯ $\frac{18}{6}$

b. $\frac{16}{2}$ ◯ $\frac{9}{2}$

c. $\frac{10}{4}$ ◯ $\frac{12}{4}$

Avanza

En esta recta numérica la distancia de 0 a 1 es un entero. Escribe la fracción que corresponda a cada descripción. Traza una línea desde cada fracción para indicar su ubicación en la recta numérica.

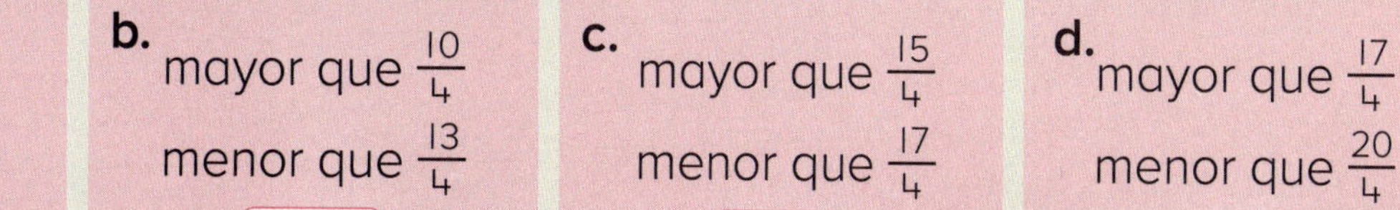

a. mayor que $\frac{4}{4}$ menor que $\frac{7}{4}$ ____

b. mayor que $\frac{10}{4}$ menor que $\frac{13}{4}$ ____

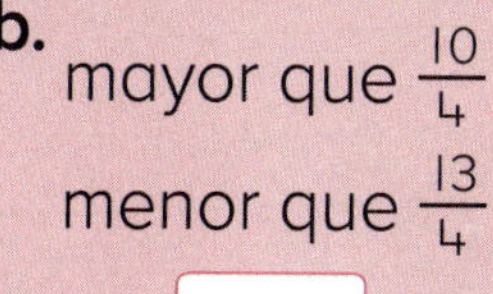

c. mayor que $\frac{15}{4}$ menor que $\frac{17}{4}$ ____

d. mayor que $\frac{17}{4}$ menor que $\frac{20}{4}$ ____

0 1 2 3 4 5

Práctica de cálculo

¿Cuál es el hueso más duro del cuerpo humano?

★ Escribe una operación básica de multiplicación que puedas utilizar para calcular la de división. Traza una línea recta desde cada cociente a la izquierda hasta el cociente correspondiente a la derecha. La línea pasará por una letra y un número. Escribe cada letra arriba del número correspondiente en la parte inferior de la página.

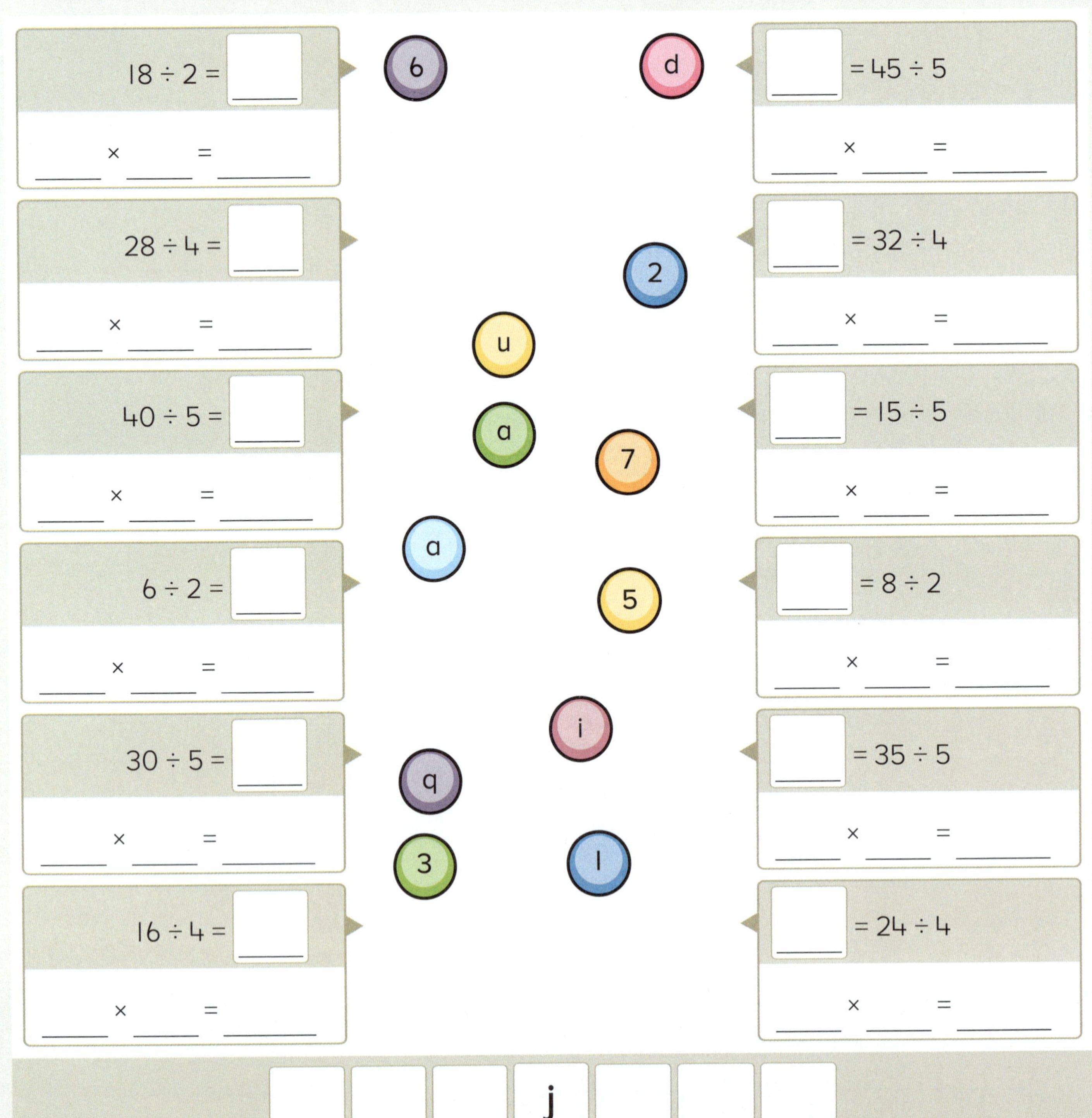

Práctica continua

1. Completa estas dos horas correspondientes.

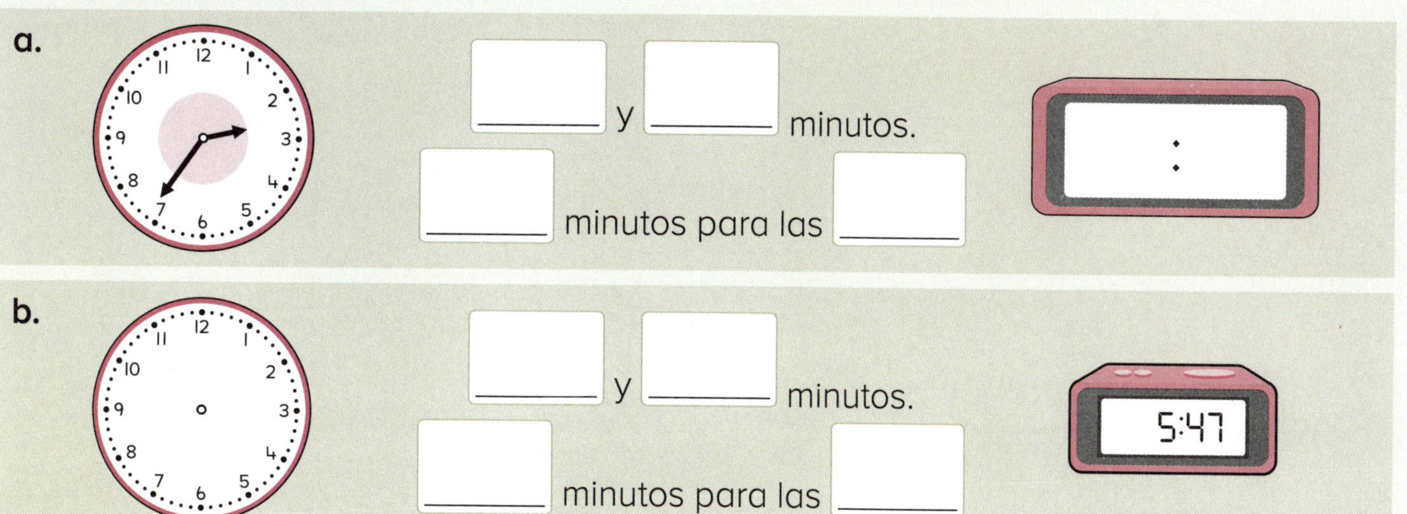

DE 3.2.7

2. En cada recta numérica la distancia de 0 a 1 es un entero. Rotula cada marca arriba de la recta y cada marca debajo de la recta. Luego escribe numerales y < o > para completar enunciados numéricos verdaderos.

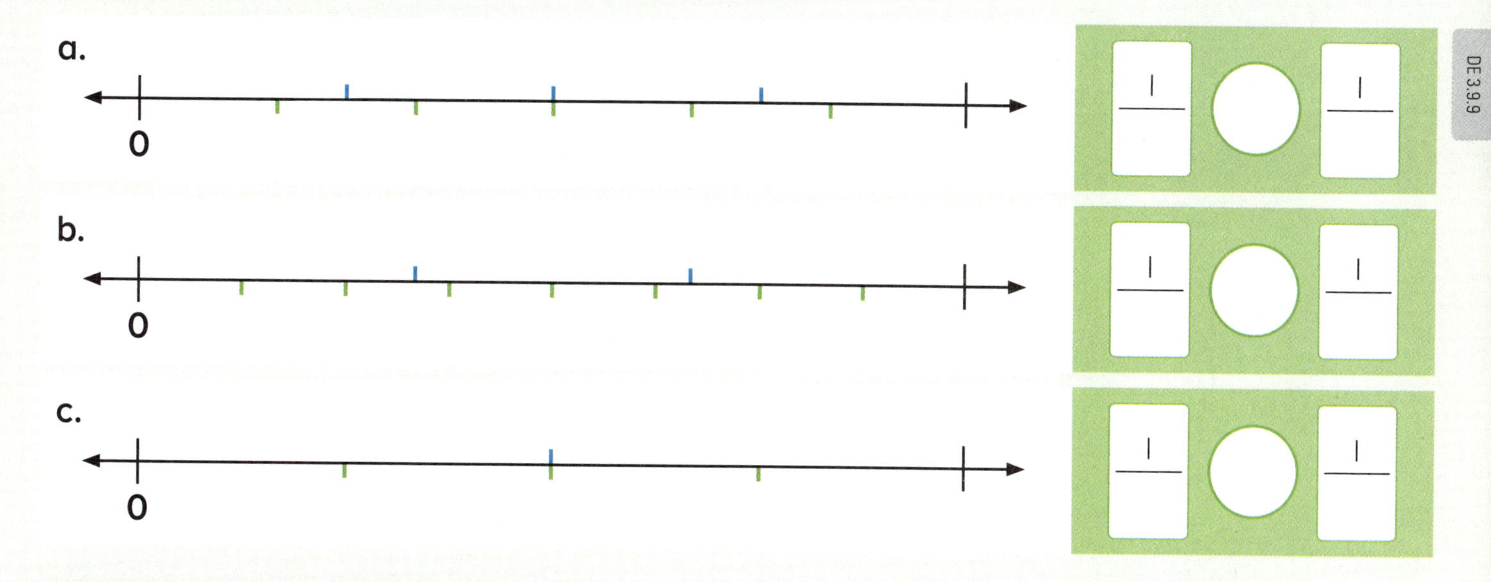

DE 3.9.9

Prepárate para el módulo 10

Completa estos enunciados.

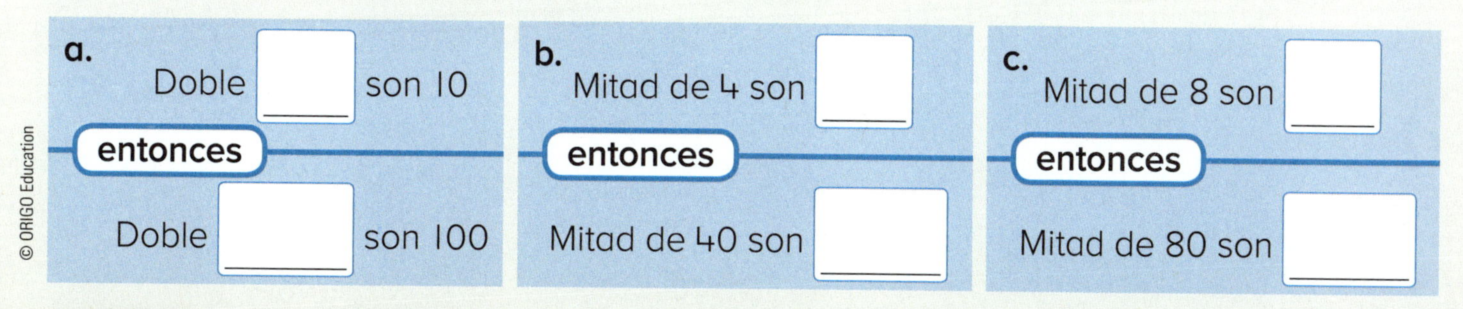

Fracciones comunes: Comparando fracciones con el mismo numerador (recta numérica)

Conoce

Ordena estas fracciones de mayor a menor.

$\frac{1}{8}$ $\frac{1}{4}$ $\frac{1}{6}$ $\frac{1}{2}$ $\frac{1}{3}$

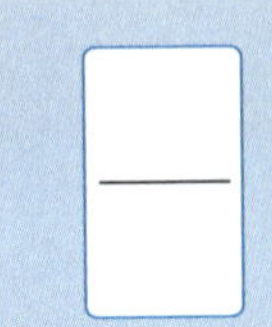  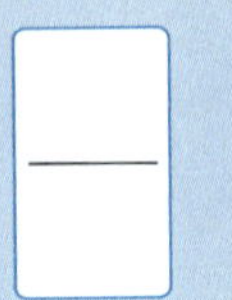 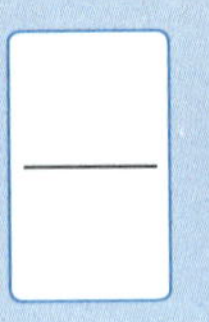 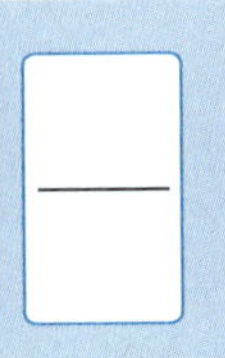

¿Cómo decidiste el orden?

Observé el denominador. Entre más grande es el denominador más pequeño es el tamaño de la fracción.

Estas dos fracciones tienen el mismo denominador. Encierra la fracción mayor.

$\frac{5}{6}$ o $\frac{5}{8}$	$\frac{2}{3}$ o $\frac{2}{4}$	$\frac{3}{4}$ o $\frac{3}{6}$	$\frac{4}{6}$ o $\frac{4}{8}$

¿Cómo pueden las fracciones unitarias ayudarte a comparar fracciones con el mismo numerador?

$\frac{1}{3}$ es mayor que $\frac{1}{6}$, entonces dos $\frac{1}{3}$ es mayor que dos $\frac{1}{6}$.

Intensifica

1. En cada recta numérica la distancia de 0 a 1 es un entero. Encuentra cada fracción en la recta numérica. Luego escribe **<**, **>** o **=** para que cada enunciado sea verdadero.

a.

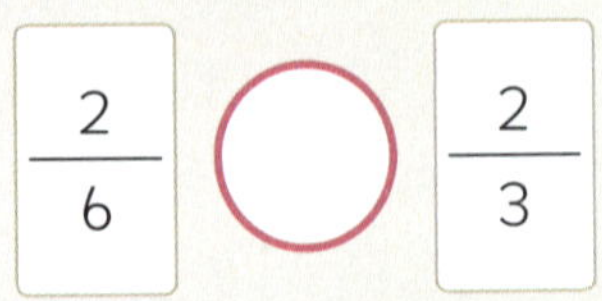

b.

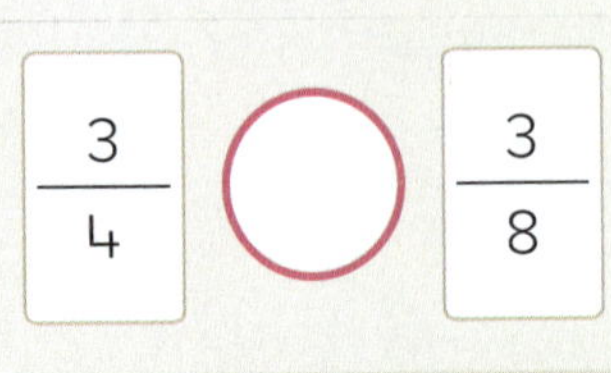

0 1

2. En cada recta numérica la distancia de 0 a 1 es un entero. Escribe <, > o = para que los enunciados sean verdaderos. Utiliza la recta numérica como ayuda.

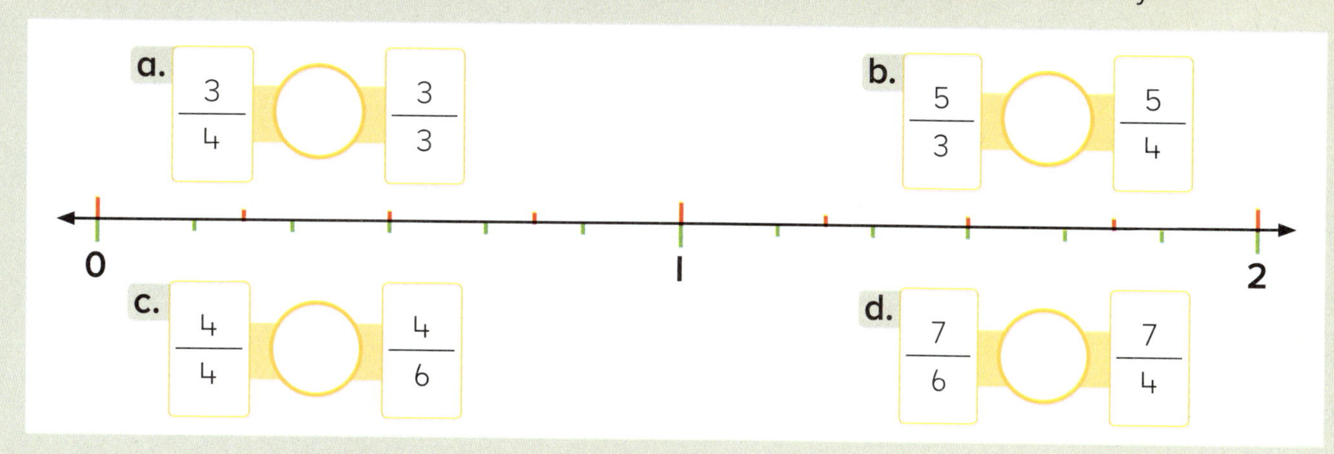

3. Escribe <, > o = para que cada enunciado sea verdadero. Dibuja una recta numérica para verificar que tu respuesta sea correcta.

a.

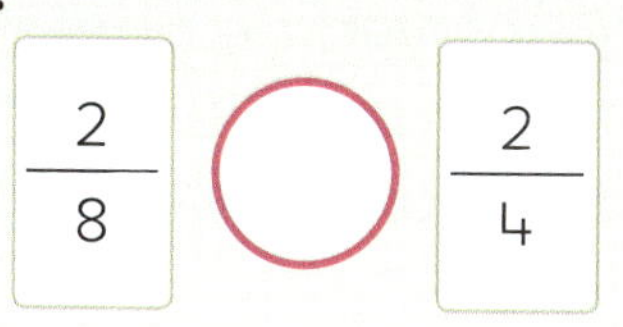

b.

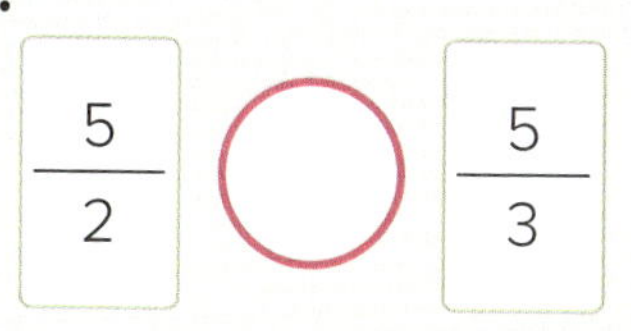

c.

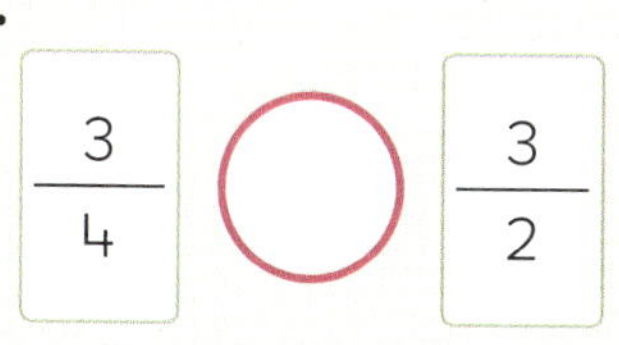

Avanza Escribe denominadores para que cada enunciado sea verdadero.

a.

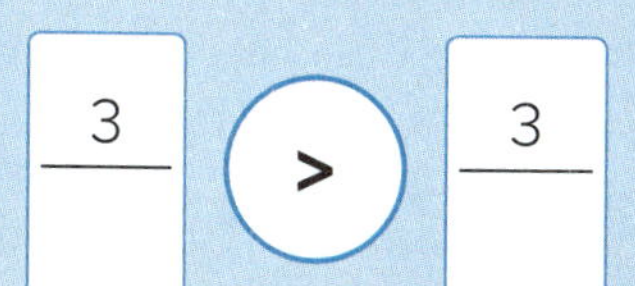

b.

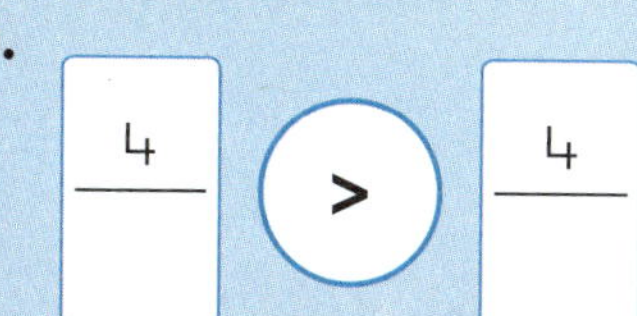

c.

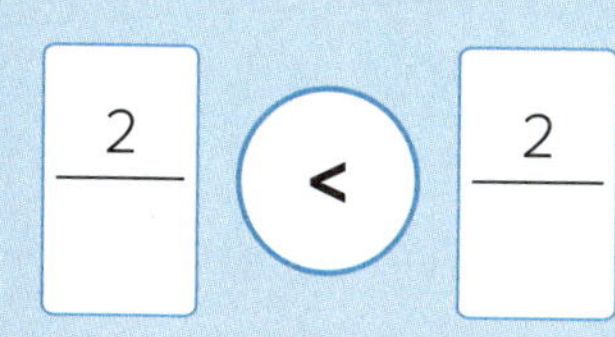

9.12 Fracciones comunes: Resolviendo problemas verbales de comparación

Conoce

Una modista corta dos trozos de cinta. Ella corta el trozo amarillo en cuartos y el trozo verde a la mitad.

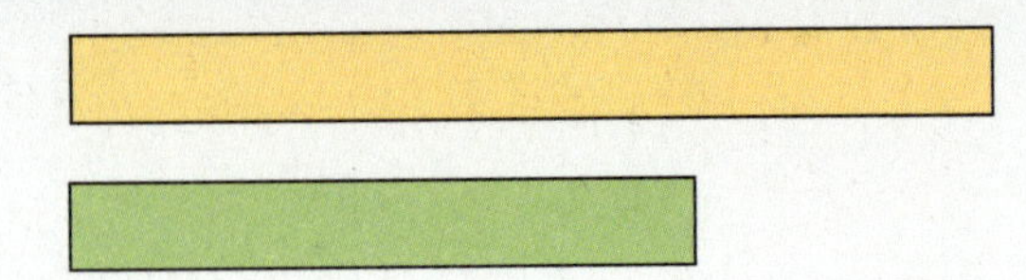

¿Cuál cinta se cortó en trozos más largos?

Estos dos trozos de cinta no son de la misma longitud, entonces tendré que pensar cuidadosamente en mi predicción.

Dibuja una imagen como ayuda para resolver este problema.

Una tabla de pino y una tabla de abeto tienen la misma longitud. Cada tabla es cortada en trozos más pequeños. La de pino es cortada en tercios y la de abeto en cuartos. Los trozos son apilados. Si se colocan dos de los trozos de pino punta con punta y dos de los trozos de abeto punta con punta, ¿Cuál sería el más largo?

¿Qué información te ayudó a resolver el problema?

¿Qué información no te ayudó?

Intensifica

1. Resuelve este problema. Dibuja una imagen como ayuda en tu razonamiento.

Hay dos tallos de apio. Cada tallo tiene la misma longitud. Amy corta su tallo de apio en cuartos. Dakota corta su tallo de apio en sextos. Ambas se comen tres trozos de apio. ¿Cuál de las dos comió más apio?

2. Resuelve cada problema. Indica tu razonamiento.

a. Joel y Arleen están corriendo en la misma pista. Joel corre $\frac{3}{4}$ de la distancia total. Arleen corre $\frac{3}{5}$ de la distancia total. ¿Quién corrió la distancia mayor?

b. Dos amigos están leyendo el mismo libro. El libro tiene 176 páginas. Steven va por la mitad del libro. A Sharon le queda por leer un cuarto del libro. ¿Quién ha leído más páginas?

c. Yasmin tiene una cinta que mide la mitad de lo que mide la cinta de Norton. Ellos cortan cada cinta en octavos. Norton pega 3 trozos de su cinta punta con punta en un trozo de papel. Yasmin pega 7 de sus trozos punta con punta en otro trozo de papel. ¿Quién pegó el trozo más largo de cinta?

Avanza

Dos amigos compran una caja de palomitas de maíz en el cine. Durante la película Emilio se come la mitad de sus palomitas. Sandra se come cerca de un cuarto de las suyas. Después ellos comparan la cantidad de palomitas de maíz que les sobró. Ambos están de acuerdo en que a Emilio le sobró más palomitas de maíz.

¿Piensas que eso es posible? Explica tu razonamiento con palabras.

9.12 Reforzando conceptos y destrezas

Piensa y resuelve 

En este diagrama la ⟶ significa que **es el doble**.

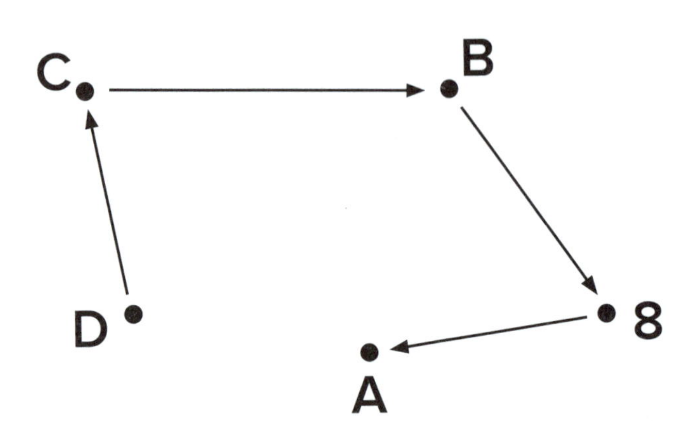

Escribe los números que deberían estar en los puntos A, B, C y D.

A = ______ B = ______ C = ______ D = ______

Palabras en acción

Escribe con palabras cómo resuelves este problema.

Beth y Hiro trabajan juntos y cada semana ambos ganan la misma cantidad. Cada semana Beth dona $\frac{1}{5}$ de lo que gana a beneficencia y Hiro dona $\frac{1}{6}$ de lo que gana a la beneficencia. ¿Quién dona más dinero a la beneficencia cada semana?

Práctica continua

1. Los relojes indican horas de la tarde de un mismo día. Calcula la duración de cada viaje.

a. Salida del autobús — Llegada del autobús

3:15

El viaje dura ______ minutos.

b. Salida del autobús — Llegada del autobús

El viaje dura ______ minutos.

2. En esta recta numérica la distancia de 0 a 1 es un entero. Escribe **<**, **>** o **=** en cada par de fracciones para que cada enunciado sea verdaderos.

a. $\frac{2}{6}$ ◯ $\frac{5}{6}$

b. $\frac{4}{6}$ ◯ $\frac{1}{6}$

c. $\frac{3}{6}$ ◯ $\frac{6}{6}$

d. $\frac{5}{6}$ ◯ $\frac{4}{6}$

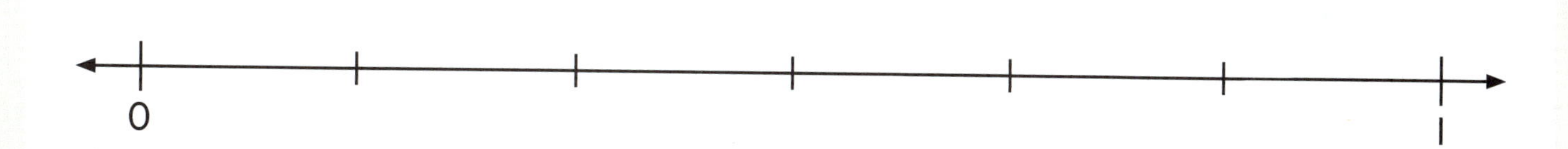

Prepárate para el módulo 10

Utiliza estos números para escribir tres ecuaciones diferentes que tengan el mismo total. Utiliza cada número una vez en cada ecuación.

____ + ____ + ____ = ____

____ + ____ + ____ = ____

____ + ____ + ____ = ____

Espacio de trabajo

Área: Calculando el área de rectángulos (unidades tradicionales)

Conoce

¿Cómo podrías medir la cantidad de superficie que cubre una hoja de papel?

Puedes cubrir la hoja de papel con teselas y luego contar las teselas.

¿Cuáles de estos tipos de teselas utilizarías? ¿Por qué?

 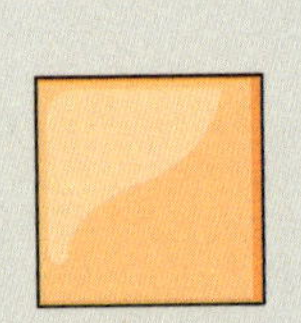 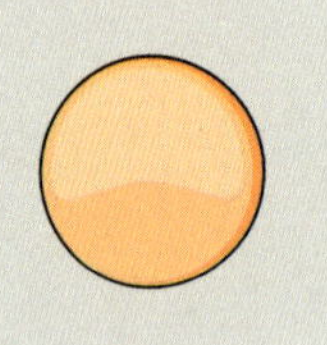

Utiliza una regla de pulgadas para medir cada lado de un bloque de patrón anaranjado.

¿Qué tan largo es cada lado? ¿Qué forma tiene el bloque?

¿Cuál es el área de la superficie que cubre el bloque?

> La cantidad de superficie que cubre un objeto se llama **área**.

El bloque cubre una pulgada cuadrada de superficie. La pulgada cuadrada es una unidad de área.

Intensifica

1. Utiliza un bloque de patrón anaranjado para cubrir el rectángulo sin sobreponer las figuras ni sin dejar espacios. Cuenta los bloques y luego escribe el área.

El área es ______ pulgadas cuadradas

2. Utiliza una regla como ayuda para dividir cada rectángulo en pulgadas cuadradas. Cuenta el número de pulgadas cuadradas. Luego escribe el área.

a.

El área es ____ pulgadas cuadradas

b.

El área es ____ pulgadas cuadradas

El área es ____ pulgadas cuadradas

c.

Avanza

Calcula el área del cuadrilátero anaranjado.

El área es ____ pulgadas cuadradas

Área: Calculando el área de rectángulos (unidades métricas)

Conoce

Traza el contorno de un bloque de unidades y el de un bloque de decenas.

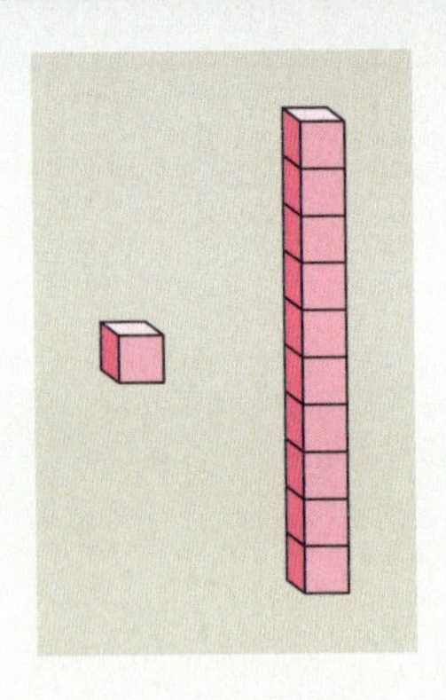

Utiliza una regla de centímetros para medir los lados de cada bloque. Escribe las medidas de tus trazos.

¿Qué unidad de área llamarías a la superficie que cubre el bloque de unidades?

El bloque cubre un centímetro cuadrado de superficie. Un centímetro cuadrado es una unidad de área.

Una manera corta de escribir **c**entí**m**etro cuadrado es **cm²**.

¿Cuánta área cubre el bloque de decenas?

Intensifica

1. Utiliza bloques de unidades para cubrir cada rectángulo sin sobreponer bloques ni dejar espacios. Escribe el área.

A

El área es ______ cm^2

B

El área es ______ cm^2

C

El área es ______ cm^2

D

El área mide ______ cm^2

E

El área es ______ cm^2

2. a. Cada cuadrado de esta cuadrícula tiene un área de un centímetro cuadrado. Utiliza la líneas de ésta para dibujar tres rectángulos diferentes.

b. Escribe el área en centímetros cuadrados (cm^2) en cada rectángulo que dibujaste.

c. Escribe **MA** dentro del rectángulo con el área **mayor**.

d. Escribe **ME** dentro del rectángulo con el área **menor**.

Avanza

a. Mide el área de este rectángulo utilizando estos bloques y escribe el número de cada uno.

____ bloques de patrón anaranjados

____ bloques de unidades

b. ¿Qué notas?

____

____

c. ¿Por qué crees que sucedió esto?

____

____

Práctica de cálculo

¿Por qué les cuelgan campanas a las vacas?

★ Completa las ecuaciones. Luego escribe cada letra arriba de la diferencia correspondiente en la parte inferior de la página. Algunas letras se repiten.

150 – 37 = ____	c	576 – 43 = ____	s
285 – 68 = ____	r	154 – 36 = ____	n
160 – 49 = ____	p	295 – 63 = ____	a
464 – 48 = ____	u	687 – 64 = ____	e
376 – 37 = ____	o	192 – 88 = ____	i
270 – 58 = ____	q	182 – 79 = ____	n
179 – 54 = ____	n	267 – 39 = ____	n
152 – 46 = ____	f		

Práctica continua

1. Colorea una matriz que corresponda a los números dados. Luego completa la familia de operaciones básicas.

DE 3.6.5

a.

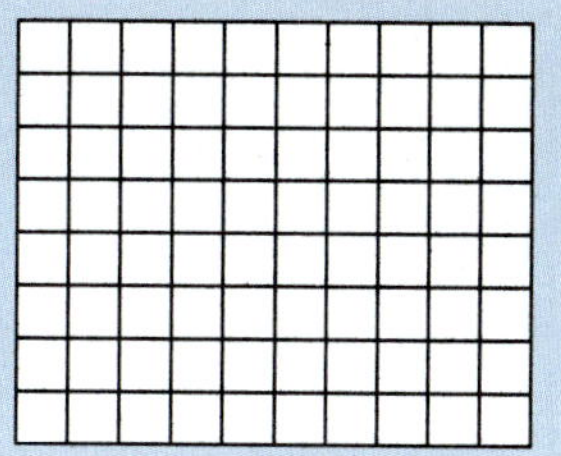

$8 \times 4 =$ ____

____ × ____ = ____

____ ÷ ____ = ____

____ ÷ ____ = ____

b.

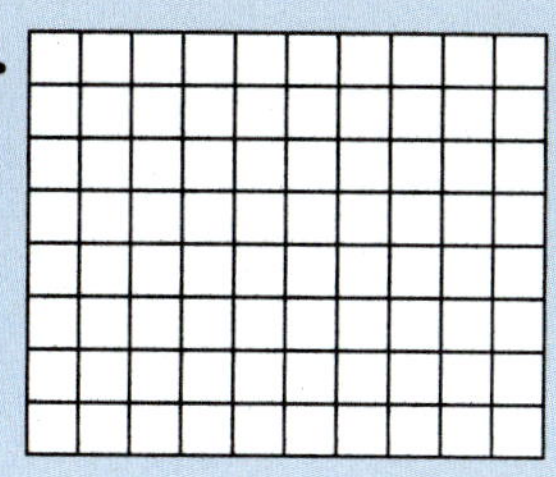

$5 \times 8 =$ ____

____ × ____ = ____

____ ÷ ____ = ____

____ ÷ ____ = ____

c.

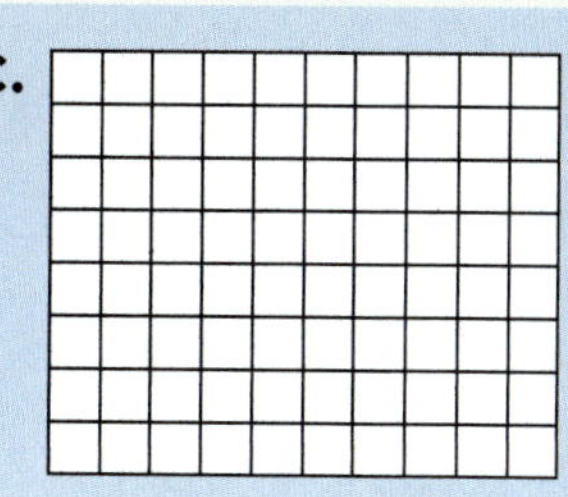

$8 \times 6 =$ ____

____ × ____ = ____

____ ÷ ____ = ____

____ ÷ ____ = ____

d.

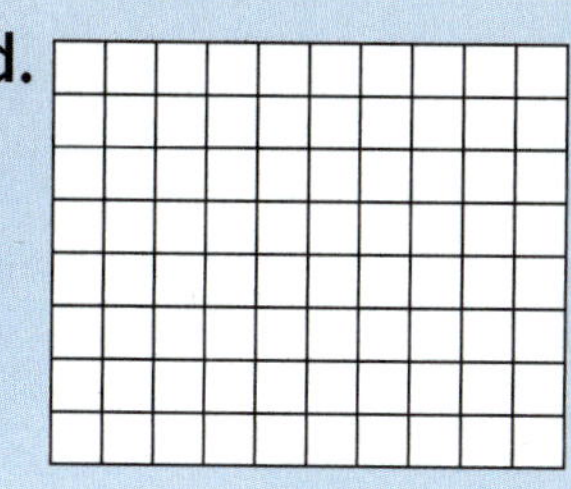

$7 \times 8 =$ ____

____ × ____ = ____

____ ÷ ____ = ____

____ ÷ ____ = ____

2. Cubre cada rectángulo con bloques de unidades sin dejar espacios. Escribe el área.

DE 3.10.2

Área ____ cm^2

Área ____ cm^2

Área ____ cm^2

Prepárate para el módulo 11

Observa los bloques. Escribe el número correspondiente en el expansor. Luego escribe el nombre del número.

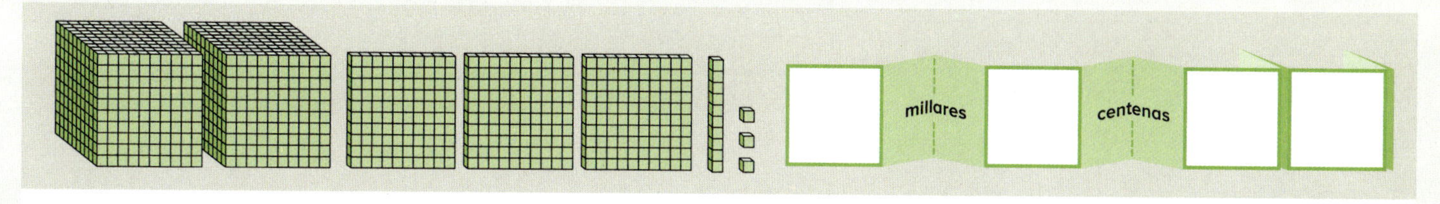

____

____

Área: Utilizando la multiplicación para calcular el área

Conoce

Esta imagen indica que se están utilizando baldosas cuadradas para cubrir un piso.

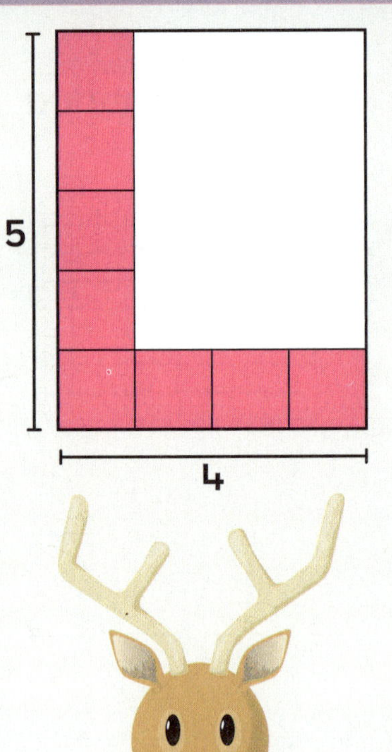

¿Cuántas baldosas se necesitarán en total?

¿Cómo puedes utilizar la multiplicación para calcularlo rápidamente?

Hay 5 filas y cada fila tendrá 4 cuadrados. 5 × 4 = 20, entonces se necesitarán 20 baldosas.

¿Cuál es el área de todo el piso? ¿Cómo lo sabes?

5 × 4 = 20, entonces el área es 20 unidades cuadradas.

Intensifica

1. Utiliza la multiplicación como ayuda para calcular el área total de cada rectángulo grande.

a. El área es ______ unidades²

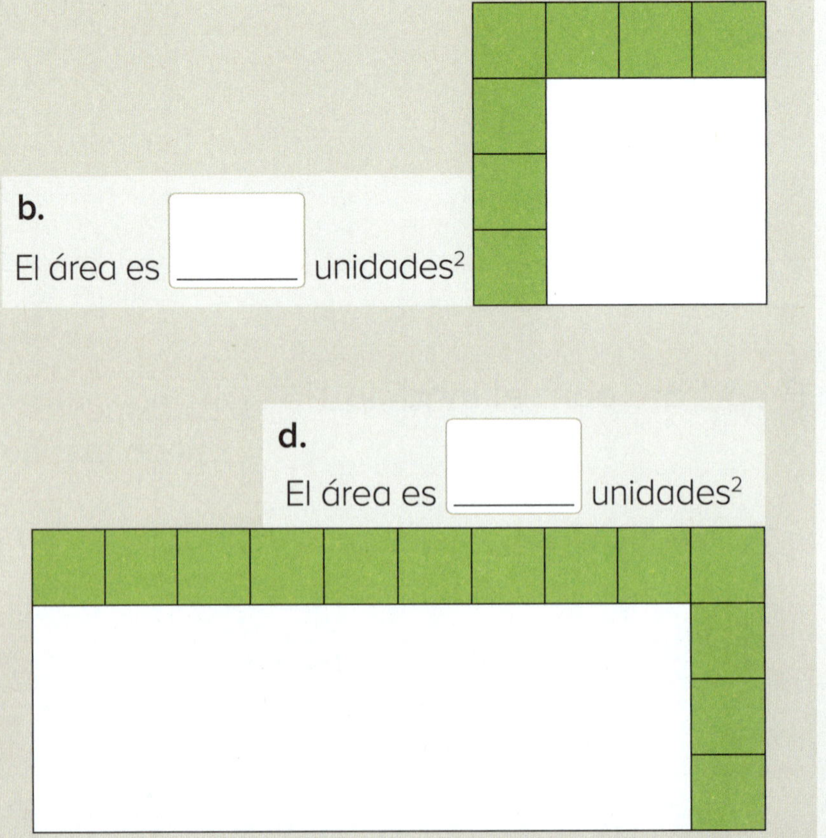

b. El área es ______ unidades²

c. El área es ______ unidades²

d. El área es ______ unidades²

2. En cada cuadrícula, usa las líneas para dibujar un rectángulo que corresponda a la descripción. Luego utiliza la multiplicación para calcular el área.

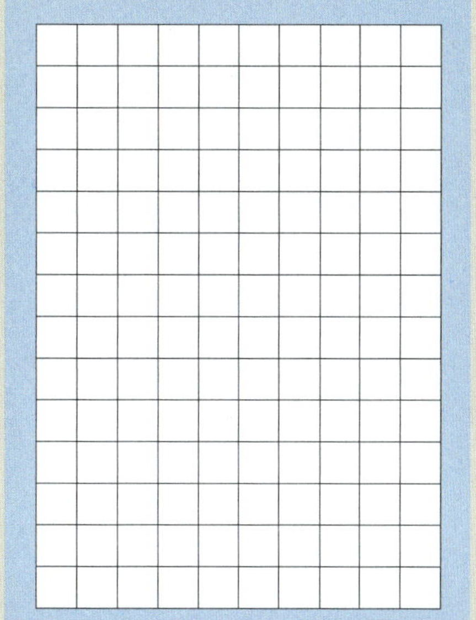

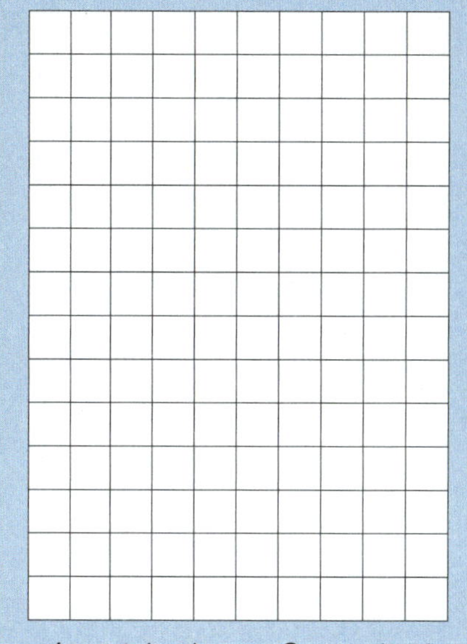

a. 8 unidades × 3 unidades

El área es ______ unidades^2

b. 4 unidades × 7 unidades

El área es ______ unidades^2

c. 6 unidades × 9 unidades

El área es ______ unidades^2

d. 7 unidades × 8 unidades

El área es ______ unidades^2

e. 5 unidades × 6 unidades

El área es ______ unidades^2

Avanza

Calcula el área de la figura roja sin contar los cuadros de uno en uno. Indica tu razonamiento.

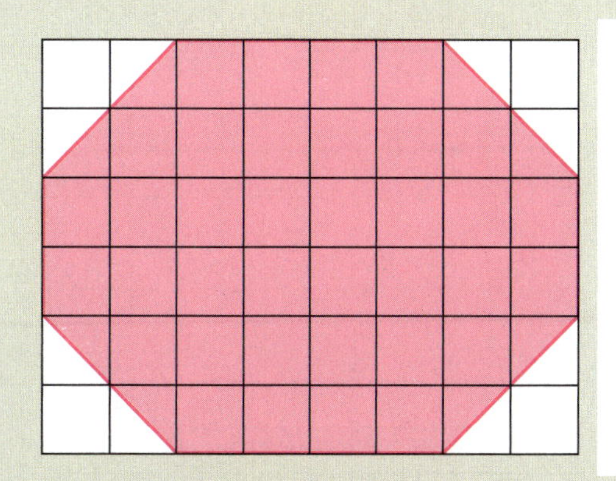

El área es ______ unidades^2

10.4 Área: Identificando las dimensiones de los rectángulos

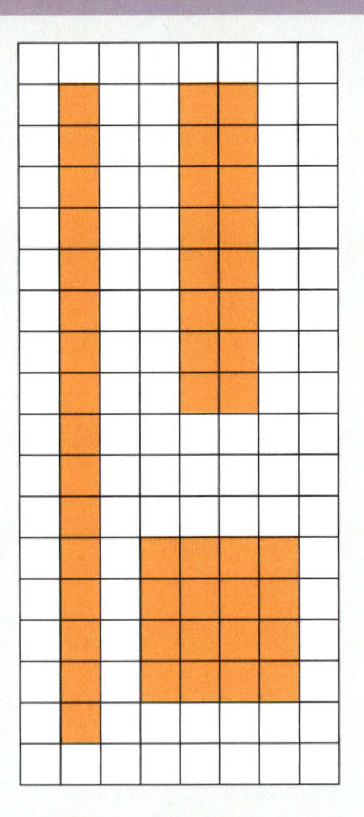

Conoce

¿Cuáles son las dimensiones de cada rectángulo coloreado?

 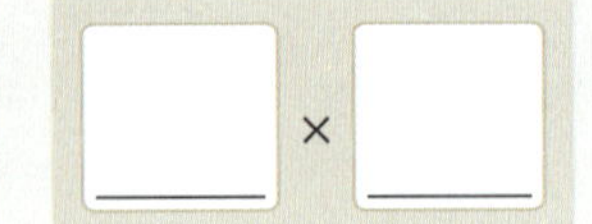 

¿Qué notas en el área de cada rectángulo?

Las dimensiones del rectángulo de Olivia son 16 × 1.
Si ella le da vuelta a las dimensiones,
¿crees que el área del rectángulo cambiará?

¿Cuáles podrían ser las dimensiones de un rectángulo que tiene un área de 8 unidades cuadradas?

¿Cómo lo podrías calcular?

Intensifica

1. Para cada área, dibuja tantos rectángulos correspondientes diferentes como sea posible. Escribe las dimensiones junto a cada rectángulo.

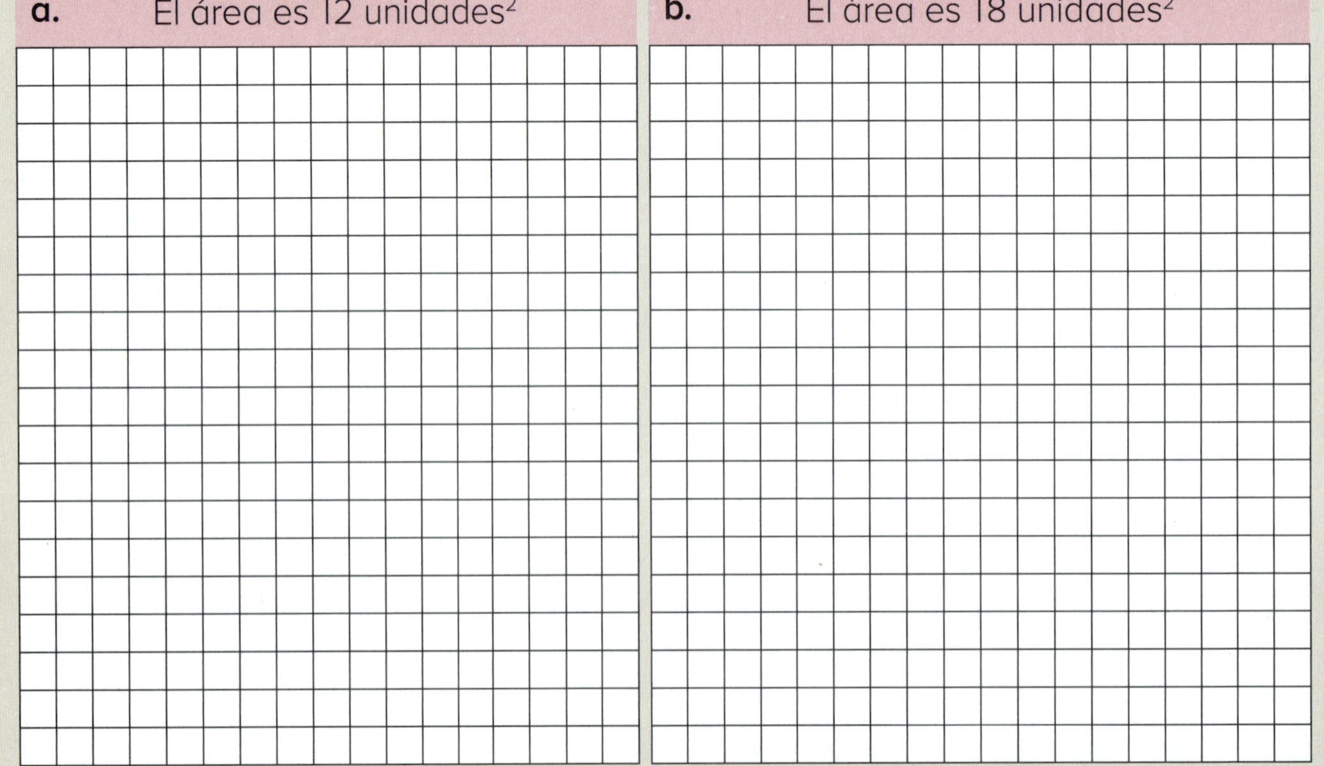

2. Escribe dos pares de dimensiones diferentes que den la misma área cada una.

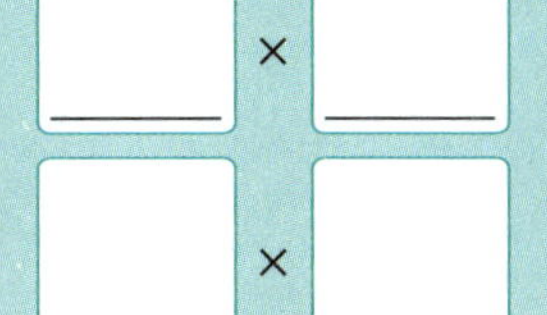

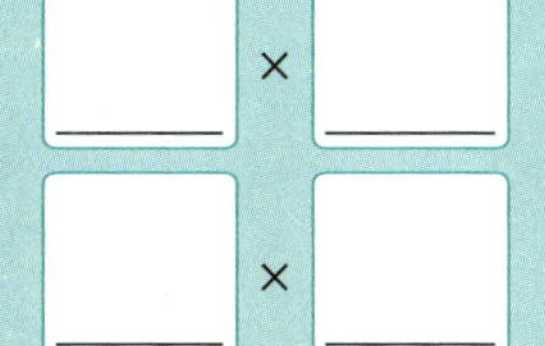

3. **a.** Encierra un par de dimensiones para **cada** área de la pregunta 2.

b. Dibuja un rectángulo que corresponda a cada par de dimensiones que encerraste. Rotula cada rectángulo que dibujes.

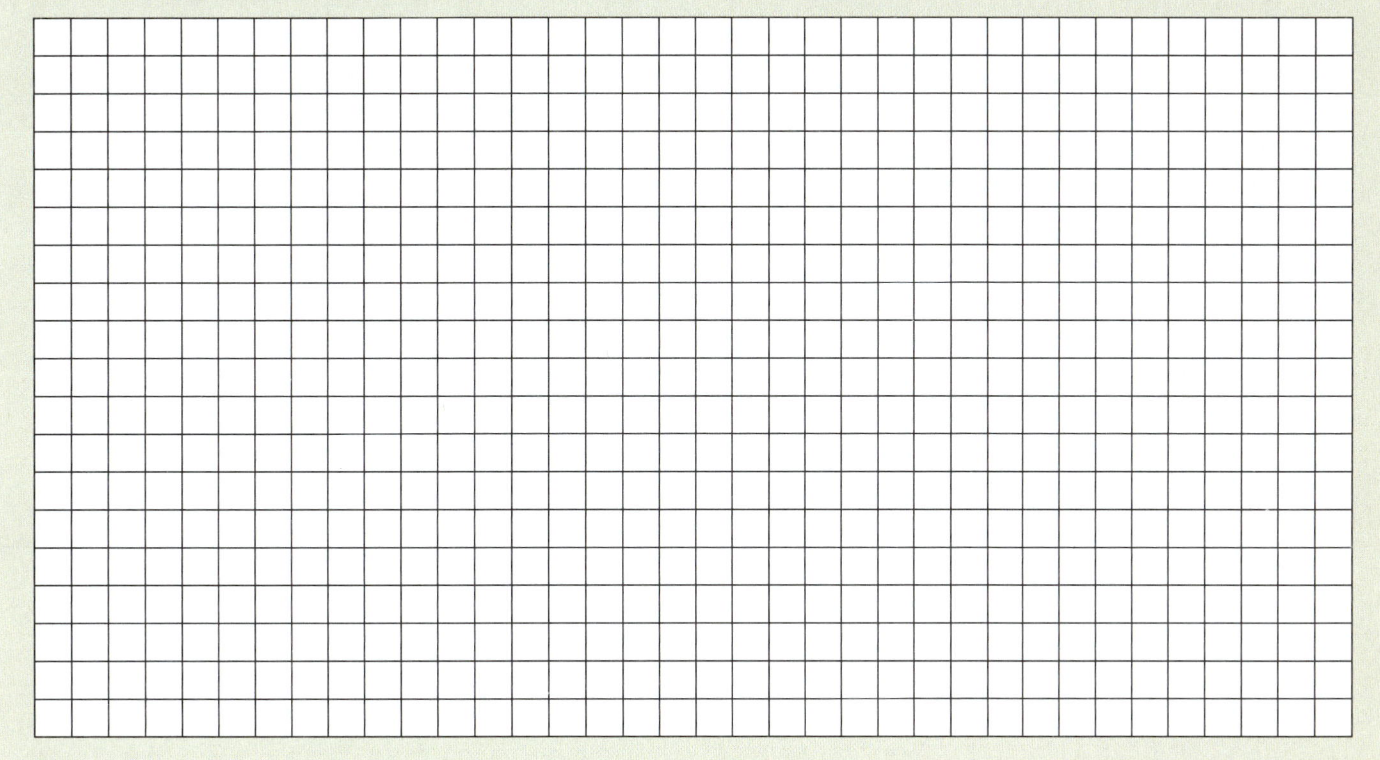

Avanza

Utiliza la cuadrícula como ayuda para resolver este problema. Un jardín de un parque tiene forma rectangular. El jardín tiene un área de 60 unidades cuadradas. El lado más largo del jardín mide 15 unidades. ¿Qué tan largo es el lado más corto?

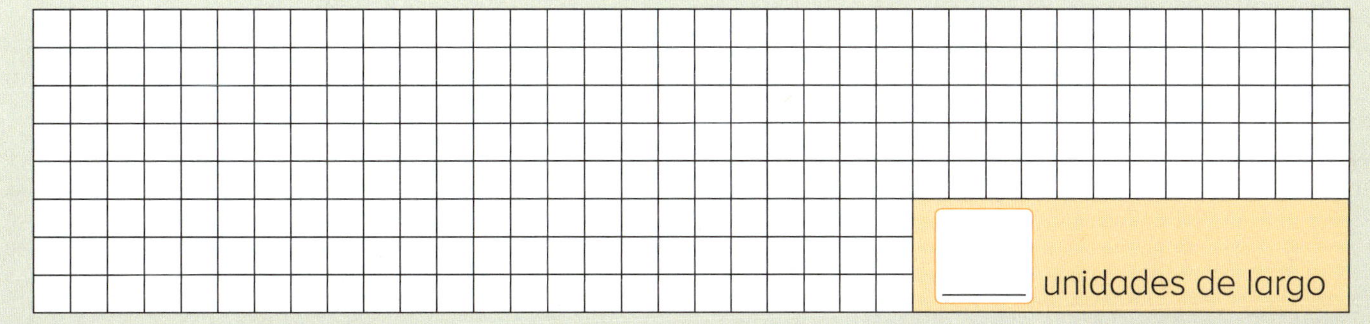

Reforzando conceptos y destrezas

Piensa y resuelve

Vincent puede mover un objeto para hacer que el número de kilogramos en cada báscula sea el mismo.

a. ¿Cuál objeto puede mover él?

b. ¿Adónde lo puede mover?

c. ¿Cuántos kilogramos habrá en cada báscula después de moverlo?

kg

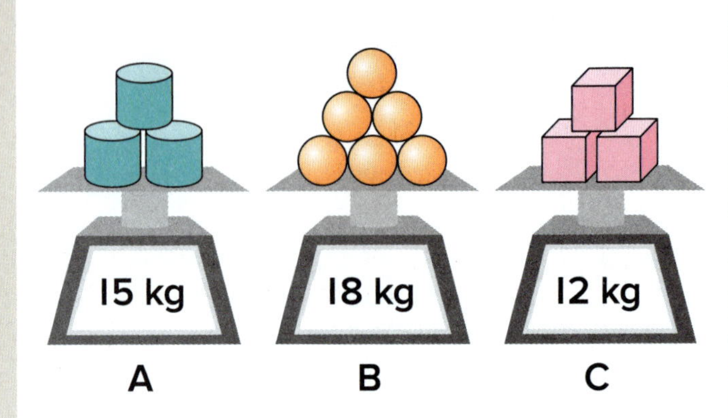

Palabras en acción

Encuentra un piso o una pared rectangular que esté cubierta con baldosas cuadradas. Puede ser en tu casa, en la escuela o en cualquier lugar que visites. Escribe con palabras cómo calculas el área del piso o la pared.

Práctica continua

1. Completa la operación básica de multiplicación que podrías utilizar para calcular la operación básica de división. Luego completa la operación básica de división.

DE 3.8.1

a.

27 puntos en total

$3 \times$ ____ $= 27$

$27 \div 3 =$ ____

b.

____ $\times 9 = 45$

$45 \div 9 =$ ____

c.

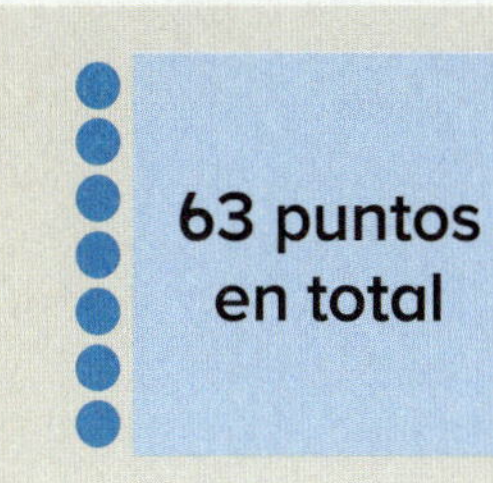

$7 \times$ ____ $= 63$

$63 \div 7 =$ ____

d.

____ $\times 9 = 72$

$72 \div 9 =$ ____

2. Utiliza una multiplicación para calcular el área total de cada rectángulo grande.

DE 3.10.3

a. El área es ____ unidades²

b. El área es ____ unidades²

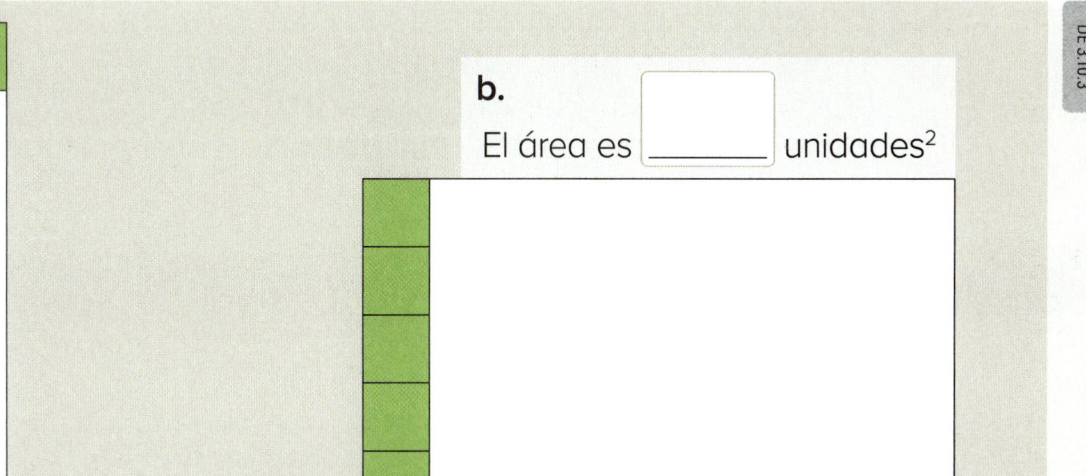

Prepárate para el módulo 11

Escribe cada número de manera expandida.

a. 5,467 ________________________________

b. 1,908 ________________________________

c. 4,096 ________________________________

10.5 Área: Descomponiendo figuras compuestas para calcular el área

Conoce

Este es el plano de una casa.

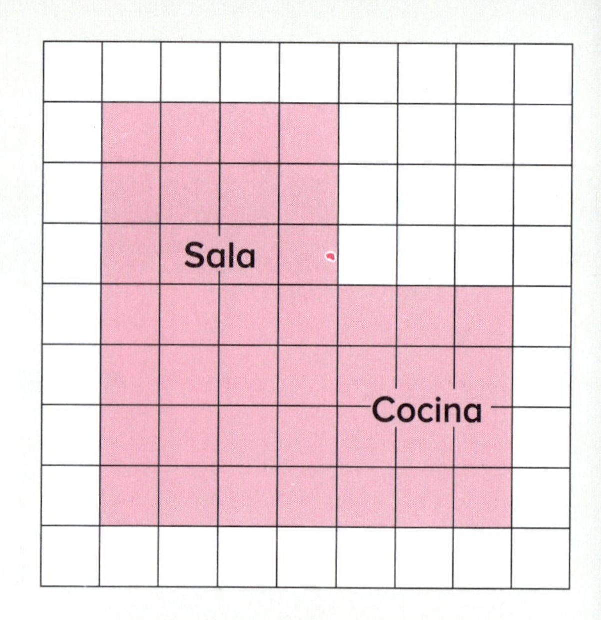

¿Cómo podrías calcular el área total de la sala y la cocina?

Yo partiría el plano en dos habitaciones, luego sumaría los totales. La sala mide 7 unidades por 4 unidades. La cocina mide 4 unidades por 3 unidades.

Yo iniciaría con un rectángulo más grande que incluya las dos habitaciones y restaría los cuadros que no se utilizan. El rectángulo grande mide 7 unidades por 7 unidades. El espacio sin utilizar mide 3 unidades por 3 unidades.

Intensifica

1. Estas habitaciones necesitan alfombra nueva. Calcula el área de cada plano. Indica tu razonamiento.

a.

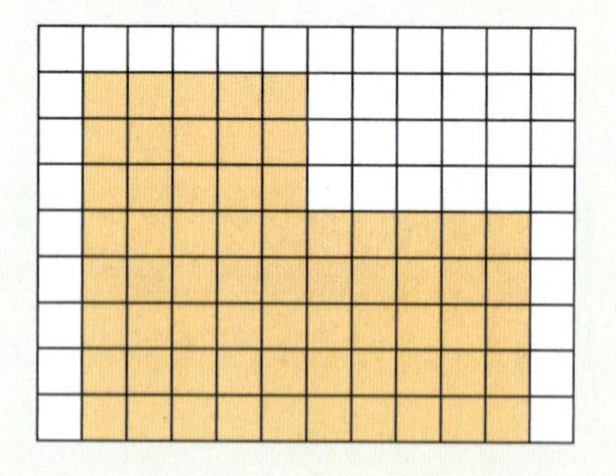

El área es ______ unidades²

b.

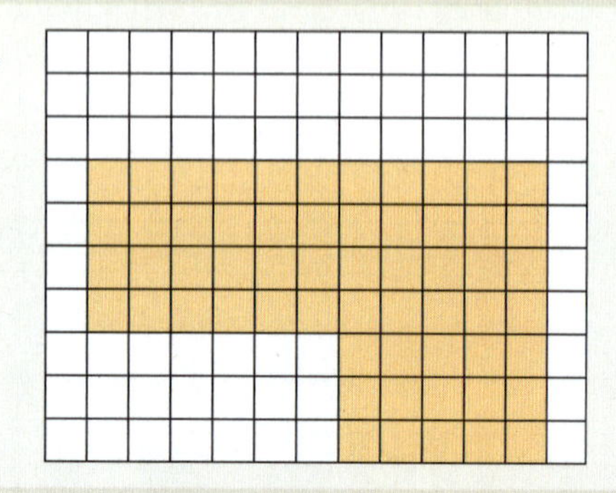

El área es ______ unidades²

2. Calcula el área de cada figura sombreada. Indica tu razonamiento.

a.

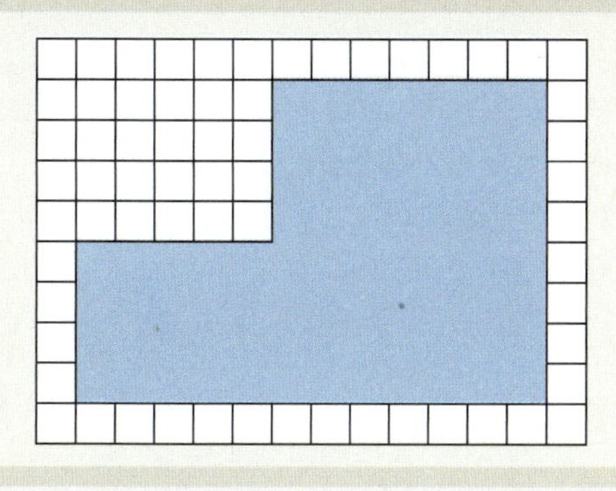

El área es ______ unidades^2

b.

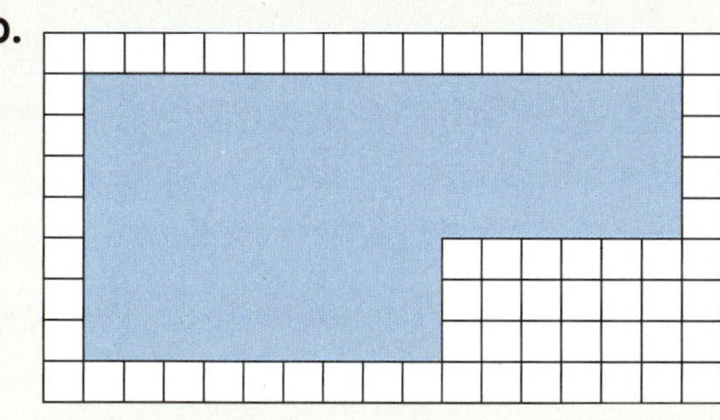

El área es ______ unidades^2

3. Dibuja planos como los de la pregunta 2. Luego escribe el área de cada uno.

a. Menos de 100 cuadrados

El área es ______ unidades^2

b. Menos de 100 cuadrados

El área es ______ unidades^2

Avanza

Dibuja un plano que tenga por lo menos dos habitaciones y un área total de cerca de 75 unidades cuadradas.

Asegúrate de rotular cada habitación.

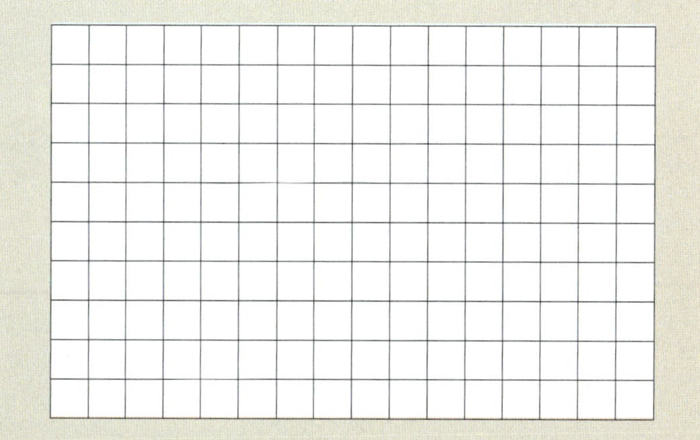

Área: Resolviendo problemas verbales

Conoce

Los padres de Michael van a comprarle alfombra nueva a su dormitorio. El piso mide 5 yardas de largo y 3 yardas de ancho.

¿Cuántas yardas cuadradas de alfombra necesitarán comprar?

Dibuja una imagen que corresponda a la historia.

Necesito encontrar el área del dormitorio de Michael. Llamaré al área **A**. A = 5 × 3

Las dimensiones te dicen las distancias.
Una dimensión es el **largo**. La otra dimensión es el **ancho**.

¿Cuál es la dimensión del piso del dormitorio de Michael?

¿Qué palabras utilizarías para describir las dimensiones de una pared?

Las palabras para describir las dimensiones son: **largo**, **ancho**, **profundidad**, **altura** y **espesor**.

¿Cuáles abreviaturas de estas unidades de medida conoces?

centímetros	metros	pies	yardas

Intensifica

1. Dibuja una imagen simple correspondiente a cada problema. Luego escribe las dimensiones en tu imagen y calcula el área.

a. Un pasillo mide 9 pies de largo y 3 pies de ancho. Las paredes miden 8 pies de alto. ¿Cuál es el área del piso?

Área ______ ft^2

b. Hay 9 plantas de tomate en un jardín. El jardín mide 2 metros por 7 metros. ¿Cuál es el área del jardín?

Área ______ m^2

2. Lee los problemas y responde las preguntas.

a. Carmela estima que la pintura que tiene cubrirá 40 pies cuadrados. Ella debe pintar una pared que mide 8 pies de alto y 6 pies de largo.

¿Cuál es el área de la pared que ella debe pintar? _______ ft^2

¿Tendrá ella suficiente pintura? _______

b. El jardín de Alexis mide 6 metros por 3 metros. Ella compra una bolsa con fertilizante que se puede esparcir en 50 metros cuadrados.

¿Cuál es el área del jardín? _______ m^2

¿Tendrá ella suficiente fertilizante? _______

3. Completa la ecuación de manera que corresponda al problema. Luego escribe el área.

a. Un tablero de anuncios mide 3 pies de ancho y 4 pies de largo. Tiene 8 anuncios. ¿Cuál es su área?

A = _______

Área _______ ft^2

b. Un camión mide 5 pies de ancho y 8 pies de largo. Lleva 10 cajas grandes. ¿Cuál es su área?

A = _______

Área _______ ft^2

c. Una tienda de campaña mide 8 pies por 7 pies. Le caben 4 personas. ¿Cuál es su área?

A = _______

Área _______ ft^2

d. Un panel solar cuesta $400 y mide 5 pies por 3 pies. ¿Cuál es su área?

A = _______

Área _______ ft^2

Avanza

Escribe un problema de área que corresponda a esta ecuación. Luego escribe el área.

A = 4 cm × 7 cm

____

____

____

10.6 Reforzando conceptos y destrezas

Práctica de cálculo

★ Escribe todos los productos y las operaciones básicas conmutativas. Utiliza el reloj de tu salón de clases para medir tu tiempo.

Duración:

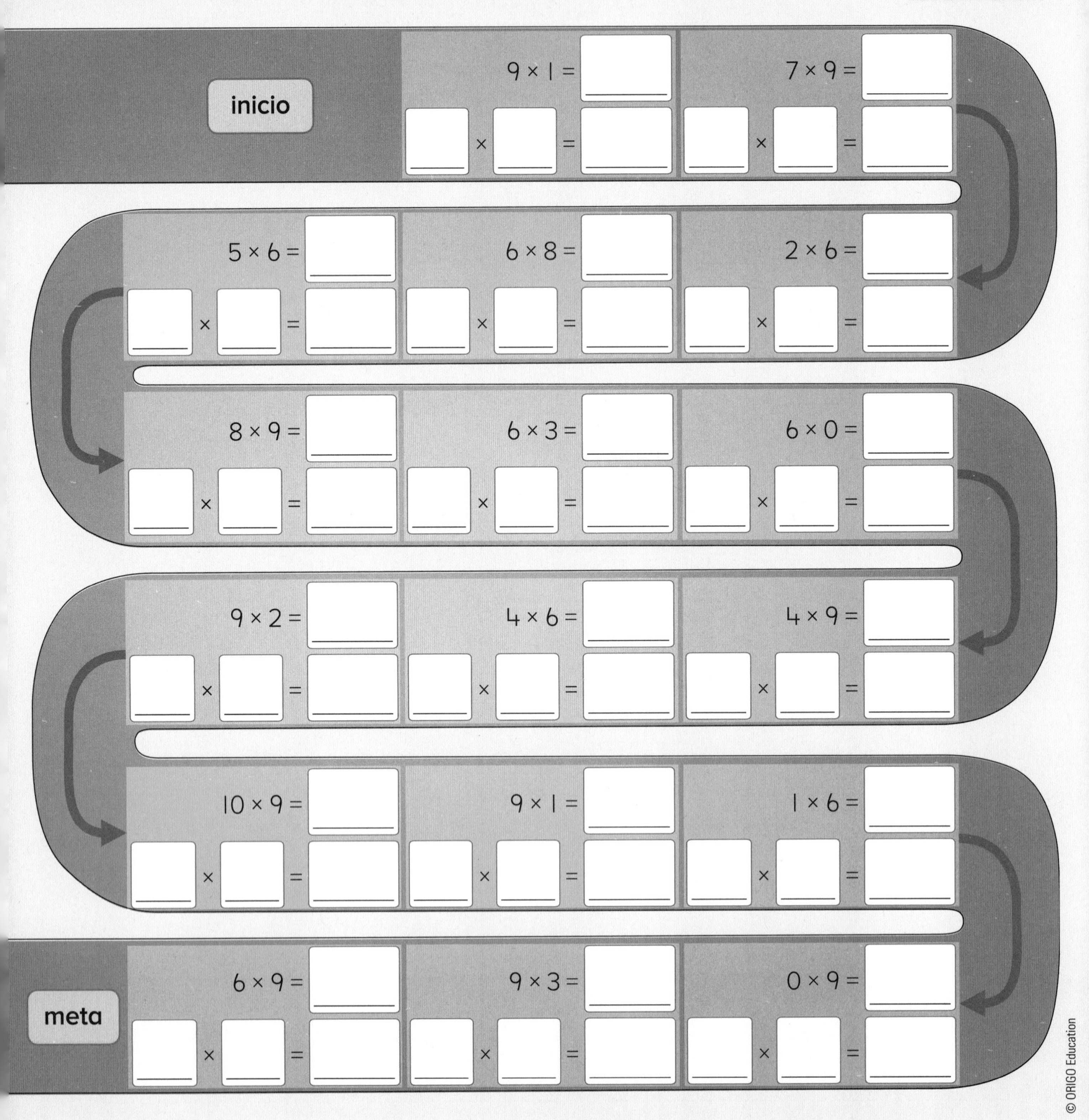

Práctica continua

1. Colorea una matriz que corresponda a los números dados. Luego completa la familia de operaciones básicas correspondiente.

DE 3.8.2

a.

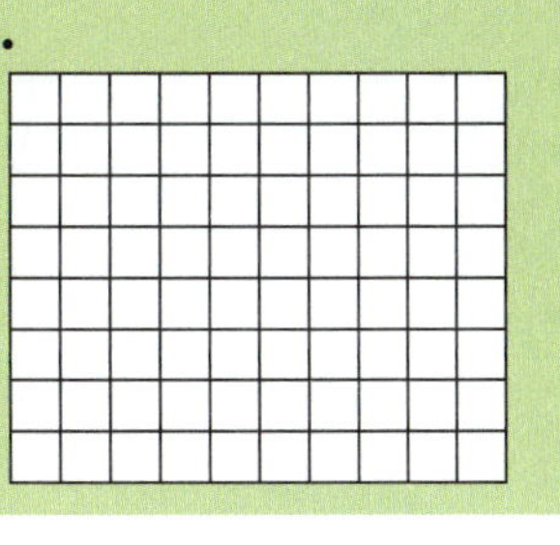

$4 \times 9 =$ ____

____ × ____ = ____

____ ÷ ____ = ____

____ ÷ ____ = ____

b.

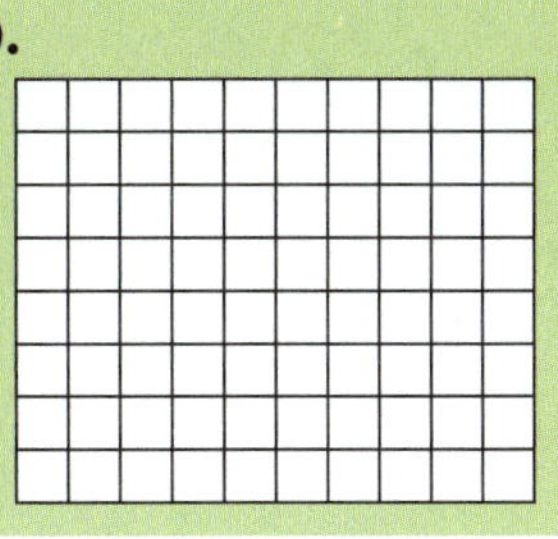

$7 \times 9 =$ ____

____ × ____ = ____

____ ÷ ____ = ____

____ ÷ ____ = ____

c.

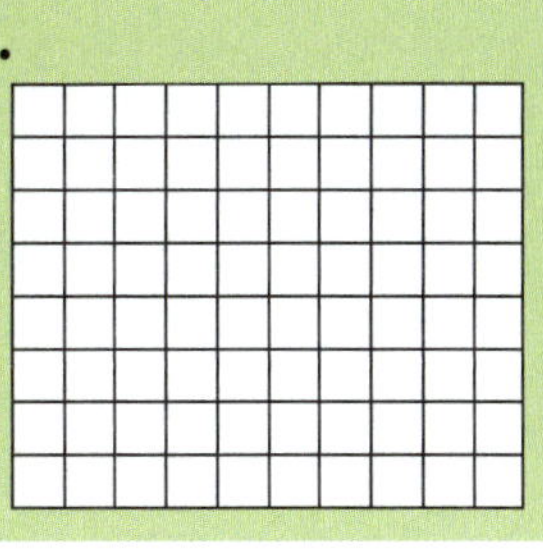

$3 \times 9 =$ ____

____ × ____ = ____

____ ÷ ____ = ____

____ ÷ ____ = ____

d.

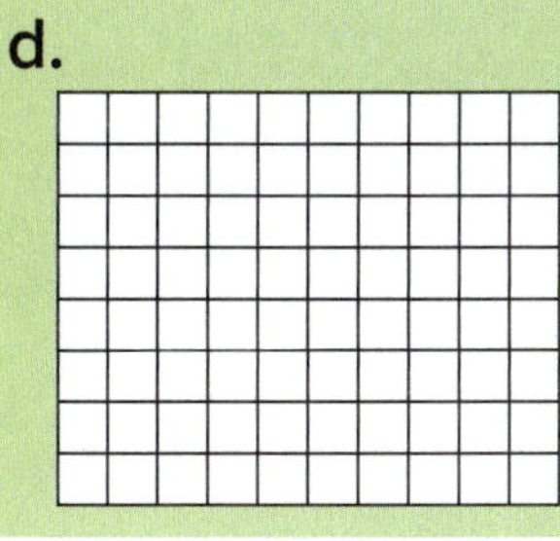

$5 \times 9 =$ ____

____ × ____ = ____

____ ÷ ____ = ____

____ ÷ ____ = ____

2. Calcula el área de la figura sombreada. Indica tu razonamiento.

DE 3.10.5

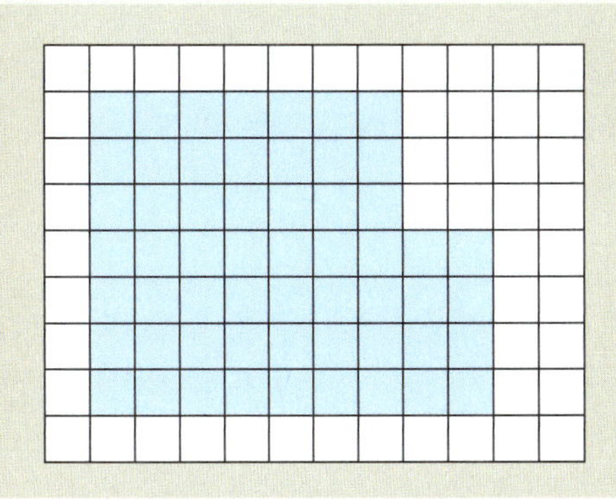

Área ____ unidades^2

Prepárate para el módulo 11

Redondea cada número a la **decena** más cercana y luego a la **centena** más cercana.

Número	Decena más cercana	Centena más cercana
3,647		
6,995		
5,437		

Multiplicación: Ampliando las operaciones básicas conocidas

Conoce

¿Qué enunciado de multiplicación podrías escribir que corresponda a esta imagen?

Imagina que tienes 20 canicas en cada frasco. ¿Cómo podrías calcular el número total de canicas?

20 es diez veces 2, entonces la respuesta será 10 veces la cantidad en los frascos.

Si $4 \times 2 = 8$
entonces $4 \times 20 = 80$

¿Qué operación básica de multiplicación podrías escribir que corresponda a esta matriz?

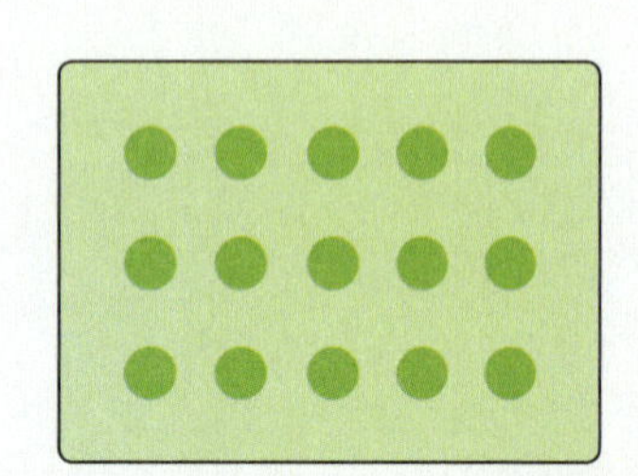

Imagina que hay 50 puntos en cada fila.
¿Cómo cambiaría el número total de puntos?

¿Qué ecuación de multiplicación podrías escribir que corresponda?

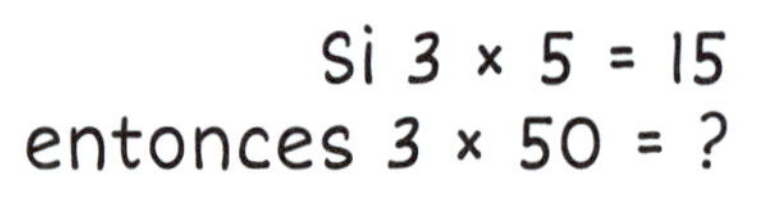

Intensifica

1. Completa la operación básica de multiplicación. Luego utiliza la operación básica para calcular el producto de la ecuación de multiplicación debajo de ésta.

a.	b.	c.
Si $6 \times 2 =$ ______	Si $4 \times 5 =$ ______	Si $2 \times 8 =$ ______
entonces $6 \times 20 =$ ______	entonces $4 \times 50 =$ ______	entonces $2 \times 80 =$ ______

d.	e.	f.
Si $7 \times 4 =$ ______	Si $5 \times 9 =$ ______	Si $4 \times 3 =$ ______
entonces $7 \times 40 =$ ______	entonces $5 \times 90 =$ ______	entonces $4 \times 30 =$ ______

2. Escribe el producto que falta. Luego escribe la operación básica de multiplicación relacionada que utilizaste para calcularlo.

a. $7 \times 20 =$ ______ ____ × ____ = ______	**b.** $5 \times 60 =$ ______ ____ × ____ = ______	**c.** $2 \times 90 =$ ______ ____ × ____ = ______
d. $80 \times 4 =$ ______ ____ × ____ = ______	**e.** $70 \times 5 =$ ______ ____ × ____ = ______	**f.** $50 \times 5 =$ ______ ____ × ____ = ______

3. Escribe una ecuación para indicar cada problema. Asegúrate de incluir el producto.

a. Hay 60 bloques en cada caja. Hay 4 cajas. ¿Cuántos bloques hay en total?

____

b. Hay 20 barras en cada paquete. Hay 8 paquetes en una caja. ¿Cuál es el número total de barras en una caja?

____

c. Hay 5 trozos de cuerda. Cada trozo mide 90 cm de largo. ¿Cuál es la longitud total de la cuerda?

____

d. Hay 70 estudiantes en 3.er grado. Cada estudiante tiene 4 contadores. ¿Cuántos contadores hay en total?

____

Avanza Los cuadrados coloreados indican 7×2. Colorea o delinea más cuadrados en el ejemplo para indicar 7×20.

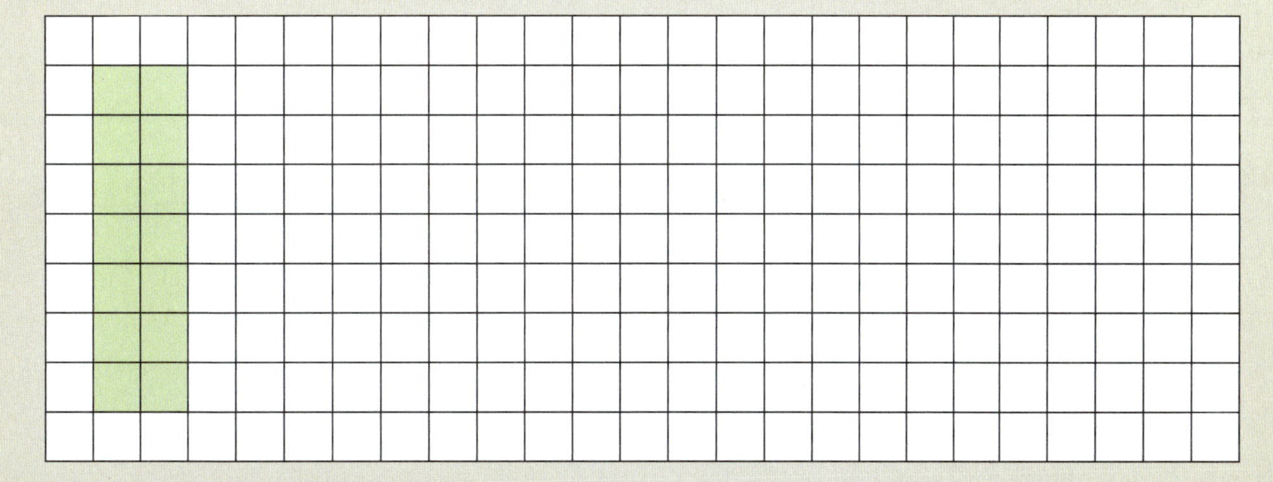

10.8 Multiplicación: Utilizando la propiedad distributiva con números de dos dígitos (productos parciales)

Conoce

Félix va a pintar el piso de concreto de una bodega.

Él necesita saber el área del piso para calcular cuánta pintura comprar. Las dimensiones se indican a la derecha.

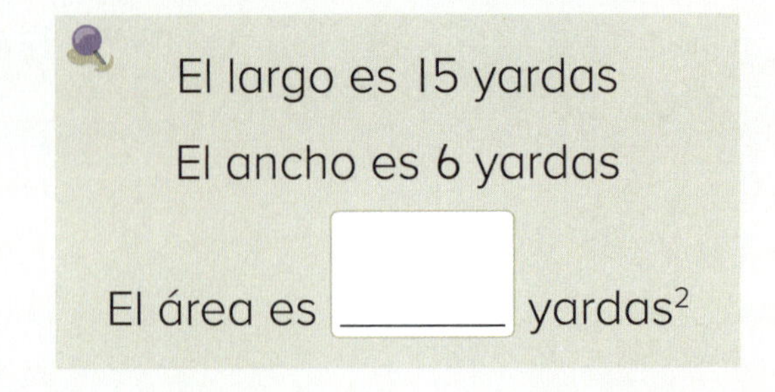

Estima el área del piso.
¿Será más de o menos de 100 yardas^2?

¿Cómo podrías calcular el área exacta?

Hassun dibujó esta cuadrícula como ayuda. Él separó el 15 en decenas y unidades y luego multiplicó 6×10 y 6×5.

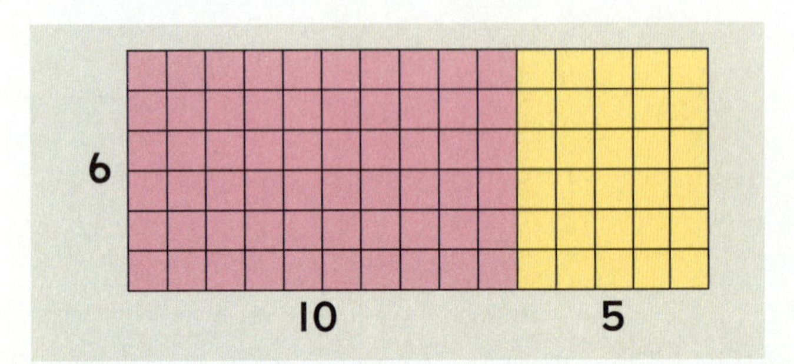

Puedes dividir un rectángulo en partes para encontrar los **productos parciales**.

¿Cómo podrías utilizar esta estrategia para calcular 3×28?

3×20 son 60 y 3×8 son 24. Luego pongo estos productos parciales juntos para calcular el total.

Intensifica

1. Escribe los productos de cada parte. Luego escribe el total. Haz un estimado y comprueba cada total.

a.

$3 \times 10 =$ ______ $3 \times 6 =$ ______

$3 \times 16 =$ ______

b.

$5 \times 10 =$ ______ $5 \times 3 =$ ______

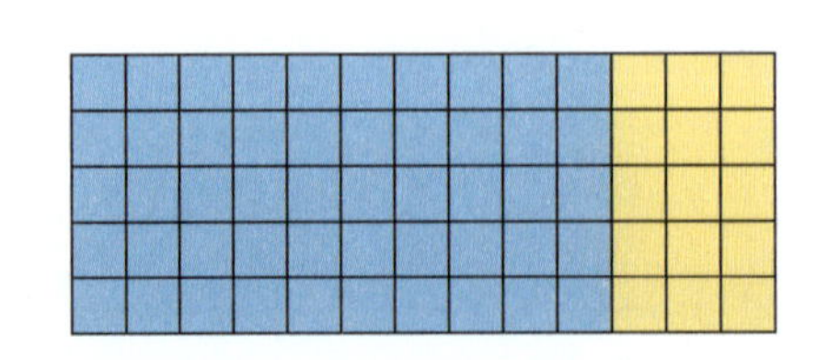

$5 \times 13 =$ ______

2. Traza una línea para dividir cada rectángulo en partes que te sean fáciles de multiplicar. Luego calcula el área. Haz un estimado para comprobar cada área.

a.

4

14

Área ______ unidades^2

b.

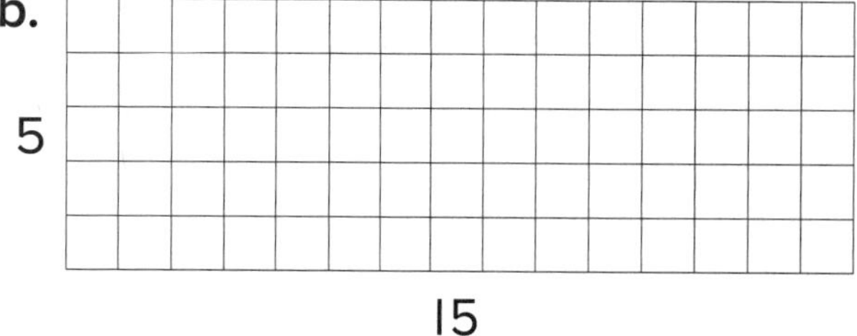

5

15

Área ______ unidades^2

c.

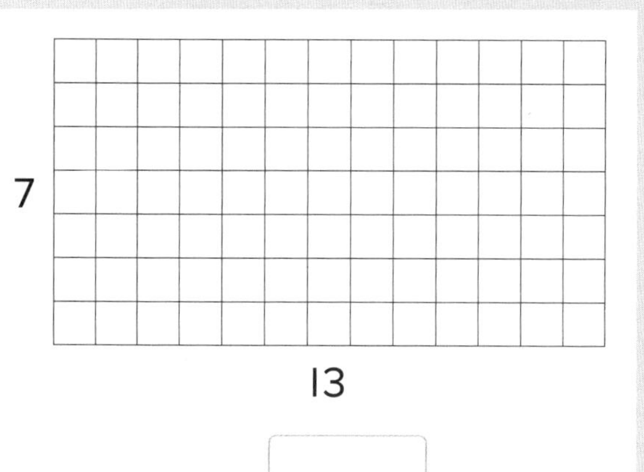

7

13

Área ______ unidades^2

d.

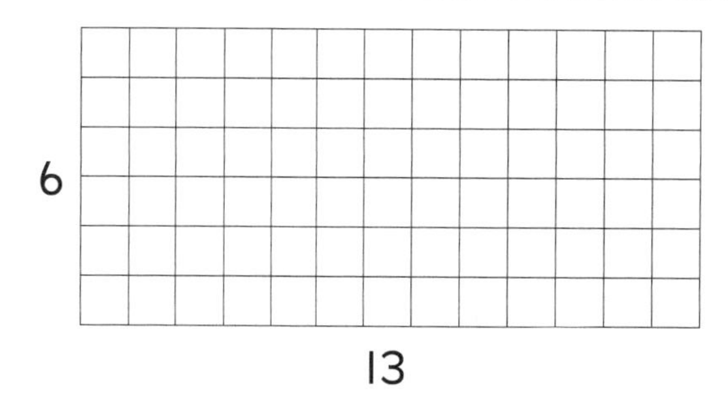

6

13

Área ______ unidades^2

e.

5

23

Área ______ unidades^2

Avanza

El jardín de Zoe mide 19 pies de largo y 5 pies de ancho. Dibuja y rotula una imagen como ayuda para calcular el área del jardín.

______ ft^2

10.8 Reforzando conceptos y destrezas

Piensa y resuelve

the THINK TANK

Observa este diagrama de flechas.

A →(×2)→ ____ →(×2)→ ____ →(×2)→ B

A →(× ____)→ B

1. ¿Qué número debería aparecer en la casilla B si

a. se pone el 5 en la casilla A? ____

b. se pone el 8 en la casilla A? ____

c. se pone el 3 en la casilla A? ____

d. se pone el 10 en la casilla A? ____

2. ¿Qué número debería aparecer en el óvalo? ____

Palabras en acción

Escribe con palabras cómo resuelves este problema.

El señor Tran va a pintar las paredes de su oficina. Una de las paredes es de vidrio, entonces no necesita pintura. Él va a aplicar dos capas de pintura para asegurarse de cubrir bien la pared. Cada pared mide 12 pies de largo por 8 pies de alto. La pintura viene en latas. Cada lata de pintura cubre cerca de 400 pies cuadrados. ¿Cuántas latas de pintura necesitará él para pintar las paredes completamente?

Práctica continua

1. Completa estos algoritmos estándares de la suma.

a.

	C	D	U
	3	5	2
+	1	3	6

b.

	C	D	U
	4	3	7
+		5	6

c.

	C	D	U
	2	8	3
+		7	6

d.

	C	D	U
	3	6	5
+	2	0	8

DE 3.10

2. Completa la operación numérica básica. Luego utiliza la operación básica para calcular el producto debajo.

a. Si 5 × 3 = ______
entonces 5 × 30 = ______

b. Si 3 × 4 = ______
entonces 3 × 40 = ______

c. Si 2 × 7 = ______
entonces 2 × 70 = ______

d. Si 6 × 5 = ______
entonces 6 × 50 = ______

e. Si 9 × 2 = ______
entonces 9 × 20 = ______

f. Si 4 × 8 = ______
entonces 4 × 80 = ______

DE 3.10.7

Prepárate para el módulo 11

Escribe la cantidad total de dinero.

a.

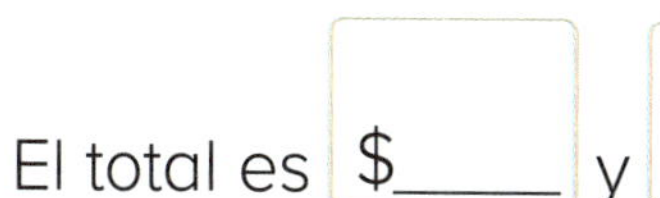

El total es $______ y ______¢

b.

El total es $______ y ______¢

10.9 Multiplicación: Utilizando la propiedad asociativa con números de dos dígitos (duplicar y dividir a la mitad)

Conoce

¿Cómo podrías calcular el número de cuadrados en esta matriz?

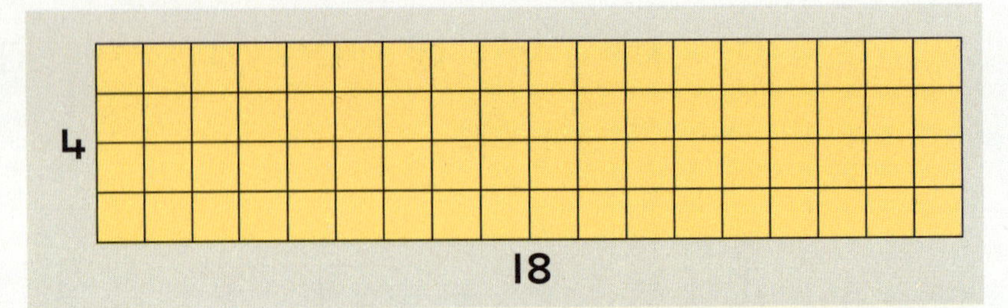

Imagina que esta matriz se corta a la mitad y se hace la nueva matriz de abajo con las dos piezas.

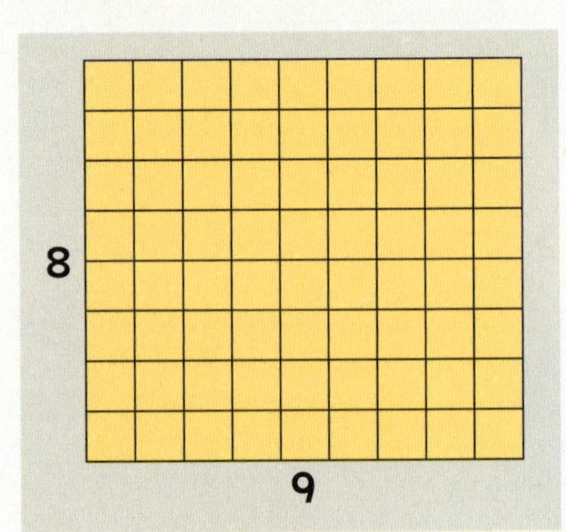

¿Qué es diferente en las matrices?

¿Ha cambiado el número de cuadrados?

¿Es más fácil calcular el número total de cuadrados de la nueva matriz? ¿Por qué?

Escribe una ecuación para describir cada matriz.

Duplicar un número y dividir a la mitad el otro puede hacer más fácil calcular el producto.

Intensifica

1. Imagina que esta matriz se cortó a la mitad y se reordenó. Colorea los cuadrados en la imagen **después** para indicar la nueva matriz. Rotula las dimensiones y luego completa la ecuación.

Antes

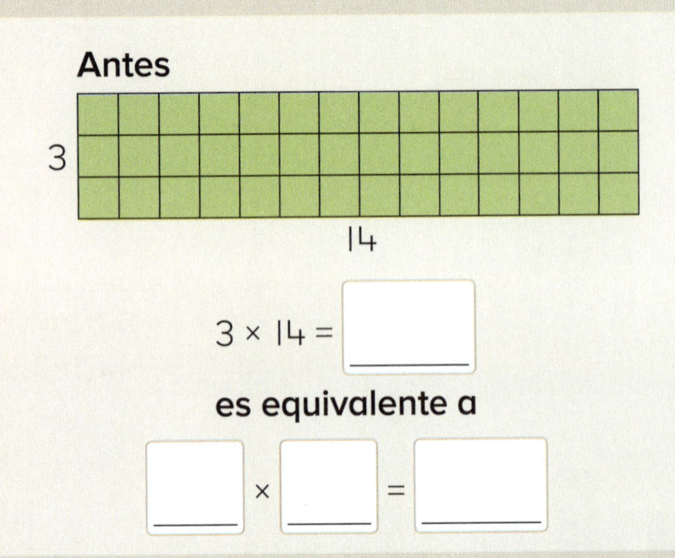

$3 \times 14 =$ ____

es equivalente a

____ $\times$ ____ $=$ ____

Después

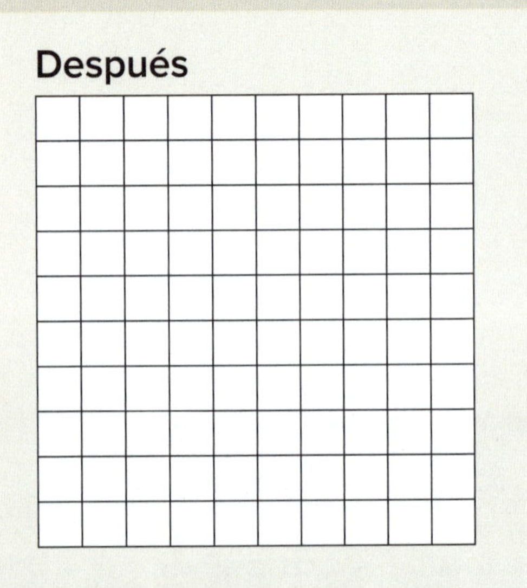

2. Duplica un número y divide a la mitad el otro. Luego escribe los productos.

a. 3 × 16 = ______

es igual a

______ × ______ = ______

b. 4 × 14 = ______

es igual a

______ × ______ = ______

c. 5 × 16 = ______

es igual a

______ × ______ = ______

d. 15 × 6 = ______

es igual a

______ × ______ = ______

e. 4 × 15 = ______

es igual a

______ × ______ = ______

f. 18 × 5 = ______

es igual a

______ × ______ = ______

3. a. Encierra todas las ecuaciones que resolverías duplicando un número y dividiendo a la mitad el otro.

25 × 7 = ? **15 × 6 = ?** **25 × 9 = ?** **17 × 5 = ?** **16 × 4 = ?** **8 × 15 = ?**

b. Observa cuidadosamente los números que encerraste. ¿Son los dos números impares?, ¿son pares?, o ¿son impar y par? ¿Qué notas?

____

____

Avanza

a. Claire quiere utilizar la estrategia de duplicar y dividir a la mitad para resolver este problema. Explica por qué en este caso esta estrategia **no** es la mejor.

5 × 13 = ?

____

____

b. Sugiere una estrategia diferente que ella podría elegir.

____

____

10.10 Álgebra: Investigando el orden de las operaciones múltiples

Conoce

Observa estas revistas de cómics.

Imagina que quieres comprar un ejemplar de A y tres ejemplares de B.

¿Qué pasos seguirías para calcular el costo total?

¿Qué ecuación podrías escribir para indicar tu razonamiento?

Estas son las reglas para el orden de las operaciones.

Si hay **un** solo tipo de operación en un enunciado, trabaja de izquierda a derecha. Si hay **más de un tipo** de operación, trabaja de izquierda a derecha en este orden:

1. Resuelve cualquier operación que esté en paréntesis.
2. Multiplica o divide pares de números.
3. Suma o resta pares de números.

Imagina que quieres comprar tres ejemplares de C y dos ejemplares de D.

¿Cuál es el costo total si inicias de izquierda a derecha? ¿Qué total obtienes al aplicar el orden de las operaciones múltiples?

¿Qué notas?

Intensifica

1. Utiliza los precios de las revistas de cómics de arriba. Escribe una ecuación para indicar la manera en que calcularías el costo total de cada compra. Luego escribe el total.

a. Compra cinco C y una A ____________

b. Compra dos B y una D ____________

2. Utiliza los precios de las revistas de cómics en la parte superior de la página 384. Escribe una ecuación para indicar cómo calculas el costo total de cada compra. Escribe los productos en cada casilla como ayuda.

a. Compra 5 (A) y 2 (B)

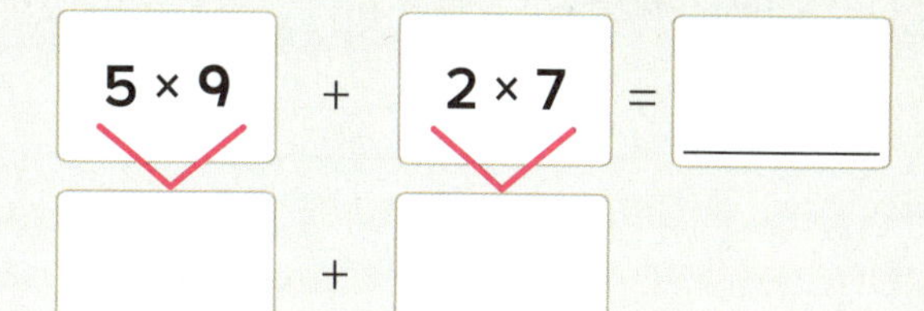

b. Compra 2 (B) y 3 (A)

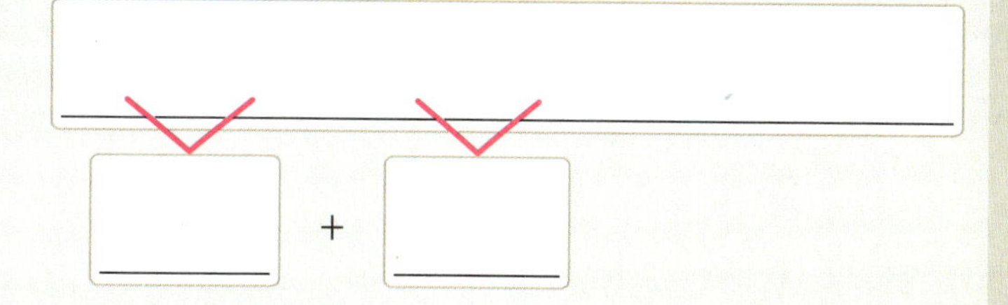

c. Compra 3 (D) y 3 (C)

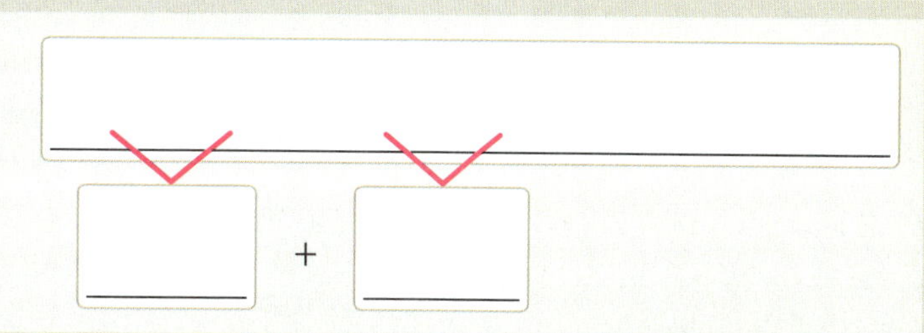

3. Escribe un problema verbal que corresponda a esta ecuación. $4 \times 3 + 8 = ?$

____

____

____

Avanza

Tyler calcula el costo total de 3 comidas para niños y 2 comidas para adultos. Él razona: $3 \times 8 + 2 \times 10$ y obtiene un total de $260.

COMBOS
Niños $8
Adultos $10

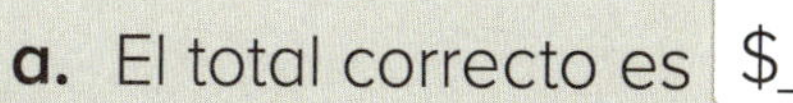

a. El total correcto es $______.

b. Describe su error con palabras.

____

____

Reforzando conceptos y destrezas

Práctica de cálculo

¿Qué es lo que se retuerce y da la vuelta alrededor de América pero nunca se mueve?

★ Escribe una operación básica de multiplicación para resolver la de división. Escribe los cocientes. Traza una línea recta desde cada cociente a la izquierda hasta el correspondiente a la derecha. La línea pasará por una letra y un número. Escribe cada letra arriba del número correspondiente en la parte inferior de la página.

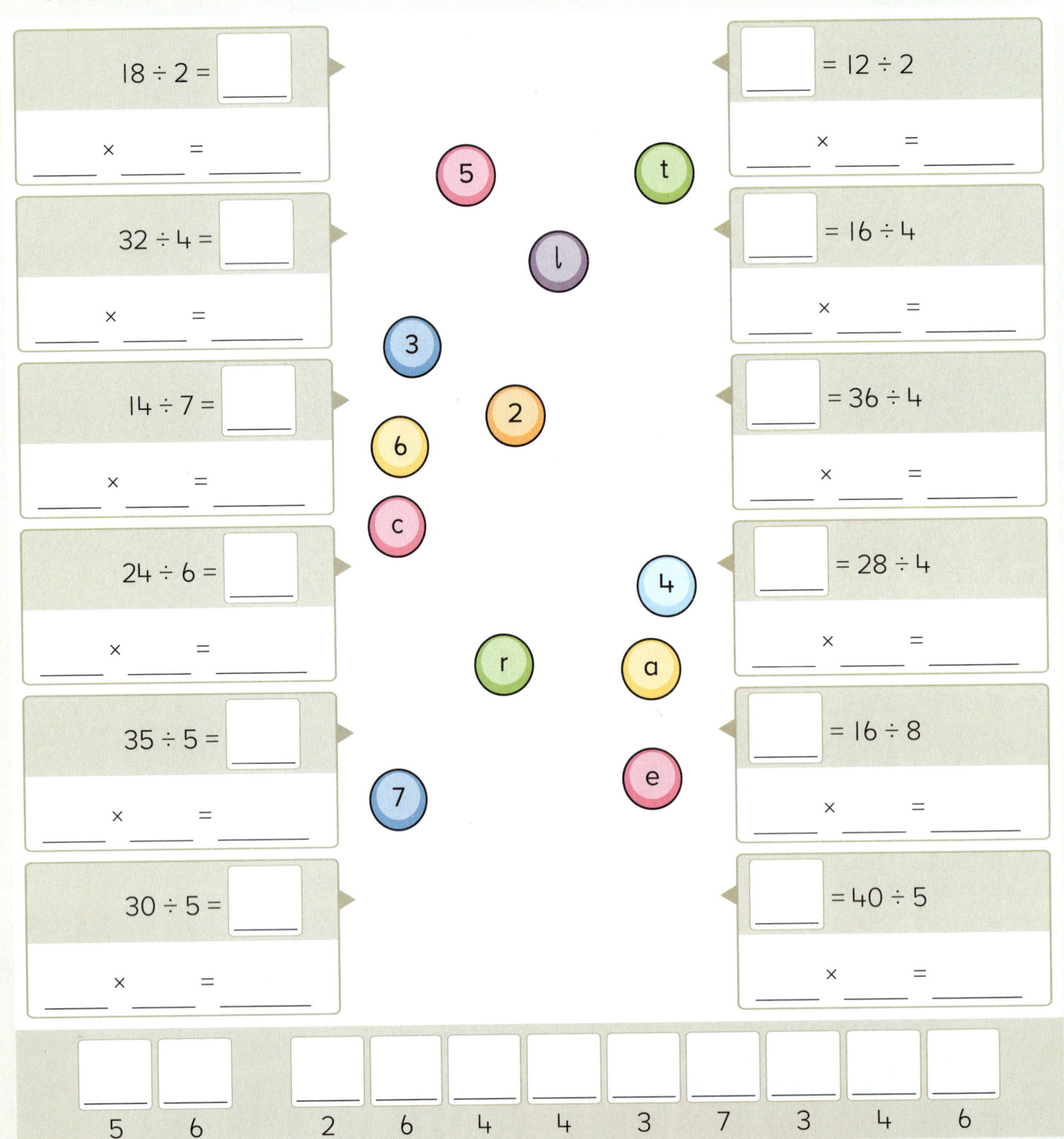

Práctica continua

1. Completa estos algoritmos estándares de la suma.

a.

	C	D	U
	6	4	1
+	1	8	5

b.

	C	D	U
	3	5	6
+	4	7	8

c.

	C	D	U
	5	3	8
+	2	9	3

DE 3.7.10

2. Escribe el producto en la primera ecuación. Luego escribe la operación básica de multiplicación relacionada que utilizaste para calcularlo.

a. $2 \times 40 =$ ______

______ × ______ = ______

b. $4 \times 50 =$ ______

______ × ______ = ______

c. $70 \times 2 =$ ______

______ × ______ = ______

d. $20 \times 8 =$ ______

______ × ______ = ______

e. $30 \times 5 =$ ______

______ × ______ = ______

f. $40 \times 6 =$ ______

______ × ______ = ______

DE 3.10.7

Prepárate para el módulo 11

Utiliza marcas de conteo para indicar cómo pagar por el artículo utilizando **cada uno** de los billetes que se indican. Utiliza cantidades por las que te den solo unos pocos dólares de vuelto.

1.

a. 

b. 

2.

a. 

b. 

10.11 Álgebra: Resolviendo problemas que involucren operaciones múltiples

Conoce

Daniel tiene $16 y compra un combo de cada tipo. ¿Cuánto dinero le sobra?

Tama escribió esta ecuación para calcularlo.

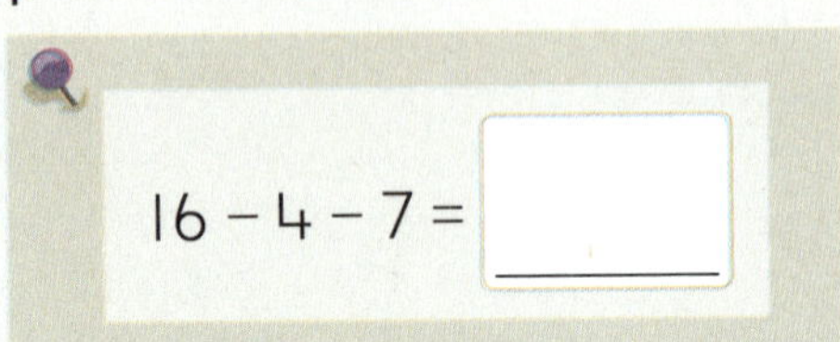

Emilia escribió esta ecuación.

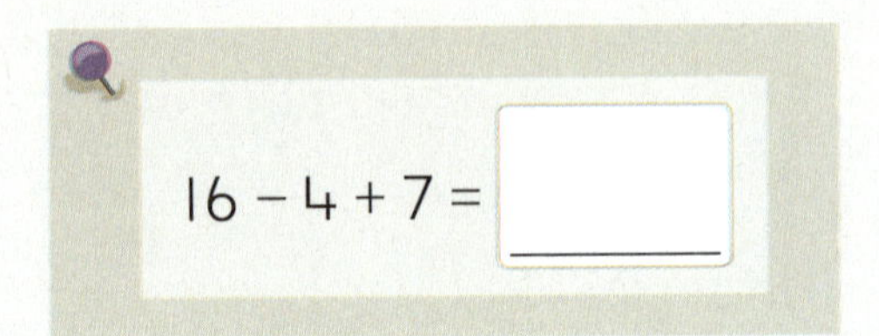

¿Qué respuesta obtendrá cada uno?

¿Qué notas?

¿Qué debería hacer Emilia para dejar claro que el 4 y el 7 se deben sumar de primero?

Los paréntesis ayudan a dejar claro lo que se debe hacer de primero, o qué partes del enunciado deberían resolverse juntas. Quiero sumar 4 y 7 primero, entonces escribiré 16 - (4 + 7). La respuesta es 5.

Intensifica

1. Calcula la parte en el paréntesis y escribe el nuevo problema. Luego escribe la respuesta.

a.	b.	c.
$15 + (8 \times 5)$	$(20 + 8) \div 4$	$5 \times (9 - 2)$
15 + 40	____ ÷ ____	____ × ____
La respuesta es 55	La respuesta es ____	La respuesta es ____

2. Completa estos problemas. Sigue los pasos de la pregunta 1 de la página 388.

a. $(21 - 5) \div 8$

____

La respuesta es ______

b. $9 \times (4 + 5)$

____

La respuesta es ______

c. $56 - (60 \div 6)$

____

La respuesta es ______

d. $20 - (40 \div 5)$

____

La respuesta es ______

e. $100 + (8 \times 7)$

____

La respuesta es ______

f. $37 + (8 \div 2)$

____

La respuesta es ______

3. Completa cada ecuación.

a. $6 \times (7 + 3) =$ ☐

b. $40 - (15 + 16) =$ ☐

c. $6 \times (9 \div 9) =$ ☐

d. $(8 + 4) \times 2 =$ ☐

e. $36 \div (3 \times 2) =$ ☐

f. $(7 - 7) \times 6 =$ ☐

Avanza Colorea el ⬭ junto al razonamiento que podrías utilizar para resolver cada problema.

a. Dallas tenía $35. Ella compró 4 tazas que costaron $3 cada una. ¿Cuánto dinero le queda?

- ⬭ $35 - (4 \times 3)$
- ⬭ $(35 - 4) \times 3$
- ⬭ $4 \times 3 - 35$

b. 6 adhesivos de estrellas y 10 caritas felices se repartieron equitativamente entre 8 niños. ¿Cuántos adhesivos recibió cada niño?

- ⬭ $8 \div 6 + 10$
- ⬭ $(6 + 10) \div 8$
- ⬭ $(6 + 10) - 8$

c. Beatrice compra 8 camisas que cuestan $8 cada una. ¿Cuánto vuelto recibe de $100?

- ⬭ $(8 \times 8) - 100$
- ⬭ $100 - (8 + 8)$
- ⬭ $100 - (8 \times 8)$

Álgebra: Escribiendo ecuaciones que correspondan a problemas verbales de dos pasos

Conoce

Ashley compró 3 muñecos que costaron $6 cada uno. Ella pagó con un billete de $20.

¿Cuánto vuelto recibió ella?

¿Qué ecuación podrías escribir para indicar tu razonamiento?

Gabriel escribió esta ecuación para calcular el vuelto.

$20 - 3 \times 6 = \square$

¿Qué parte de la ecuación deberías hacer primero? ¿Cómo lo sabes?

¿Por qué no se necesitan paréntesis en la ecuación de Gabriel?

¿Podrías utilizarlos de todas maneras?

No tienes que utilizar paréntesis, pero éstos pueden hacer las cosas más claras.

Intensifica

1. Lee el problema verbal. Luego colorea el ⬭ junto al razonamiento que utilizarías para calcular la respuesta.

a. Aston tenía $40. Él compró 4 boletos que costaron $7 cada uno. ¿Cuánto dinero le queda?	⬭ $40 - 4 \times 7$ ⬭ $(40 - 4) \times 7$ ⬭ $4 \times 7 - 40$
b. 6 niños se repartieron equitativamente 9 manzanas y 3 bananas. ¿Cuántas frutas había en cada repartición?	⬭ $9 + 3 \div 6$ ⬭ $(9 + 3) \div 6$ ⬭ $(9 + 3) - 6$
c. La entrenadora compró 9 camisas que costaron $7 cada una. ¿Cuánto vuelto recibió de $100?	⬭ $(9 \times 7) - 100$ ⬭ $100 - (9 + 7)$ ⬭ $100 - (9 \times 7)$

2. Escribe cómo resolverías cada problema. Luego escribe la respuesta.

a. Grace tenía $25. Luego ella y 3 amigos compartieron equitativamente el premio de una rifa de $60. ¿Cuánto dinero tiene Grace ahora?

b. Fiona tenía $24 en su monedero. Ella gastó $19, luego sacó $20 de un cajero automático para pagar un almuerzo de $8. ¿Cuánto dinero le queda?

c. Owen ganó $8 cada semana por 6 semanas. Luego él compró un juego por $37. ¿Cuánto dinero le queda?

d. Charlotte tenía $18 y luego ganó $17 más. Ella compró 3 libros por $5 cada uno. ¿Cuánto dinero le queda?

e. Un pase familiar para 4 personas cuesta $35. ¿Cuánto más barato es el pase familiar que pagar $12 por cada boleto?

f. Teena, Allan y Hugo se repartieron $36 equitativamente. Hugo luego gastó $7 de su parte. ¿Cuánto dinero le queda?

Avanza

Escribe un problema verbal que utilice más de una operación. Luego intercambia problemas con otro estudiante y pídele que escriba una ecuación correspondiente.

Reforzando conceptos y destrezas

Piensa y resuelve

Traza líneas **dentro** de este rectángulo para hacer 3 rectángulos más pequeños del **mismo** tamaño. Escribe el largo y el ancho de los rectángulos más pequeños.

18 cm

3 cm

Palabras en acción

Escribe un problema verbal que incluya resta y multiplicación. Luego escribe cómo encuentras la solución.

Práctica continua

1. Completa estos algoritmos estándares de suma.

a.

	C	D	U
		6	7
+		1	8

b.

	C	D	U
		5	6
+		2	7

c.

	C	D	U
	2	7	6
+		5	5

d.

	3	6	8
+		7	4

e.

	1	4	6
+	4	2	8

f.

	3	7	3
+	4	8	8

DE 3.7.10

2. Duplica un número y divide a la mitad el otro. Luego escribe los productos.

a. $18 \times 6 =$ ______ es igual a ____ × ____ = ______

b. $6 \times 15 =$ ______ es igual a ____ × ____ = ______

c. $4 \times 35 =$ ______ es igual a ____ × ____ = ______

DE 3.10.9

Prepárate para el módulo 11

Encierra con rojo el recipiente que contiene **más**.
Encierra con azul el recipiente que contiene **menos**.

1 pinta

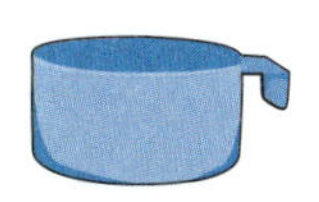
1 taza

1 cuarto

Espacio de trabajo

Número: Construyendo una imagen de 10,000

Conoce

¿Qué número representa uno de estos bloques? ¿Cómo lo sabes?

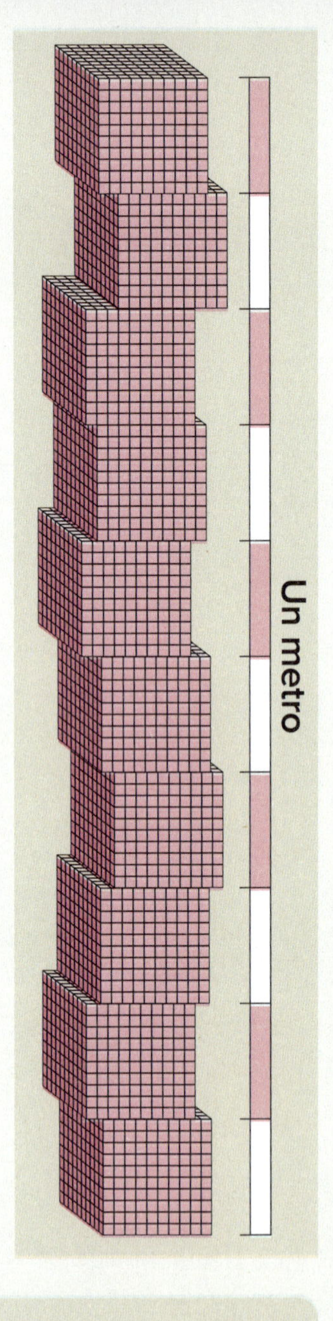

¿Qué número se representa con 10 de estos bloques? ¿Cómo lo sabes?

¿Cuántos bloques de **centenas** podrías reagrupar como 10 bloques de millares?

¿Cuántos bloques de **decenas** podrías reagrupar como 10 bloques de millares?

¿Cómo lo calculaste?

Escribe números en cada expansor para indicar las diferentes maneras en que se puede describir la pila de bloques.

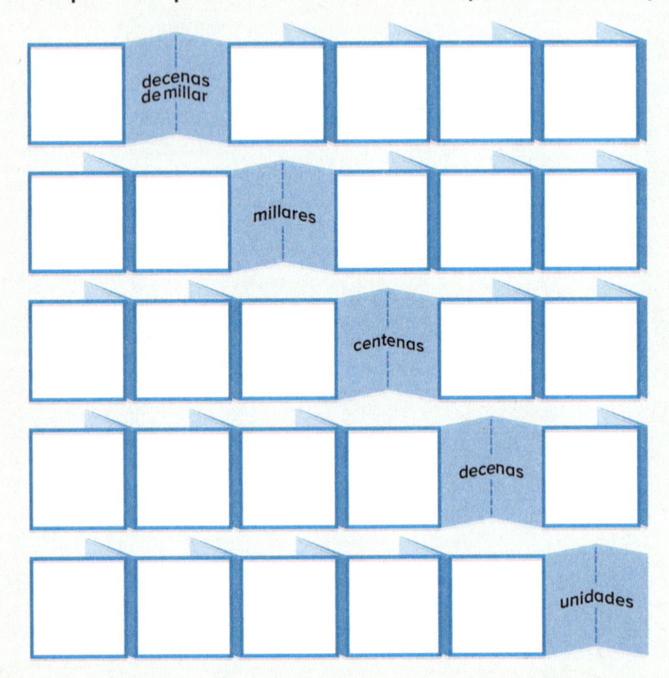

Intensifica

1. Observa el ábaco. Escribe el número correspondiente en el expansor.

2. Dibuja cuentas o escribe números para completar las partes que faltan.

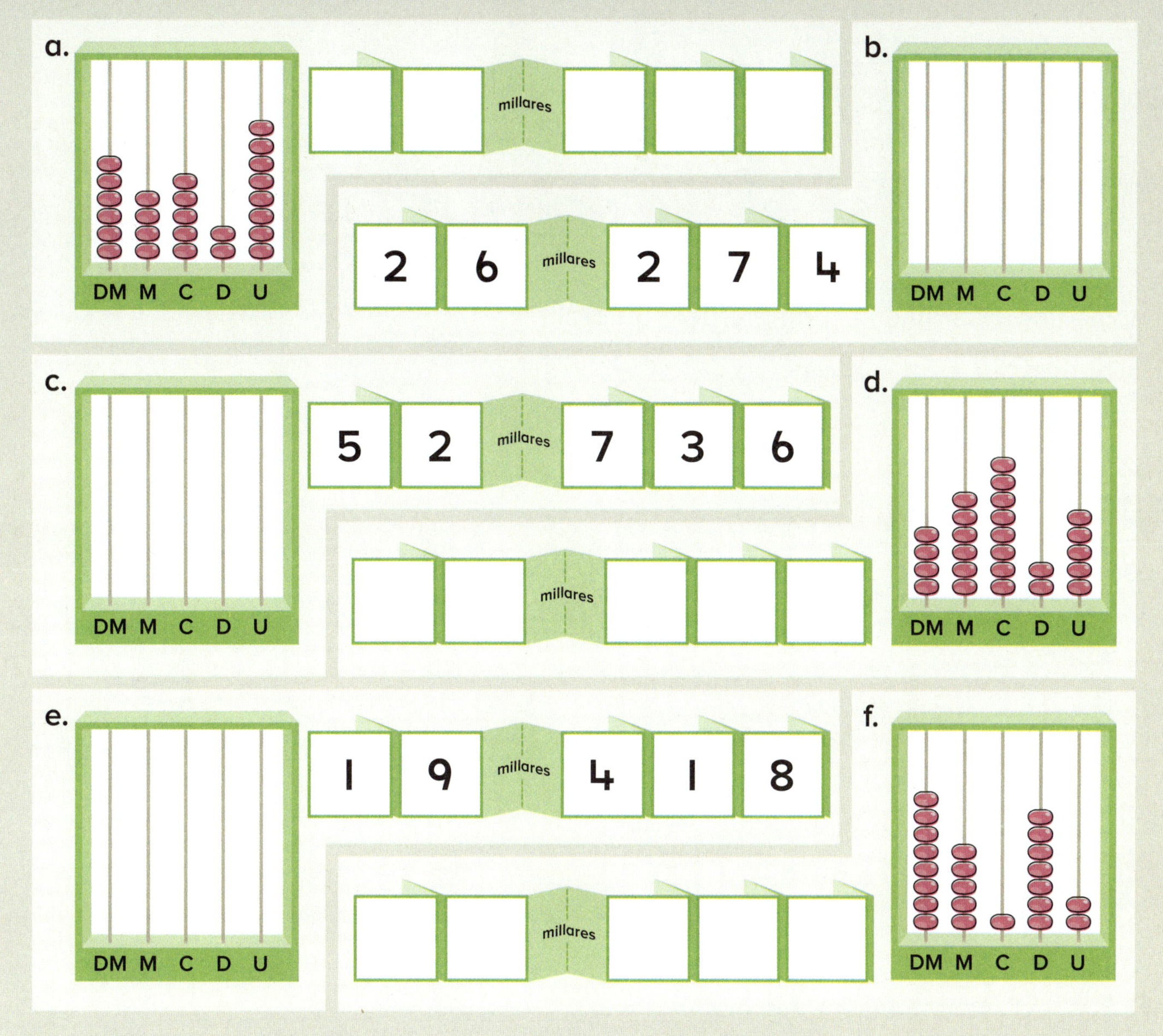

Avanza

Imagina que tienes solamente bloques de centenas, decenas y unidades. Escribe cómo representarías este número.

7 5 millares 2 5 3

11.2 Número: Representando números de cinco dígitos

Conoce

Observa este número.

Indica cómo escribirías el nombre del número.

Escribe el número sin el expansor.

Observa el ábaco. ¿Qué número indica?

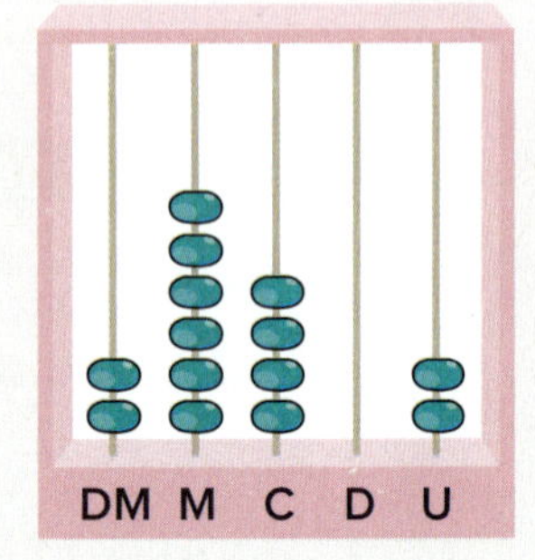

Escribe el número correspondiente en este expansor.

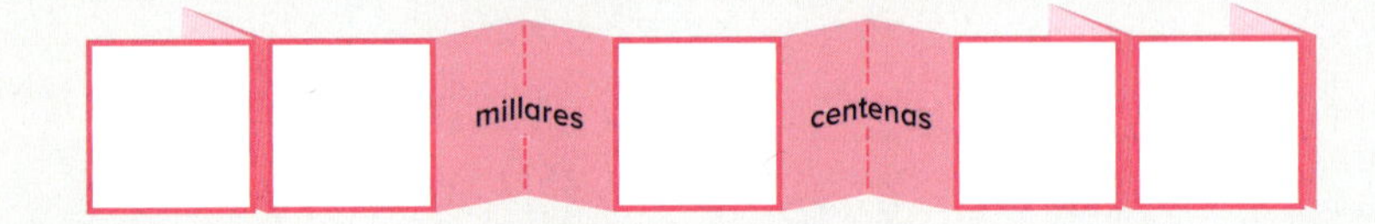

Indica cómo escribirías el número con palabras.

Escribe el número sin el expansor.

Intensifica

1. Dibuja cuentas en cada ábaco para representar el número.

a. 27,605

b. 60,035

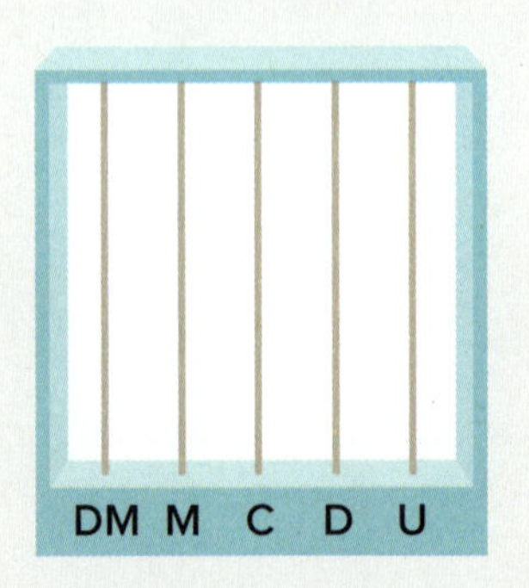

c. 43,070

2. Completa las partes que faltan.

a.

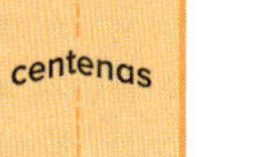

b.

c.

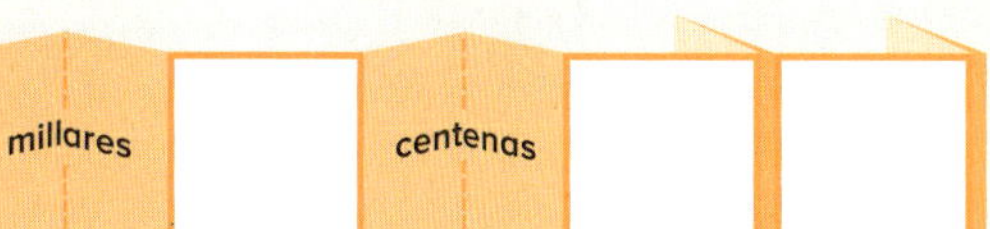

cincuenta y un mil cuatrocientos veinte

d.

e.

35,072

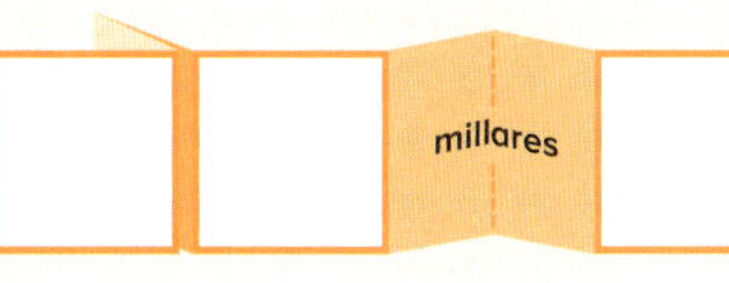

Avanza

Dibuja cuentas para representar un número que tenga **más centenas que unidades** y **no tenga decenas**. Luego escribe el número con palabras.

Práctica de cálculo

¿Cuál es la estructura más grande construida por seres vivos?

★ Completa las ecuaciones. Luego escribe la letra arriba del producto correspondiente en la parte inferior de la página. Algunas letras se repiten.

9 × 8 = ____	n	1 × 9 = ____	r	8 × 7 = ____	e
5 × 9 = ____	i	2 × 9 = ____	e	8 × 3 = ____	c
9 × 9 = ____	a	6 × 5 = ____	a	6 × 9 = ____	d
9 × 4 = ____	l	5 × 8 = ____	r	8 × 2 = ____	r
5 × 5 = ____	s	9 × 0 = ____	e	3 × 9 = ____	a
7 × 4 = ____	r	4 × 8 = ____	g	7 × 9 = ____	b
5 × 7 = ____	f				

Práctica continua

1. Escribe un problema verbal que corresponda a esta ecuación.

$6 \times 9 + 7 = ?$

DE 3.9.12

2. Dibuja cuentas o escribe números para completar las partes que faltan.

DE 3.11.1

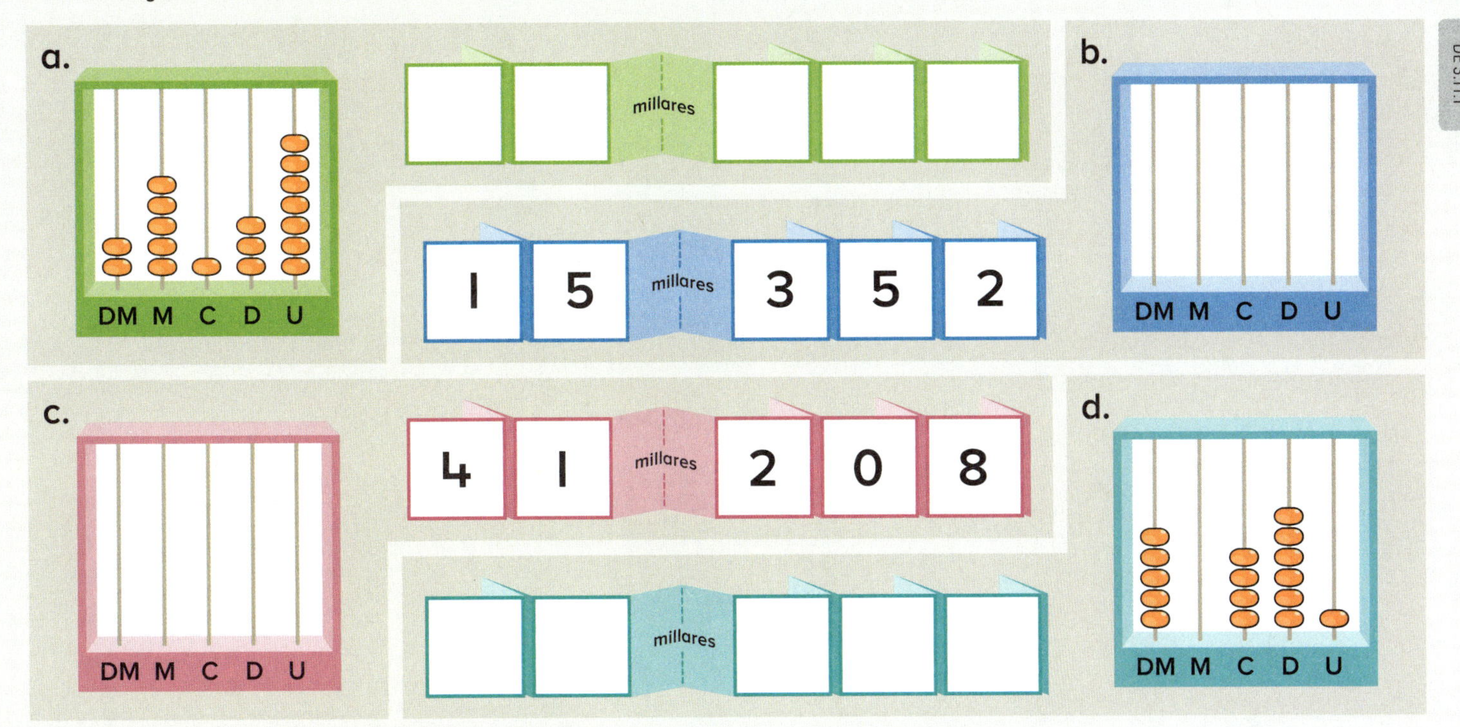

Prepárate para el módulo 12

Escribe los números que faltan.

a.

Mitad de 4 son

entonces

Mitad de 40 son

b.

Mitad de 6 son

entonces

Mitad de 60 son

Número: Escribiendo números de cinco dígitos de manera expandida

Conoce

¿Qué número se indica en el ábaco?

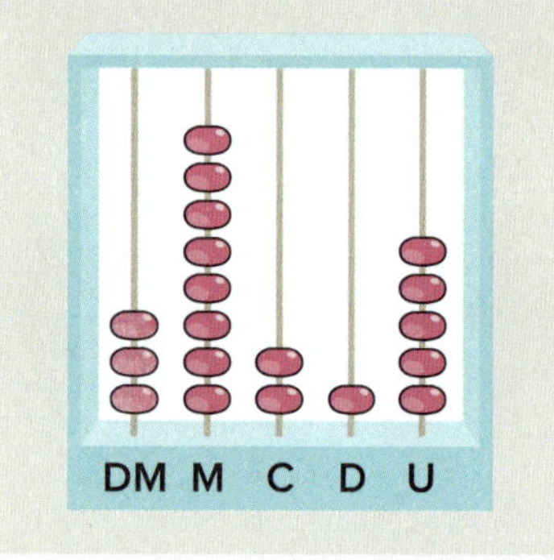

Observa la barra que representa la posición de las decenas de millar. ¿Cuántas cuentas puedes ver?

¿Qué número indican las cuentas en esa barra?

Puedo ver 3 cuentas en la posición de las decenas de millar. Sé que cada cuenta representa 10,000, entonces 3 × 10,000 = 30,000.

¿Qué número indican las cuentas en cada una de las otras barras de valor posicional?

Jennifer escribe el número de **manera expandida**.

$$(3 \times 10{,}000) + (8 \times 1{,}000) + (2 \times 100) + (1 \times 10) + (5 \times 1) = ?$$

_____ + _____ + _____ + _____ + _____

¿Cómo corresponde su ecuación al ábaco?

Multiplica los números dentro de cada par de paréntesis. Escribe cada producto debajo de los paréntesis.

Ahora suma estos productos. ¿Qué notas?

Intensifica

1. Observa el ábaco. Luego escribe el valor de las cuentas en cada barra.

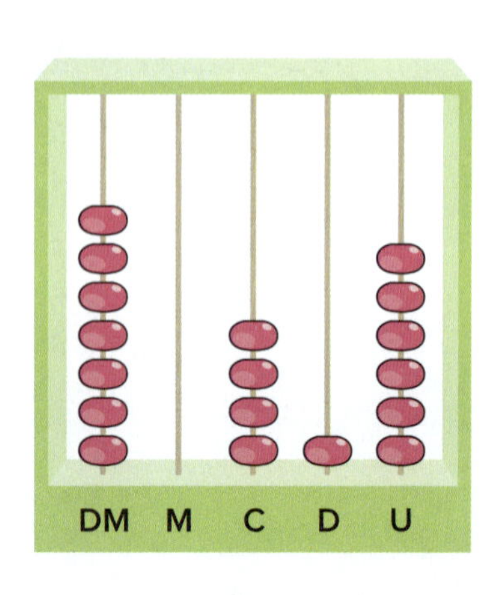

_____ × 10,000 = __________

_____ × 1,000 = __________

_____ × 100 = __________

_____ × 10 = __________

_____ × 1 = __________

2. Escribe un número de cinco dígitos en cada expansor. Luego escribe el mismo número de manera expandida.

a.

(____ × 10,000) + (____ × 1,000) + (____ × 100) + (____ × 10) + (____ × 1)

b.

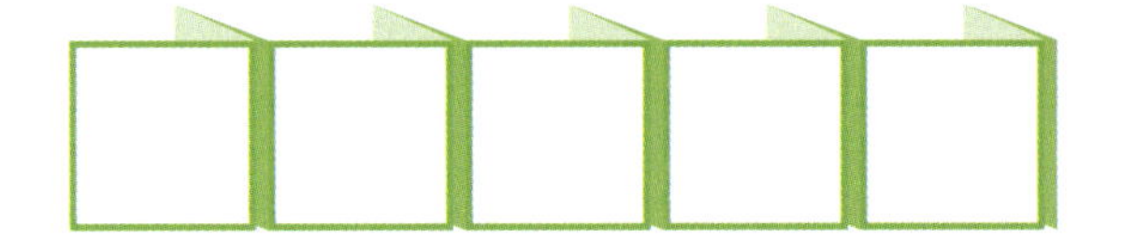

(____ × 10,000) + (____ × 1,000) + (____ × 100) + (____ × 10) + (____ × 1)

3. Escribe cada número de manera expandida.

a. 22,418	________________
b. 16,789	________________
c. 79,533	________________
d. 40,210	________________

Avanza

Escribe el número que ha sido expandido.

a. ________	(6 × 10,000) + (3 × 1,000) + (8 × 100) + (9 × 10)
b. ________	(4 × 10,000) + (7 × 100) + (9 × 10) + (2 × 1)

Número: Comparando y ordenando números de cinco dígitos

Conoce

Esta tabla indica la capacidad de asientos actual de diez estadios en los Estados Unidos.

Estadio	Ubicación	Capacidad de asientos
Estadio Memorial	Nebraska	92,047
Estadio Arrowhead	Missouri	79,451
Estadio Commonwealth	Kentucky	67,606
Estadio Sun Life	Florida	74,916
Estadio Kinnick	Iowa	70,585
Cotton Bowl	Texas	92,100
Estadio Notre Dame	Indiana	80,795
Folsom Field	Colorado	53,750
Estadio Sanford	Georgia	92,746
Estadio Jordan-Hare	Alabama	87,451

¿Cómo se puede comparar la capacidad de asientos de los estadios de Florida y Iowa?

¿Qué parte de los números observarías primero?

Completa estos enunciados de relación para describir la comparación.

_______ **es menor que** _______

_______ < _______

_______ > _______

Intensifica

1. Observa la tabla de arriba. Escribe la capacidad de asientos de los estadios de estas localidades. Luego escribe **<** o **>** para que los enunciados sean verdaderos.

a. Colorado _______ ◯ _______ Georgia

b. Nebraska _______ ◯ _______ Florida

c. Missouri _______ ◯ _______ Kentucky

d. Colorado _______ ◯ _______ Texas

2. Utiliza los datos en la tabla de la página 404 para completar estas comparaciones.

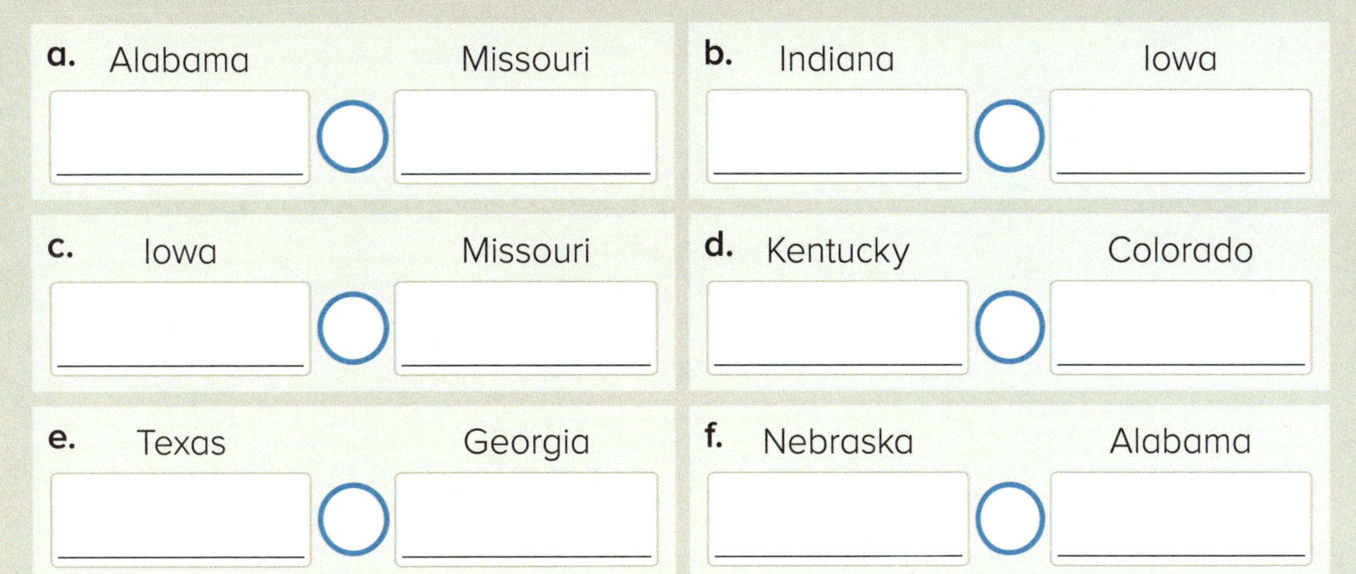

3. Observa la tabla en la página 404. Sigue las flechas para escribir la capacidad de asientos en orden de **menor** a **mayor**.

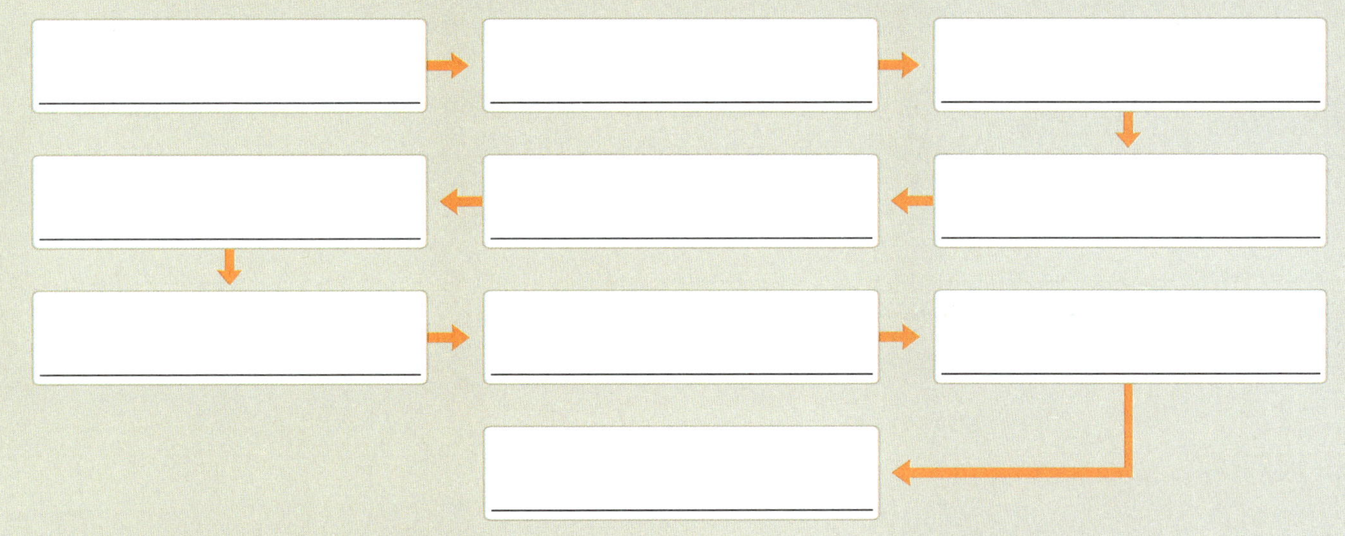

Avanza

El Rose Bowl se encuentra en California.

Éste tiene mayor capacidad que el estadio en Texas, pero menos que el estadio en Georgia.

Colorea el ⬭ junto a la capacidad de asientos del Rose Bowl.

⬭ 93,057 ⬭ 92,098 ⬭ 92,542

Reforzando conceptos y destrezas

Piensa y resuelve

Lee las instrucciones primero.

En el primer círculo, traza una línea para hacer 2 partes del **mismo** tamaño y forma.
La suma de los números en cada parte **debe** ser **igual**.
En el segundo círculo, traza una línea en un lugar diferente para indicar otra manera.

Palabras en acción

Escribe todas las maneras diferentes en que puedes representar el número 26,354.

Práctica continua

1. Completa cada ecuación.

DE 3.9.11

a. $(6 + 7) \times 2 =$ ____

b. $9 \times (12 \div 4) =$ ____

c. $20 - (8 + 4) =$ ____

d. $24 \div (4 \times 2) =$ ____

e. $3 \times (8 \div 8) =$ ____

f. $5 \times (32 \div 4) =$ ____

2. Completa las partes que faltan.

DE 3.11.2

a. 26,308

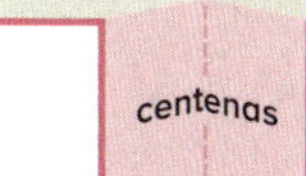

____

b. 

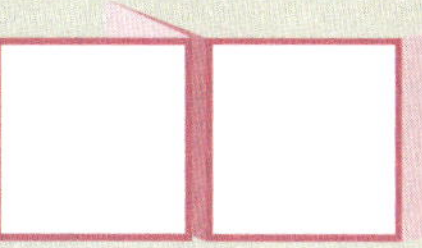

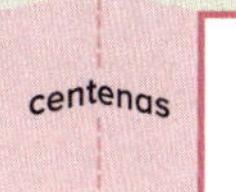
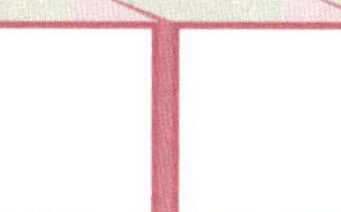

catorce mil ciento sesenta y nueve

c. 80,716

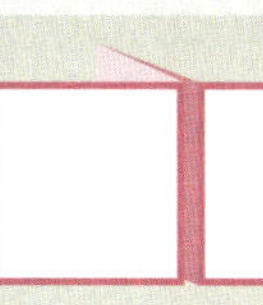
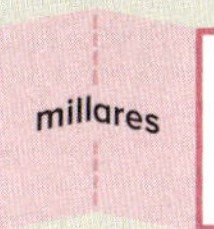
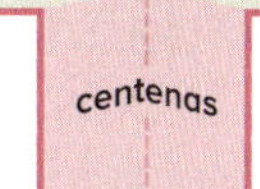
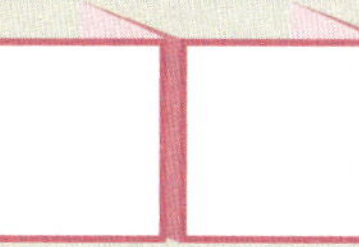

____

Prepárate para el módulo 12

Completa estas operaciones básicas.

a. $3 \times$ ____ $= 12$

b. ____ $\times 2 = 18$

c. $4 \times$ ____ $= 28$

d. $4 \times$ ____ $= 40$

e. ____ $\times 9 = 27$

f. ____ $\times 8 = 16$

g. $7 \times$ ____ $= 14$

h. $8 \times 4 =$ ____

i. $5 \times$ ____ $= 15$

Número: Redondeando números de cinco dígitos

Conoce

¿Cuáles son algunas razones por las que se redondean los números grandes?

¿Cómo podrías redondear la población del condado Lincoln?

Richard utilizó una recta numérica como ayuda para redondear la población a la **decena** más cercana.

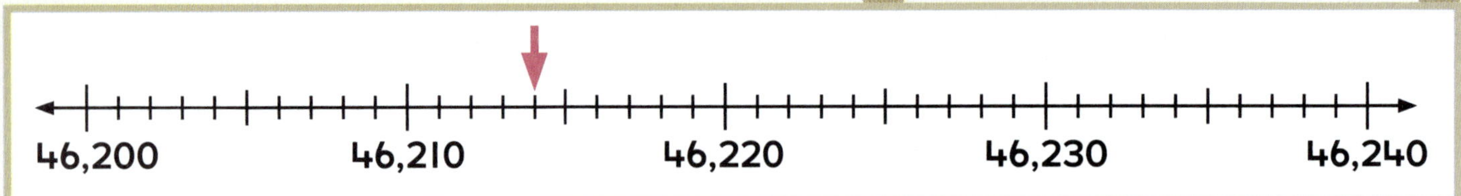

¿Cuál es la población redondeada a la decena más cercana?

¿Cómo te ayuda la posición media entre el 46,210 y el 46,220 en la recta numérica a redondear el número?

¿Qué sucede si el número que se está redondeando se encuentra a la mitad de las dos decenas? ¿Cómo redondearías 46,215 a la decena más cercana?

¿Cómo utilizarías esta recta numérica para redondear la población del condado Lincoln a la centena más cercana?

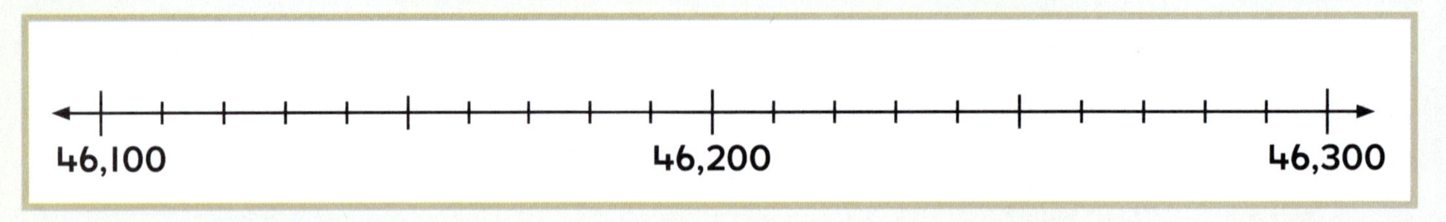

Yo observo los dígitos en las posiciones de las centenas, decenas y unidades. 214 está más cerca del 200 que del 300.

Intensifica

1. Redondea cada población a la **decena** más cercana. Utiliza la recta numérica como ayuda en tu razonamiento.

a. Población 35,678	b. Población 35,683	c. Población 35,656
35,680		

2. Redondea cada población a la **centena** más cercana.

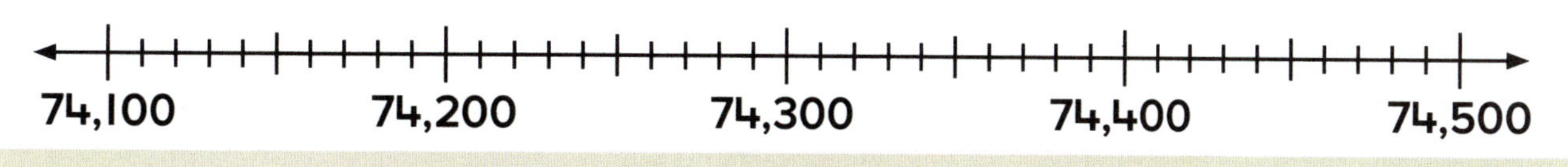

a. Población 74,370	b. Población 74,240	c. Población 74,435

3. Redondea cada población a la **centena** más cercana.

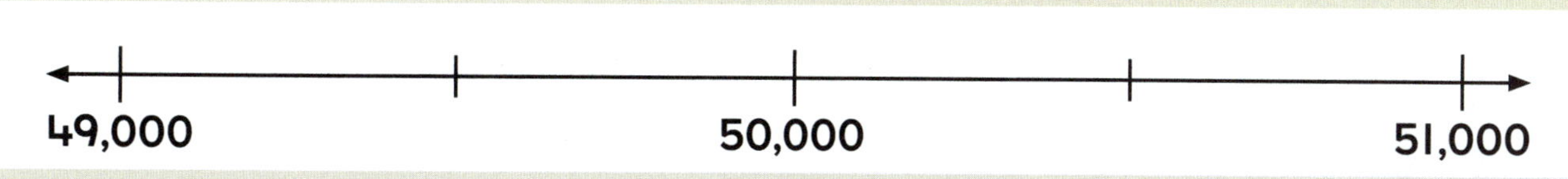

a. Población 49,981	b. Población 50,064	c. Población 49,946

Avanza

Imagina que redondeas cada número a la decena de millar más cercana. Escribe la letra **A** al lado de los números que se redondearán a 20,000.

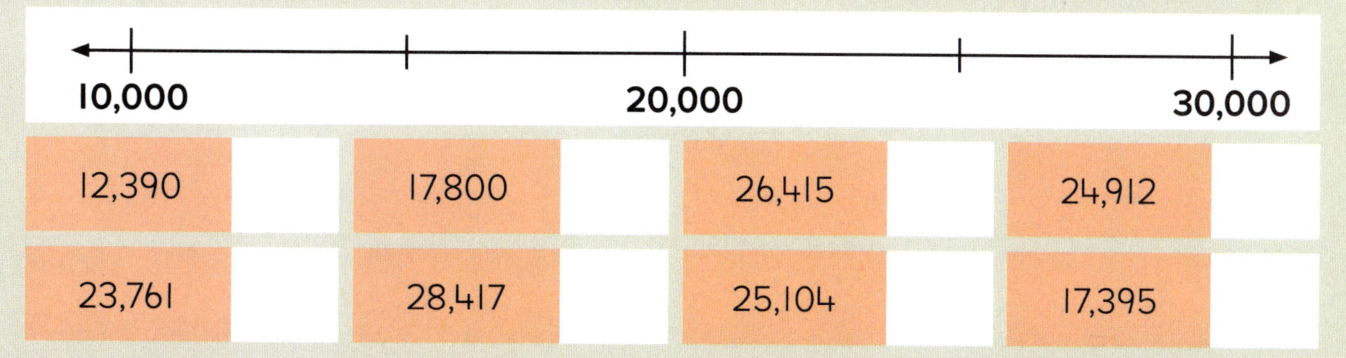

11.6 Número: Reforzando el redondeo con números de cinco dígitos

Conoce

¿Cuál es el precio de este automóvil?

$31,427

El vendedor ha decidido redondear este precio a los cien dólares más cercanos.

¿Cuál es el nuevo precio del automóvil? ¿Cómo lo sabes?

¿Qué dígitos observas para redondear el número?

Cary sigue estos pasos:

3 1,(4)2 7	3 1,(4)2 7	3 1,(4)2 7
Él primero encuentra la posición a la que va a redondear.	Él luego observa el siguiente valor posicional menor.	Si el dígito en esa posición es mayor o igual a 5 entonces el número se redondea hacia arriba.

¿Cómo utilizarías el mismo razonamiento para redondear 42,753 a los cien dólares más cercanos?

Intensifica

1. Redondea cada precio a los **diez** dólares más cercanos.

a. $27,689	b. $17,381	c. $32,863
$______	$______	$______
d. $19,224	**e.** $25,865	**f.** $49,357
$______	$______	$______
g. $31,116	**h.** $22,298	**i.** $18,072
$______	$______	$______

2. Redondea cada precio a los **cien** dólares más cercanos.

a. $35,305 $______	**b.** $21,290 $______	**c.** $46,542 $______
d. $36,455 $______	**e.** $28,185 $______	**f.** $14,702 $______
g. $31,116 $______	**h.** $17,198 $______	**i.** $57,049 $______

3. Redondea cada número a la **decena** y **centena** más cercana.

	14,312	51,678	29,087	26,305
Decena más cercana				
Centena más cercana				

Avanza

Carmen redondea un número a la decena más cercana. El resultado es 26,000.
Luego redondea el mismo número a la centena más cercana. El resultado es 26,000.
Luego redondea el mismo número al millar más cercano. El resultado es 26,000.

Escribe cinco posibles números que Carmen pudo haber redondeado.

______ ______ ______ ______ ______

Espacio de trabajo

Reforzando conceptos y destrezas

Práctica de cálculo

★ Escribe cada operación básica de multiplicación que utilizarías como ayuda para calcular la operación básica de división. Escribe los cocientes. Utiliza el reloj de tu salón de clases para medir tu tiempo.

Duración:

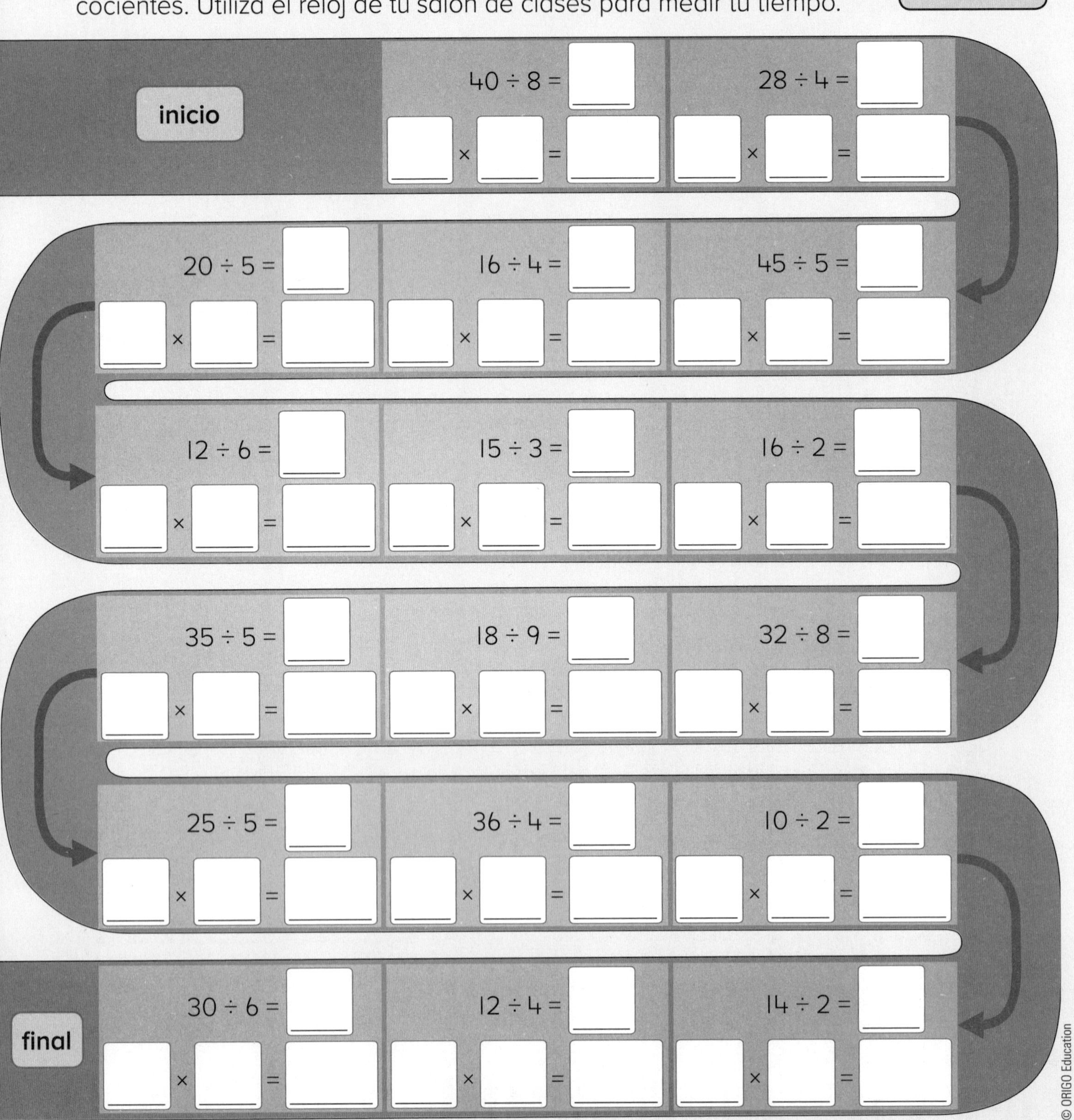

Práctica continua

1. Lee el problema verbal. Luego colorea el ⬭ junto al razonamiento que utilizarías para calcular la respuesta.

a. Jacinta ahorró $3 cada semana por 4 semanas. Además su mamá le dio $5. ¿Cuánto dinero tiene ella?	⬭ $(3 \times 5) + 4$ ⬭ $3 \times 4 + 5$ ⬭ $3 \times (4 + 5)$
b. El señor Rose tenía $20. Él gastó $8 y luego repartió el vuelto equitativamente entre sus 3 nietos. ¿Cuánto dinero había en cada repartición?	⬭ $20 - (8 \div 3)$ ⬭ $20 - 8 \div 3$ ⬭ $(20 - 8) \div 3$
c. Un paquete de seis cajas de jugo cuesta $3. Si compras 2 paquetes, ¿cuánto vuelto recibirás de $10?	⬭ $(6 \times 2) - 10$ ⬭ $10 - (3 \times 2)$ ⬭ $10 - (6 \times 2)$

DE 3.9.12

2. Escribe cada número de manera expandida.

a. 46,123 ____________________

____

b. 50,762 ____________________

____

DE 3.11.3

Prepárate para el módulo 12

Escribe el producto de cada parte. Luego escribe el total.

a.

$5 \times 10 =$ ______ $5 \times 5 =$ ______

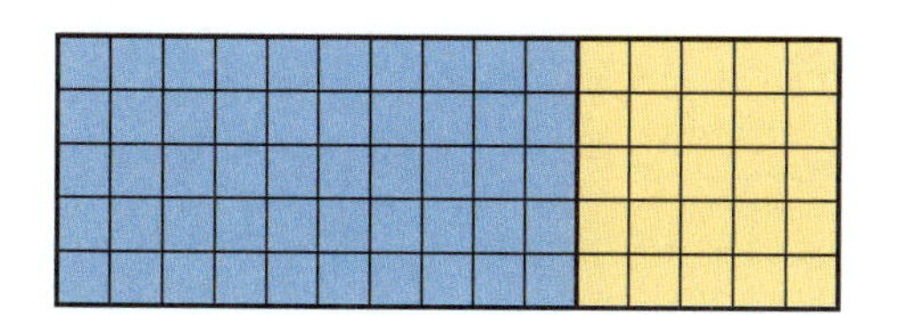

$5 \times 15 =$ ______

b.

$3 \times 10 =$ ______ $3 \times 7 =$ ______

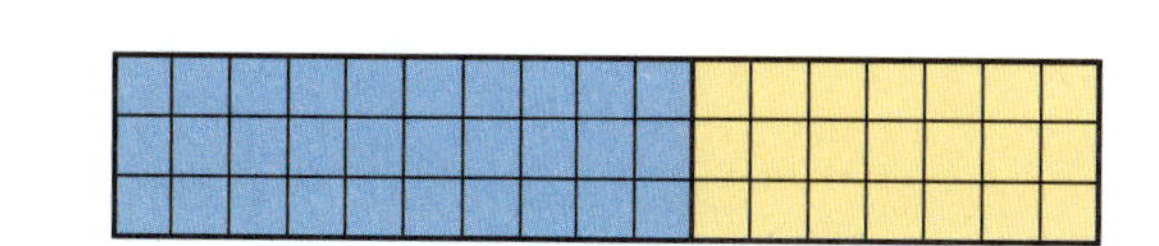

$3 \times 17 =$ ______

11.7 Dinero: Sumando cantidades en centavos (haciendo puente al dólar)

Conoce

¿Piensas que estas dos frutas costarán más de o menos de $1?

¿Cómo calcularías el costo total?

60¢ y 40¢ son 100¢.
Eso es un dólar, y 5¢
y 5¢ hacen otros 10¢.
El total es $1 y 10¢.

Escribe una ecuación para indicar tu razonamiento.

____

Calcula el costo total de cada par de precios.
Luego escribe una ecuación para indicar tu razonamiento.

Precios	Ecuación	Dólares		Centavos
85¢ 70¢	70 + 30 + 55 = 155	$____	y	____¢
60¢ 55¢	______________	$____	y	____¢
75¢ 45¢	______________	$____	y	____¢

Intensifica

1. Colorea monedas para hacer un total de $1.
Luego escribe la cantidad total.

a.

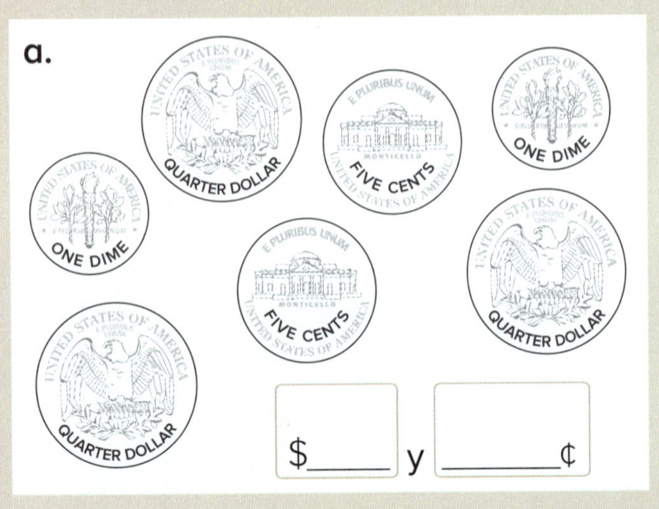

$____ y ____¢

b.

$____ y ____¢

2. Calcula el costo total. Escribe una ecuación para indicar tu razonamiento.

a.

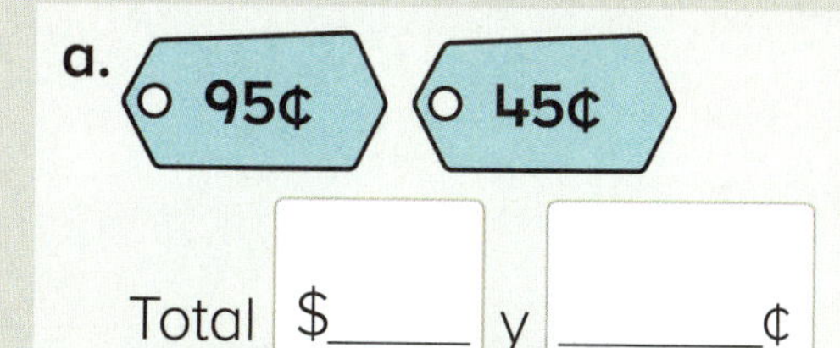

Total $_____ y _______¢

b.

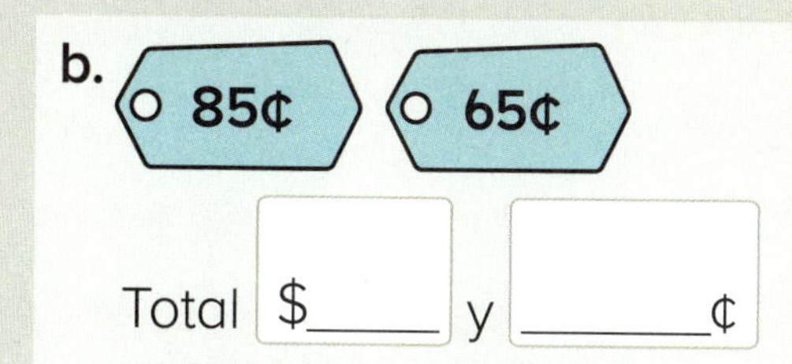

Total $_____ y _______¢

c.

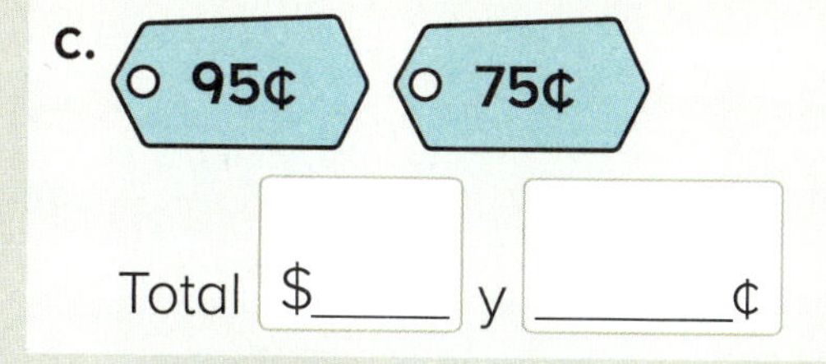

Total $_____ y _______¢

d.

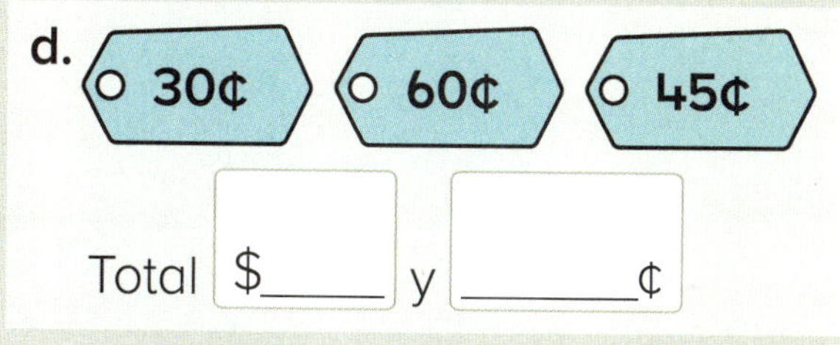

Total $_____ y _______¢

e.

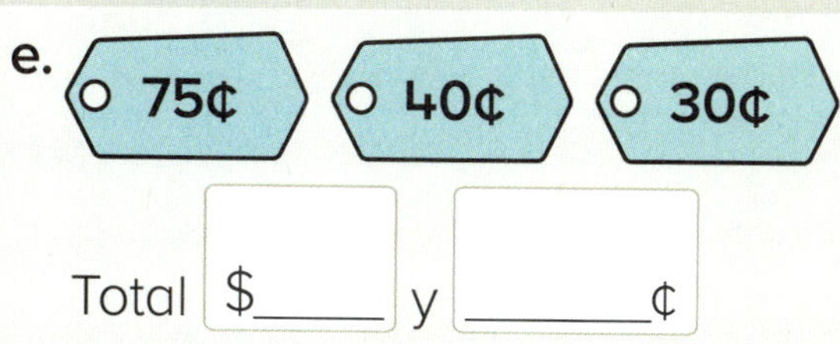

Total $_____ y _______¢

Avanza

Ethan compró tres frutas. Las frutas costaron $1 y 80¢ en total. Él dice que la manzana era más cara que la banana y que la sandía era la más cara.

Escribe un precio posible para cada fruta. Indica tu razonamiento.

11.8 Dinero: Trabajando con dólares y centavos

Conoce

Imagina que tienes estos billetes y monedas. ¿Qué billetes y monedas utilizarías para comprar esta revista?

Yo utilizaría 2 billetes de un dólar y 2 *quarters*. Eso es $2 y 50¢. Debería recibir algo de vuelto.

¿Puedes pagar con la cantidad exacta de dinero?

¿Tienes suficiente dinero para comprar este auto de juguete?

¿Cuánto dinero más necesitas ahorrar?

Intensifica

1. Colorea los billetes y las monedas que utilizarías para pagar el precio exacto. No se te dará vuelto.

2. Dibuja imágenes simples de billetes y monedas para indicar el precio **exacto**.

a.

$7 y 42¢

b.

$3 y 8¢

c.

$16 y 35¢

d.

$3 y 89¢

Avanza

Dibuja billetes y monedas en el monedero como ayuda para resolver este problema.

Harvey tiene un billete de $5, 3 *quarters* y un *penny*. Él quiere comprar un juguete que cuesta $6 y 50¢. ¿Cuánto dinero más necesita ahorrar?

______

Reforzando conceptos y destrezas

Piensa y resuelve

Observa la ecuación.

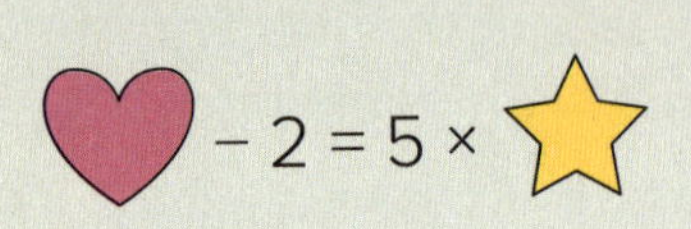

a. Si ⭐ es 6, ¿qué es ? ______

b. Si ⭐ es 7, ¿qué es ? ______

c. ¿Cuáles son otros números para  y ♥ que hacen la ecuación verdadera?

______

______

______

Palabras en acción

Elige y escribe palabras de la lista para completar estos enunciados. Sobran algunas palabras.

nickels
dimes
dos
quarters
dólares
cuatro
cinco
centavos
seis
tres

a. Un dólar tiene el mismo valor que cuatro ______.

b. Cuatro *nickels* tienen el mismo valor que ______ *dimes*.

c. Tres billetes de un dólar, cinco *quarters*, ______ *dimes* y tres ______ equivalen a cinco  ______.

d. Un *quarter* y un *dime* son treinta y cinco ______.

e.  ______ billetes de un dólar, ______ *quarters*, doce *dimes*, y un *nickel* equivalen a ______ dólares.

Mes	Número de películas
Junio	14
Julio	17
Agosto	6
Septiembre	9

Práctica continua

1. Esta tabla indica el número de películas vistas por la familia Martínez durante los meses de verano. Completa el pictograma de abajo para indicar los resultados.

Películas vistas

☐ = 2 películas

Mes										
Junio										
Julio										
Agosto										
Septiembre										

DE 3.6.9

2. Escribe el número que fue expandido.

a. ____________ **(7 × 10,000) + (8 × 1,000) + (2 × 100) + (5 × 10) + (8 × 1)**

b. ____________ **(5 × 10,000) + (1 × 1,000) + (8 × 100) + (3 × 10) + (7 × 1)**

c. ____________ **(3 × 10,000) + (4 × 1,000) + (1 × 100) + (7 × 10) + (6 × 1)**

DE 3.11.3

Prepárate para el módulo 12

Encierra las pirámides.

a.

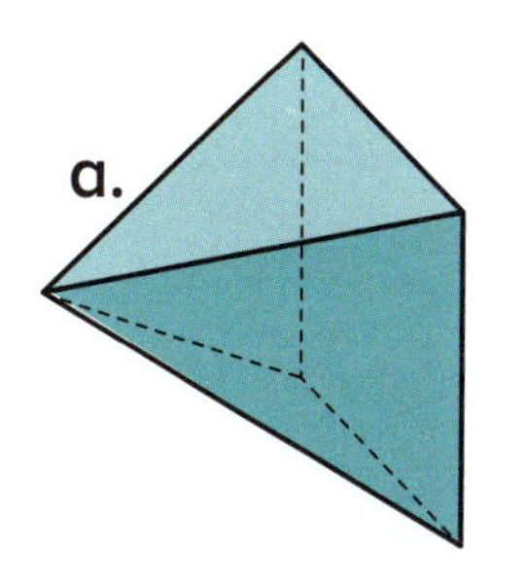

b.

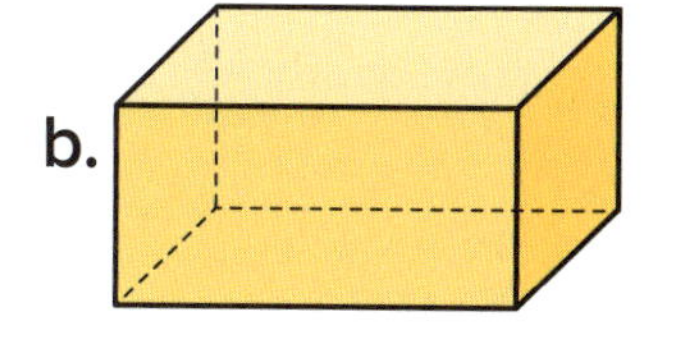

c.

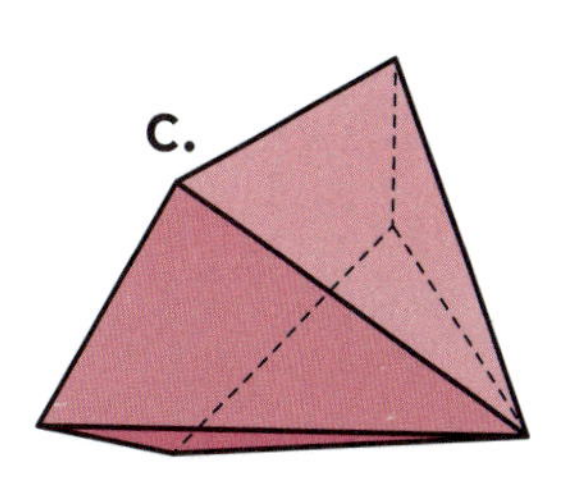

d.

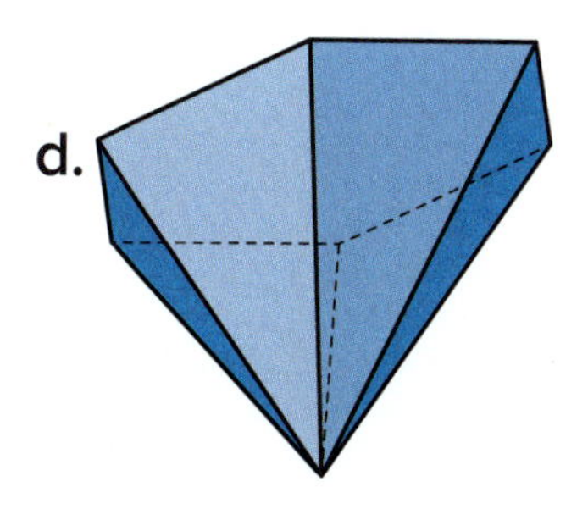

Dinero: Calculando vueltos (centavos)

Conoce

Bianca tiene 2 *quarters* en su billetera. ¿Tiene suficiente dinero para comprar esta estampilla?

¿Cuánto vuelto debería obtener ella?

Callum tiene un billete de un dólar, 2 *quarters* y 1 *dime* en su billetera.

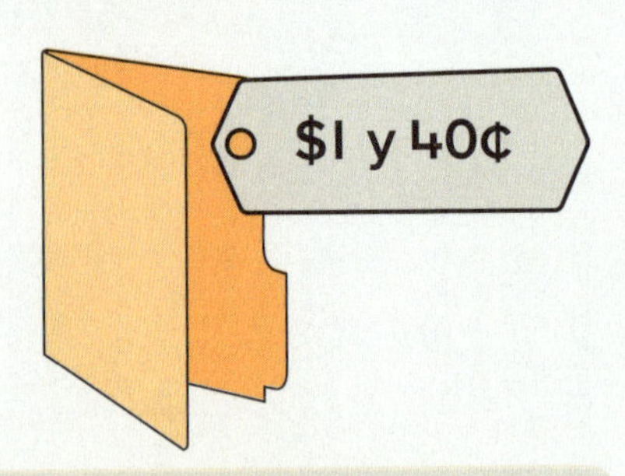

¿Tiene él suficiente dinero para comprar esta carpeta?
¿Cuáles billetes y monedas podría utilizar él?

Callum paga por la carpeta y pone el vuelto en su billetera.
¿Cuánto dinero le queda para gastar?

Intensifica

1. Dibuja las monedas que recibirías de vuelto.

Precio	Cantidad con que pagas	Vuelto que recibes
a. 30¢	UNITED STATES OF AMERICA QUARTER DOLLAR; UNITED STATES OF AMERICA ONE DIME	
b. 40¢	UNITED STATES OF AMERICA QUARTER DOLLAR; UNITED STATES OF AMERICA QUARTER DOLLAR	
c. 65¢	THE UNITED STATES OF AMERICA ONE DOLLAR	
d. 55¢	UNITED STATES OF AMERICA QUARTER DOLLAR; UNITED STATES OF AMERICA QUARTER DOLLAR; UNITED STATES OF AMERICA QUARTER DOLLAR	

2. Colorea los billetes y las monedas que utilizarías para pagar el precio. Luego escribe el vuelto que deberías recibir.

Avanza Resuelve este problema. Indica tu razonamiento dibujando imágenes o escribiendo ecuaciones.

Evan tiene $2 y 45¢ en su billetera.
Él tiene algunos billetes y monedas.
Él compra una soda y le sobran 18¢.

¿Cuánto pagó él por la soda?

____

11.10 Capacidad: Repasando las tazas, las pintas y los cuartos de galón

Conoce

Imagina que solo tienes una medida de media taza.

¿Cómo medirías todos los ingredientes que utilizan tazas en esta receta?

¿Qué harías si solo tuvieras una medida de **una taza**?

***Muffins* de limón y nueces**

5 tazas de harina
2 tazas de azúcar
2 tazas y media de leche
2 huevos
2 barras de mantequilla
1 taza de jugo de limón
Media taza de nueces picadas

Intensifica

1. Tu profesor te dará algunos recipientes para medir. Estima la capacidad de cada recipiente primero. Luego utiliza los recipientes de medida para encontrar la capacidad exacta.

a. Recipiente	Mi estimado (tazas)	Capacidad real (tazas)
A		
B		
C		
D		

b. Recipiente	Mi estimado (pintas)	Capacidad real (pintas)
A		
B		
C		
D		

Estima la capacidad de cada recipiente primero. Luego utiliza los recipientes de medida para encontrar la capacidad exacta.

c. Recipiente	Mi estimado (cuartos)	Capacidad real (cuartos)
A		
B		
C		
D		

2. a. ¿Cuántas tazas contiene el recipiente C? ____

b. ¿Cuántas pintas contiene el recipiente C? ____

c. ¿Cuántos cuartos contiene el recipiente C? ____

d. ¿Qué notas en el número de tazas, pintas y cuartos en el recipiente C?

____

____

____

____

____

Avanza

Escribe los números para completar esta tabla.

Cuartos	1	2	3	6			33
Pintas	2	4			16	48	

Reforzando conceptos y destrezas

Práctica de cálculo

¿Por qué salieron del restaurante quince personas a las nueve en punto?

★ Completa las ecuaciones. Escribe la letra arriba de la respuesta correspondiente en la parte inferior de la página. Algunas letras se repiten.

170 + 29 = ____	b	252 − 47 = ____	t	333 − 79 = ____	c
380 − 27 = ____	s	38 + 361 = ____	o	135 + 37 = ____	e
56 + 124 = ____	d	207 + 48 = ____	n	453 − 427 = ____	h
268 − 239 = ____	r	140 − 65 = ____	i	65 + 129 = ____	í
243 + 49 = ____	m	71 + 309 = ____	a		

205 399 180 399 353 26 380 199 194 380 255

205 172 29 292 75 255 380 180 399

180 172 254 399 292 172 29

Práctica continua

Actividad	Número de votos
Televisión	10
Tarea escolar	5
Lectura	19
Deportes	16

1. Esta tabla indica las actividades favoritas después de la escuela de los estudiantes de 3.er grado. Completa la gráfica de barras para indicar los resultados.

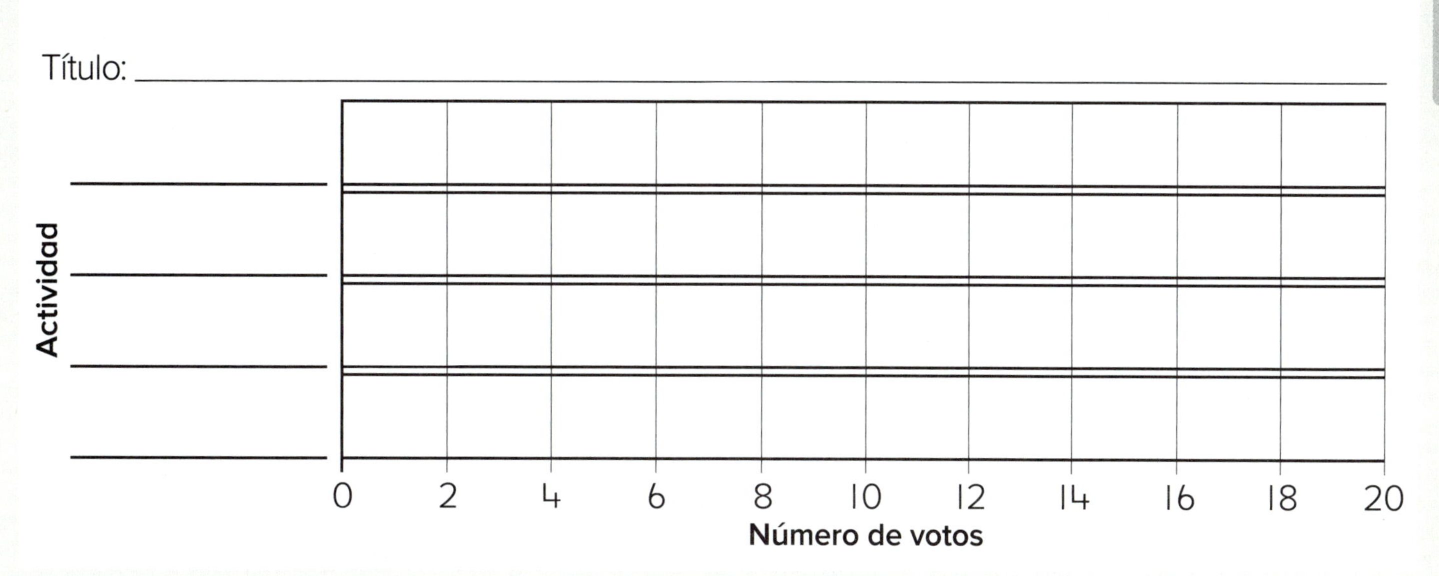

DE 3.6.10

2. Escribe estos números de **menor** a **mayor**.

19,418 14,819 19,481 14,891 14,198 19,184

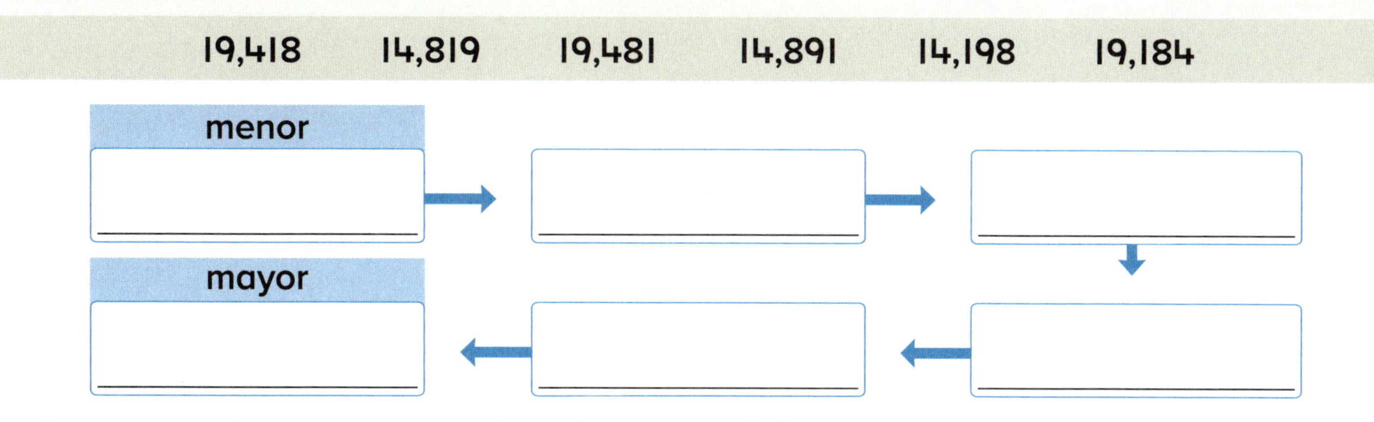

DE 3.11.4

Prepárate para el módulo 12

Completa esta tabla.

Objeto	Vértices	Aristas rectas	Aristas curvas	Caras planas	Superficies curvas
a.					
b.					

Capacidad: Introduciendo los galones como medida

Conoce

¿Qué sabes acerca de las tazas, pintas y cuartos?

Las tazas, pintas y cuartos son unidades de volumen líquido o capacidad. Pueden ser utilizados para medir cuánto puede contener un recipiente.

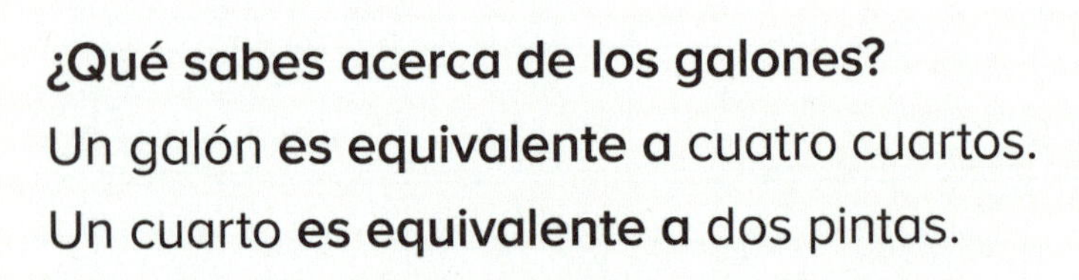

¿Qué sabes acerca de los galones?

Un galón **es equivalente a** cuatro cuartos.

Un cuarto **es equivalente a** dos pintas.

Una pinta **es equivalente a** dos tazas.

¿Cómo puedes calcular el número de tazas en un galón?

> Hay una manera corta de escribir estas unidades de volumen líquido o capacidad.
>
> - **gal**ón se escribe **gal**
> - cuarto (*quart*) se escribe **qt**
> - **pint**a se escribe **pt**

Intensifica

1. Escribe **menos de**, **cerca de** o **más de** para describir cuánto piensas que contiene cada recipiente cuando se compara con un galón.

Contiene **exactamente** 1 galón

a. Contiene ____________ 1 galón

b. Contiene ____________ 1 galón

c. Contiene ____________ 1 galón

d. Contiene ____________ 1 galón

e. Contiene ____________ 1 galón

2. Escribe **menos de, cerca de** o **más de** para describir la cantidad de agua que contiene cada recipiente.

a. 16 pintas	Contiene ______ 1 galón	b. 2 cuartos	Contiene ______ 1 galón
c. 17 tazas	Contiene ______ 1 galón	d. 7 pintas	Contiene ______ 1 galón

3. Cada recipiente tiene capacidad para un galón. Escribe el número de tazas, pintas o cuartos que agregarías para llenar el recipiente.

a.

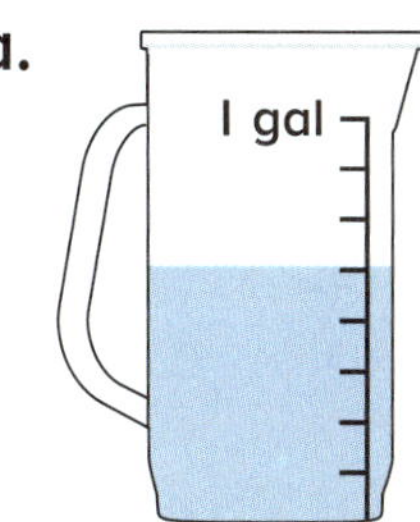

☐ pintas más hacen 1 galón

b.

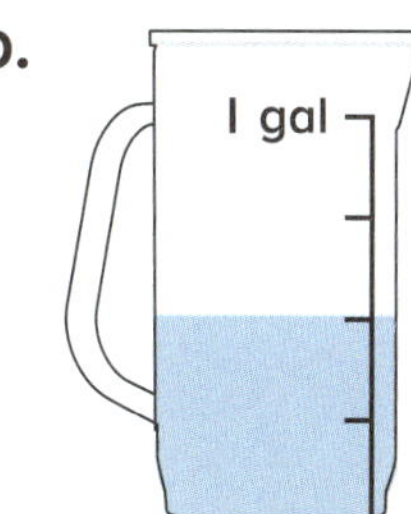

☐ cuartos más hacen 1 galón

Avanza Utiliza la información en la página 426 para resolver este problema.

El recipiente de Lifen contiene 2 cuartos, el recipiente de Henry contiene 7 tazas, el de Anya contiene 5 pintas. ¿Cuál recipiente contiene más?

______

Indica tu razonamiento abajo.

11.12 Capacidad: Resolviendo problemas verbales

Conoce

¿Cómo podrías calcular cuál recipiente contiene más?

¿Qué atributo estás tratando de medir?

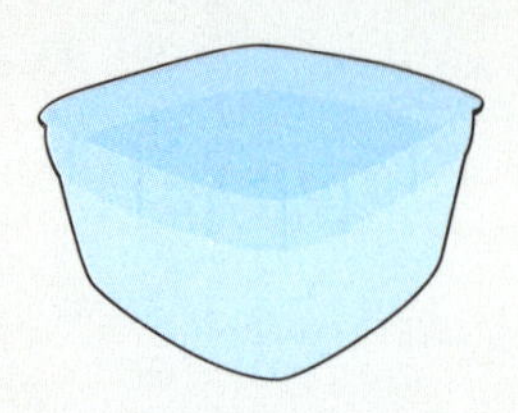   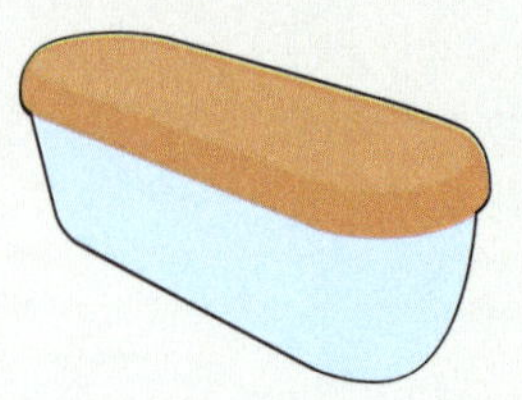

¿Cómo podrías calcular cuál bolsa de compras es la más pesada?
¿Qué atributo estás tratando de medir?

 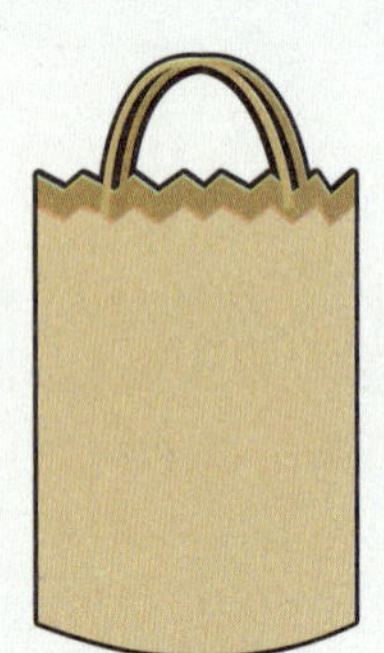  

¿Cuáles son algunas situaciones en las que es importante conocer la longitud de un objeto?

Intensifica

1. Lee cada problema. Luego colorea la tarjeta que indica el atributo de medida que investigarías para resolver cada problema.

a. Anna quiere guardar lo que sobró de sopa en un recipiente. Ella quiere saber qué tamaño de recipiente elegir.

capacidad | masa | longitud

b. La carga máxima que un elevador puede llevar es 800 kg. 12 personas quieren entrar al elevador. ¿Llevará esa carga el elevador?

capacidad | masa | longitud

c. Se bombean 200 galones de agua por minuto a una piscina. ¿Cuánto tiempo tomará llenar la piscina con agua?

capacidad | masa | longitud

d. Hernando quiere cercar su propiedad. ¿Cómo puede él calcular el número de paneles para cerca necesita comprar?

capacidad | masa | longitud

2. Resuelve cada problema. Indica tu razonamiento.

a. Chloe necesita 6 tazas de harina y 2 tazas de coco. Ella solo tiene una medida de media taza. ¿Cuántas medias tazas de harina necesita verter ella en el tazón?

______ medias tazas

b. La administradora de una tienda nota que 3 cajas de helado no se pueden vender. Cada caja contiene 24 pintas de helado. ¿Cuántas pintas de helado se deben tirar?

______ pt

c. Marvin vierte agua de una botella de 1 galón en botellas más pequeñas. Él se da cuenta que cada botella de 1 galón llena cerca de seis botellas pequeñas. Él tiene que llenar 20 botellas pequeñas. ¿Cuántas botellas de 1 galón deberá comprar él?

______ botellas

d. Peter va a hacer 4 tazones de ponche de frutas para una fiesta. Él necesita 2 qt de limonada, 1 qt de jugo de manzana y $\frac{1}{2}$ qt de jugo de naranja para hacer un tazón. ¿Cuántos cuartos de jugo de naranja deberá comprar él?

______ qt

Avanza

Utiliza la relación entre tazas, pintas, cuartos de galón y galones para resolver este problema.

Se vierte un sobrante de jugo en un recipiente de 1 galón. Ahora el recipiente de 1 galón tiene $\frac{3}{4}$ de jugo.

¿Cuántas tazas de jugo se vertieron en el recipiente de 1 galón?

______ tazas

Reforzando conceptos y destrezas

Piensa y resuelve

Lee las pistas. Escribe la letra correspondiente junto a cada tipo de *muffin*.

Pistas

- Se vendió el doble de *muffins* de nueces que de manzana.
- Se vendieron 15 *muffins* de manzana. Se vendieron 27 *muffins* de chocolate más que de bayas.

***Muffins* vendidos** — ● significa 6 *muffins*

A	●	●	◐						
B	●	●	●	●	●				
C	●	●	●	●	●	●	●	●	●
D	●	●	●	●	◐				

Nuez ____ Manzana ____ Bayas ____ Chocolate ____

Espacio de trabajo

Escribe la respuesta para cada pista en la cuadrícula. Utiliza las palabras en **inglés** de la lista. Sobran algunas palabras.

Pistas horizontales

2. Dos pintas es la misma cantidad que cuatro ___.

5. Hay dieciséis pintas en dos ___.

7. Treinta y una tazas es ___ de dos galones.

Pistas verticales

1. Cuatro tazas es la misma cantidad que un(a) ___.

3. Un(a) ___ es más que una taza.

4. La manera corta de escribir galón es ___.

6. Una pinta es ___ que un galón.

pint *pinta*
about *cerca*
less *menos*
more *más*
gallons *galones*
cups *tazas*
quart *cuarto*
gal

1 2 3 5 6 4 7

Práctica continua

1. Estas gráficas de puntos indican las distancias corridas por un atleta cada día durante su entrenamiento.

Distancia corrida en abril

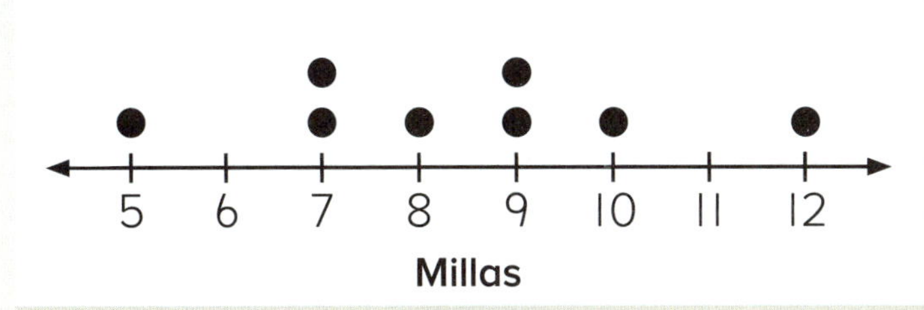

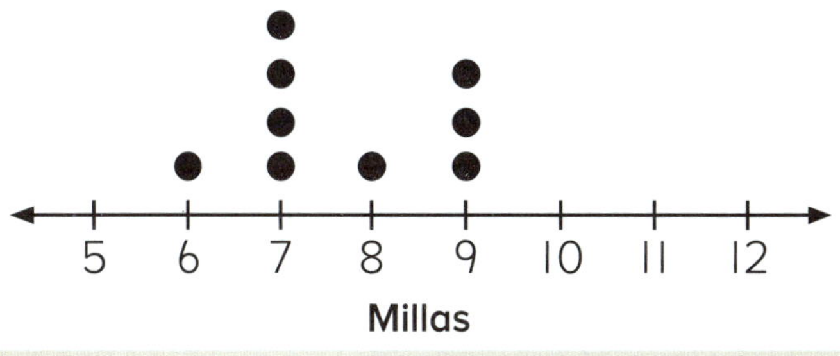

a. ¿En cuál mes el atleta entrenó el mayor número de días? ________

b. ¿En cuál mes corrió la carrera más larga? ________

c. ¿Cuál es la diferencia entre las distancias totales corridas en abril y mayo? ________ millas

2. Redondea cada población a la **centena** más cercana. Utiliza la recta numérica como ayuda en tu razonamiento.

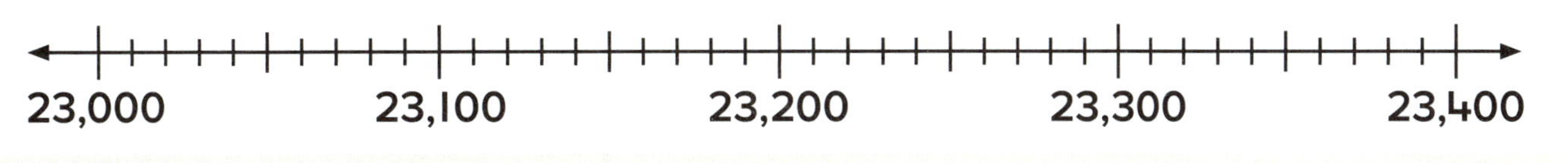

a. Población 23,156 ________

b. Población 23,308 ________

c. Población 23,279 ________

Prepárate para el módulo 12

Dibuja un rectángulo en la cuadrícula que corresponda a la descripción. Luego multiplica para calcular el área.

a. 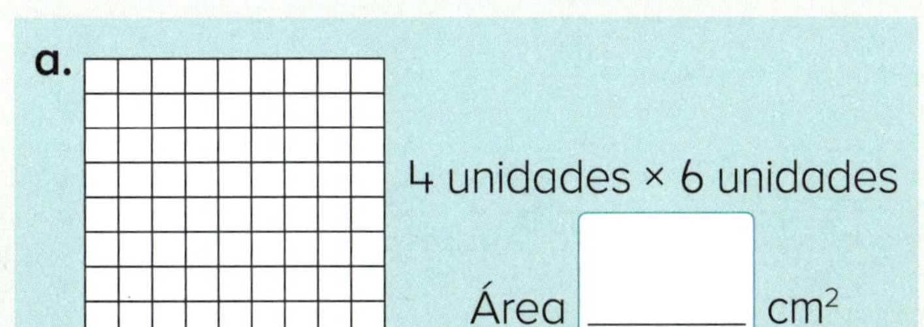

4 unidades × 6 unidades

Área ________ cm^2

b. 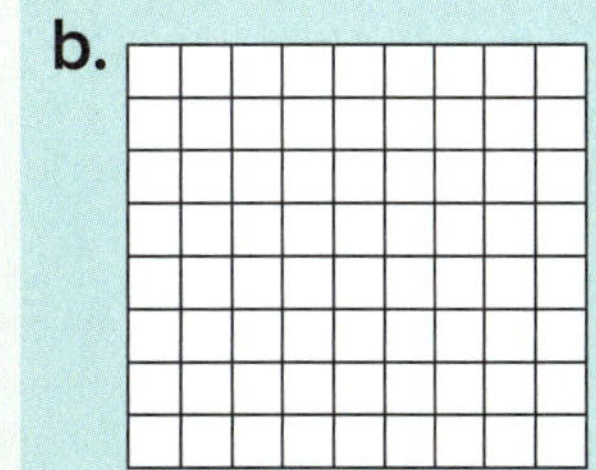

5 unidades × 7 unidades

Área ________ cm^2

Espacio de trabajo

División: Números de dos dígitos

Conoce

Cuatro amigos se reparten el costo de este regalo.

¿Tienen ellos que pagar más de o menos de $10 cada uno? ¿Cómo lo sabes?

¿Cómo podrías calcular la cantidad que cada uno de ellos debe pagar?

Eva dibuja esta imagen.

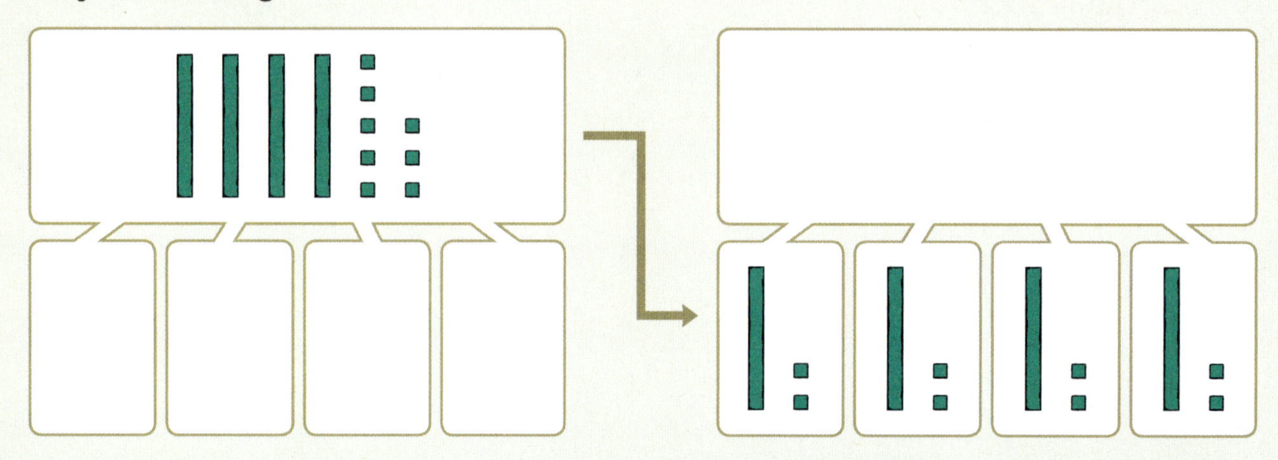

¿Cómo calcula ella la cantidad que cada persona debe pagar?

Ella indica el costo total con bloques. Luego ella reparte los bloques entre 4 amigos.

Intensifica

1. Dibuja bloques en las partes más pequeñas para indicar cada repartición. Luego completa la ecuación.

$69 \div 3 =$ ____

2. Dibuja bloques en la parte grande para indicar el número que se está repartiendo. Luego dibuja bloques en las partes pequeñas para indicar el número en cada repartición. Completa la ecuación.

a. $48 \div 2 =$ ____

b. $39 \div 3 =$ ____

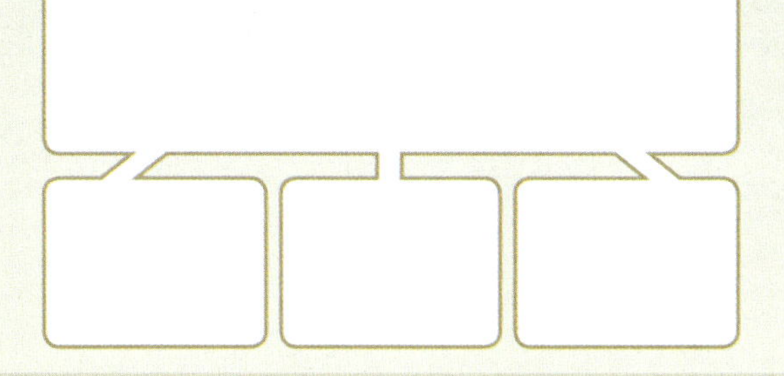

c. $84 \div 4 =$ ____

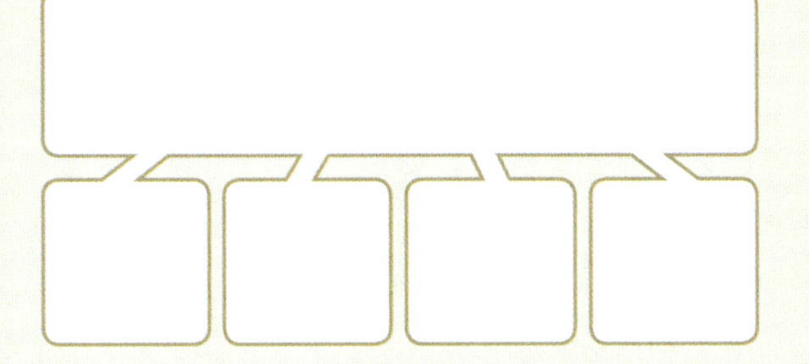

d. $86 \div 2 =$ ____

e. $93 \div 3 =$ ____

f. $44 \div 4 =$ ____

Avanza

Un grupo de amigos se repartieron el costo de un regalo. Cada persona pagó $23. ¿Cuántos amigos podría haber habido en cada grupo? ¿Cuál fue el costo total?

Había ____ amigos. El costo total fue $____.

División: Números de dos dígitos (con reagrupación)

Conoce

Cuesta $42 alquilar una canoa por 3 horas.

¿Cuánto crees que costará alquilar una canoa por una hora?

¿Crees que costará más de o menos de $20?
¿Cómo lo decidiste?

Brady dibuja esta imagen para calcularlo.

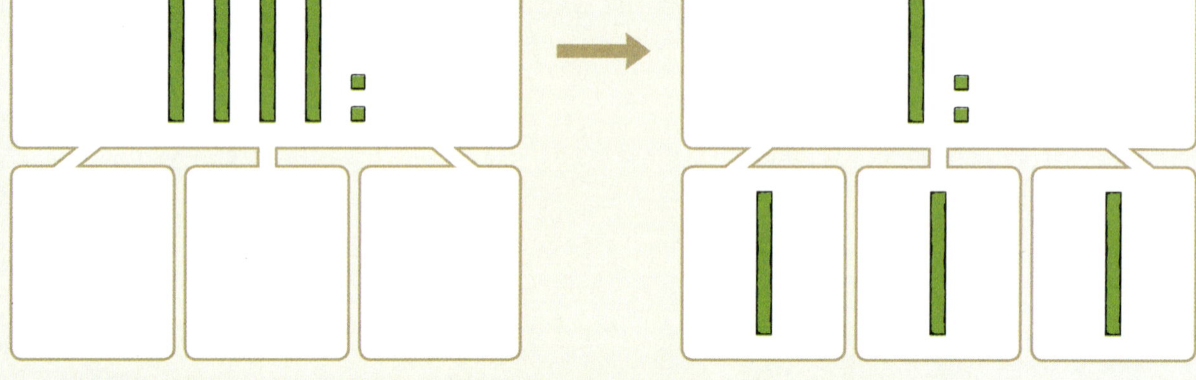

¿Cómo puede él repartir los bloques que sobran?

Él puede reagrupar los bloques. 1 bloque de decenas se puede intercambiar por 10 bloques de unidades. Eso hace 12 unidades. Es fácil repartir 12 entre 3.

¿Cuánto cuesta alquilar una canoa por una hora?

Intensifica

1. Dibuja una cantidad diferente de bloques de decenas y unidades que puedan ser utilizados para calcular 56 repartidos entre 4.

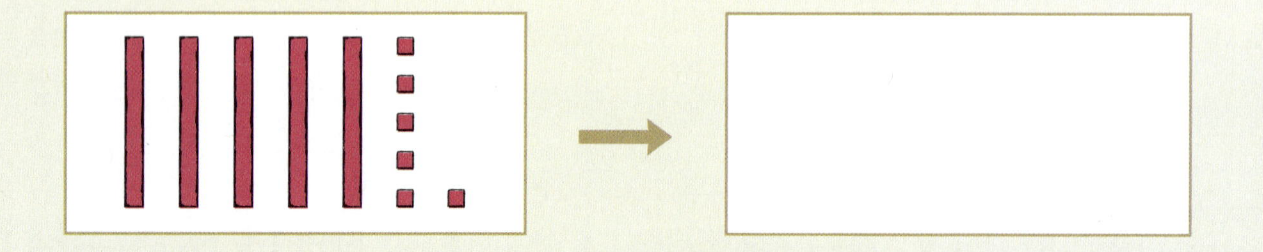

2. En cada imagen se ha descompuesto 1 bloque de decenas en 10 bloques de unidades. Dibuja bloques en las partes pequeñas para indicar cada repartición. Luego completa la ecuación.

a. 52 ÷ 4 = ____

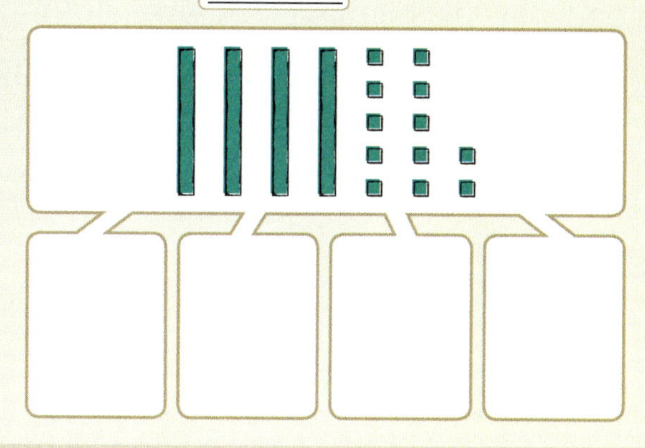

b. 48 ÷ 3 = ____

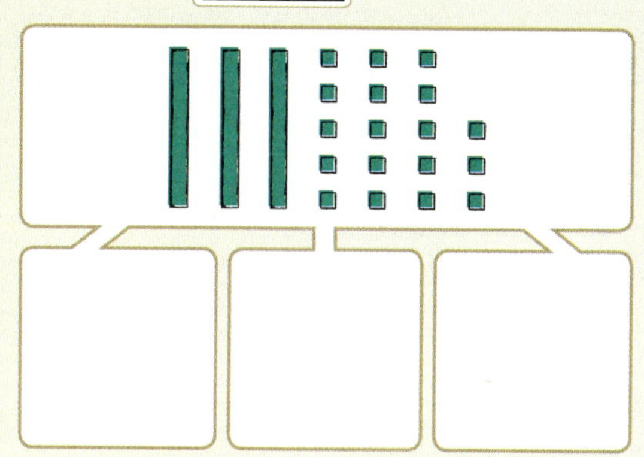

c. 74 ÷ 2 = ____

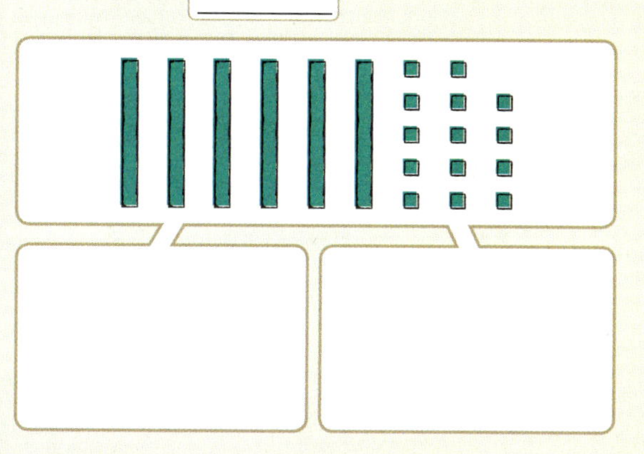

d. 92 ÷ 4 = ____

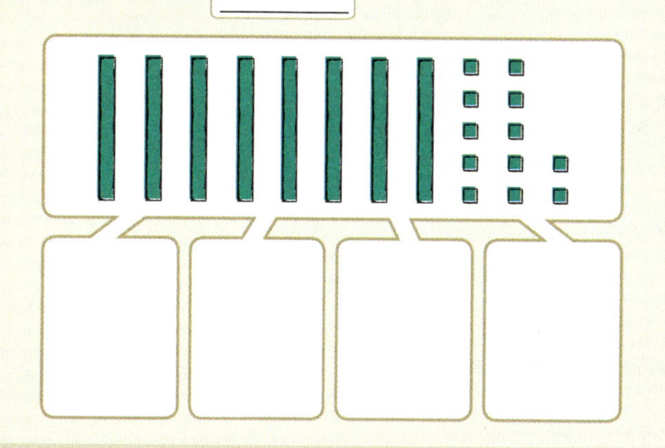

3. Completa cada ecuación. Utiliza bloques o dibuja imágenes en la página 470.

a. 65 ÷ 5 = ____

b. 56 ÷ 2 = ____

c. 84 ÷ 6 = ____

d. 51 ÷ 3 = ____

Avanza

Cuatro amigos planean repartirse el costo de un regalo. Cada uno pagará $21. Luego tres amigos más se les unen para repartirse el costo del regalo. ¿Cuánto pagará cada amigo ahora? Indica tu razonamiento.

$____

Práctica de cálculo

★ Completa las ecuaciones. Luego escribe cada letra arriba del producto correspondiente en la parte inferior de la página para revelar un dato gracioso acerca del mundo natural. Algunas letras se repiten.

$7 \times 7 =$ ____	a	$3 \times 6 =$ ____	s	$8 \times 6 =$ ____	u
$8 \times 8 =$ ____	n	$4 \times 4 =$ ____	r	$5 \times 4 =$ ____	ú
$7 \times 3 =$ ____	e	$7 \times 6 =$ ____	t	$9 \times 8 =$ ____	l
$4 \times 6 =$ ____	y	$8 \times 1 =$ ____	c	$0 \times 7 =$ ____	i
$2 \times 7 =$ ____	o	$9 \times 9 =$ ____	g	$6 \times 6 =$ ____	m
$9 \times 3 =$ ____	h				

Práctica continua

1. Dibuja billetes y monedas que correspondan a la cantidad de abajo.

$ ¢

tres dólares y cuarenta y cinco centavos

DE 3.11.8

2. Dibuja bloques en la parte grande para indicar el número que se está repartiendo. Luego dibuja bloques en las partes pequeñas para indicar el número en cada repartición. Completa la ecuación.

a.
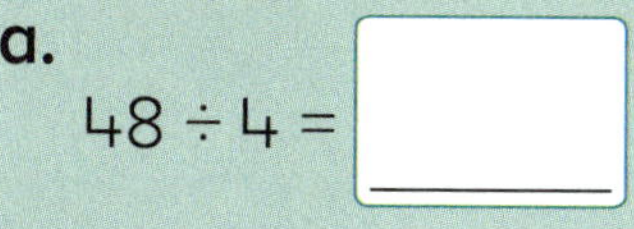

$48 \div 4 =$ ____

b. $69 \div 3 =$ ____

DE 3.12.1

Prepárate para el próximo año

Dibuja cuentas en cada ábaco para representar el número.

a.
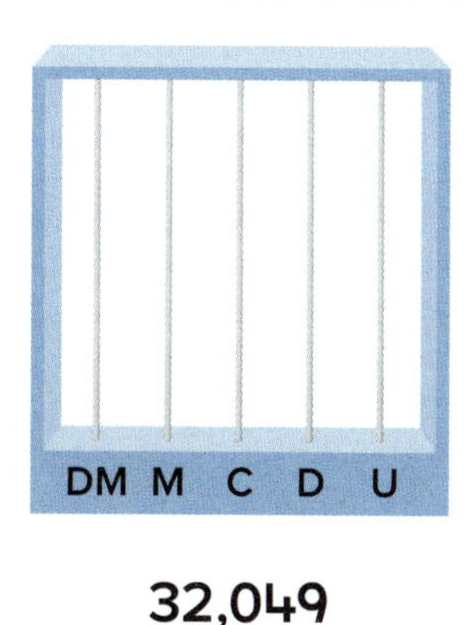

32,049

b.

53,901

c.
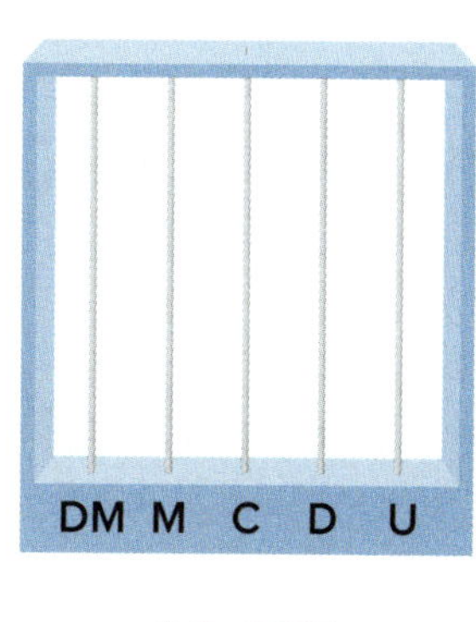

20,375

12.3 División: Pensando en multiplicación para dividir números de dos dígitos

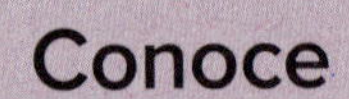

Conoce

Lulu va a decorar el gimnasio para el baile. Ella decide poner 3 globos en cada manojo. Hay 45 globos en total.

¿Cuántos manojos de globos puede hacer ella?

Kyle inicia dibujando imágenes y utilizando el conteo salteado como ayuda para calcularlo.

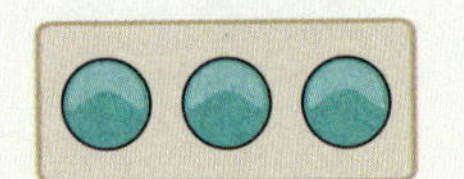
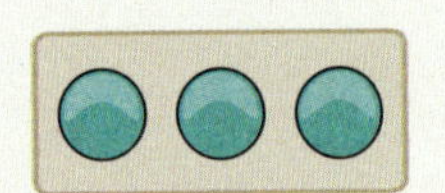
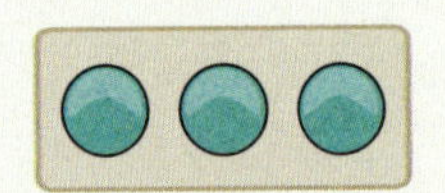
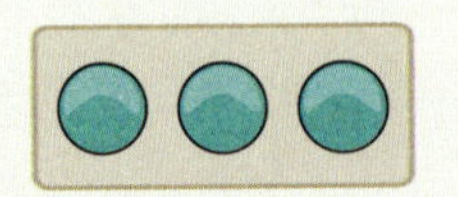
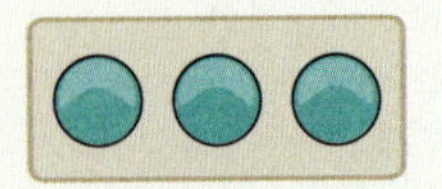

3 **6** **9** **12** **15**

¿Qué otros números dirá él?

¿Cómo le ayuda la imagen a calcular el número de manojos?

Carol trata utilizando lo que ella sabe acerca de descomposición de números y de multiplicación.

Si 3×10 son 30, entonces sé que habrá al menos 10 manojos de globos.

Ahora necesito calcular cuántos manojos de globos más habrá.

Intensifica

1. Cuenta de 4 en 4 para completar la ecuación. Dibuja imágenes para indicar tu razonamiento. $52 \div 4 =$ ____

2. Completa cada ecuación. Indica tu razonamiento.

a. 36 ÷ 3 = ____

b. 75 ÷ 5 = ____

c. 60 ÷ 4 = ____

d. 51 ÷ 3 = ____

Avanza Resuelve el problema. Indica tu razonamiento.

El tercer grado va a ir a una excursión. El profesor dice que caben 5 estudiantes en cada tienda de campaña. Van a ir 67 estudiantes. 10 estudiantes no podrán asistir. ¿Cuántas tiendas campaña se necesitarán para los estudiantes?

____ tiendas de campaña

División: Haciendo estimaciones

Conoce

4 amigos se reparten el costo de esta comida.

PIZZERÍA TONI

4 comidas más bebidas

Total $68

¿Cómo podrías estimar la cantidad de dinero que cada persona debería pagar?

¿Piensas que la cantidad debería ser más de o menos de $10? ...¿de $20? ¿Cómo hiciste el estimado?

4 × **10** = 40. $10 cada uno no es suficiente.
4 × **20** = 80. $20 cada uno es demasiado.

Entonces, la cantidad debe estar entre **$10** y **$20**.

A un grupo de 3 amigos les cuesta $72 comer en un restaurante diferente. Ellos deciden repartirse el costo.

¿Cerca de cuánto debería pagar cada uno de ellos?

¿Crees que la cantidad será más de o menos de $20? ¿Cómo lo sabes?

Intensifica

1. Lee el problema de división. Luego completa cada ecuación de multiplicación como ayuda para hacer un estimado.

a. 54 ÷ 3	b. 78 ÷ 6	c. 80 ÷ 5
3 × **10** = ____	6 × **10** = ____	5 × **10** = ____
3 × **20** = ____	6 × **20** = ____	5 × **20** = ____
Estimado ____	Estimado ____	Estimado 

2. Lee el problema. Luego escribe tu estimado. Indica tu razonamiento.

a. 3 amigos se reparten el costo de un taxi. La tarifa es $57. ¿Cerca de cuánto debería pagar cada persona?

$______

b. José tiene 72 yardas de alambre. Él corta el alambre en 4 trozos de casi la misma longitud. ¿Cerca de qué tan largo es cada trozo?

______ yardas

c. Un granjero recoge 70 huevos. Él coloca los huevos en cartones. Cada cartón puede contener 6 huevos. ¿Cerca de cuántos cartones necesita?

______ cartones

d. Terek habló por teléfono por cerca de 45 minutos. Él hizo 3 llamadas. Cada llamada fue de casi la misma duración. ¿Cerca de cuánto duró cada llamada?

______ minutos

3. Estima cada cociente. Encierra la tarjeta si el cociente es mayor que 20.

$63 \div 3$ | $96 \div 6$ | $64 \div 4$ | $92 \div 4$ | $87 \div 3$

Avanza Encierra las sillas que crees son la mejor compra. Luego escribe cómo lo decidiste.

____

____

____

____

____

Tienda A
3 sillas por $60

Tienda B
5 sillas por $80

Reforzando conceptos y destrezas

Piensa y resuelve

Los números en los círculos son la suma de las filas y las columnas. Escribe los números que faltan dentro de cada figura. Luego completa las ecuaciones.

Por ejemplo, ⬢ + ■ + ⬢ = Y.

X = ______ Y = ______

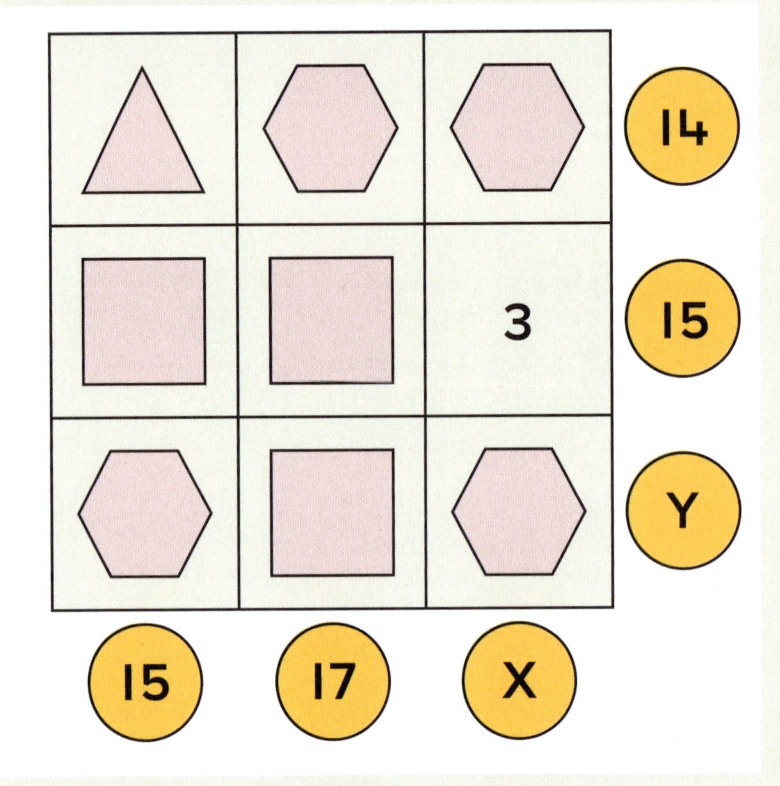

Palabras en acción

Imagina que tu amigo estuvo ausente cuando aprendiste acerca de dividir números de dos dígitos. Escribe cómo le explicarías la estrategia de pensar en multiplicación para calcular 72 ÷ 6.

Práctica continua

1. Colorea los billetes y las monedas que utilizarías para pagar cada precio. Luego escribe el vuelto que deberías recibir.

a.

Vuelto ______

b.

Vuelto ______

DE 3.11.9

2. Completa cada ecuación. Indica tu razonamiento.

a. $84 \div 4 =$ ______

b. $85 \div 5 =$ ______

DE 3.12.3

Prepárate para el próximo año

Escribe cada número de forma expandida.

a. 72,095 ______

b. 21,408 ______

c. 50,954 ______

División: Reforzando la estrategia de pensar en multiplicación

Conoce

Se han donado 92 computadoras portátiles a un distrito escolar. Las computadoras se reparten equitativamente entre 4 escuelas.

¿Cómo podrías estimar el número de computadoras que debería recibir cada escuela?

¿Piensas que el número debería ser más de o menos de 10?... ¿de 20? ¿Cómo lo decidiste?

4 × **10** = 40. 10 computadoras es muy poco.
4 × **20** = 80. 20 computadoras está cerca.
4 × **30** = 120. 30 computadoras es mucho.

Britney sabe que si se donaran 80 computadoras portátiles, entonces cada escuela recibiría 20 computadoras.

Más de 80 computadoras portátiles fueron donadas, entonces ella decide contar de 4 en 4 desde 80. Ella se detiene en 92.

¿Cómo le ayuda esto a ella a calcular la respuesta?

¿Cuántas computadoras portátiles son donadas a cada escuela?

Intensifica

1. Lee el problema de división. Luego completa cada ecuación de multiplicación como ayuda para hacer un estimado.

a. 81 ÷ 3	**b.** 52 ÷ 4	**c.** 99 ÷ 3
3 × **10** = ____	4 × **10** = ____	3 × **10** = ____
3 × **20** = ____	4 × **20** = ____	3 × **20** = ____
3 × **30** = ____	4 × **30** = ____	3 × **30** = ____
Estimado 	Estimado 	Estimado ____

2. Completa cada ecuación. Indica tu razonamiento.

a. $63 \div 3 =$ ____

b. $90 \div 5 =$ ____

c. $96 \div 4 =$ ____

3. Resuelve cada problema. Indica tu razonamiento.

a. Se vendieron 75 boletos en 5 días. Cada día se vende el mismo número de boletos. ¿Cuántos boletos se vendieron el tercer día?

____ boletos

b. Se colocan 78 paletas en una bandeja. Cada estudiante toma 3 paletas. No sobra ninguna. ¿Cuántos estudiantes hay en la clase?

____ estudiantes

Avanza

Escribe un problema verbal que corresponda a esta ecuación.

$68 \div 4 = 17$

Ángulos: Comparando ángulos utilizando unidades no estándares

Conoce

Observa el tamaño de la abertura entre los dos lados coloreados de la figura de la izquierda abajo.

Compáralo con el tamaño de la abertura entre los dos lados coloreados de la **figura de la derecha** abajo.

¿Cuál par de lados tiene la abertura de mayor tamaño entre ellos?
¿Cómo podrías comprobarlo?

Intensifica

1. Colorea de verde los ángulos que correspondan al ángulo de un bloque de patrón verde.
   Colorea de anaranjado los ángulos que correspondan al ángulo de un bloque de patrón anaranjado.
   Colorea de amarillo los ángulos que correspondan al ángulo de un bloque de patrón amarillo.

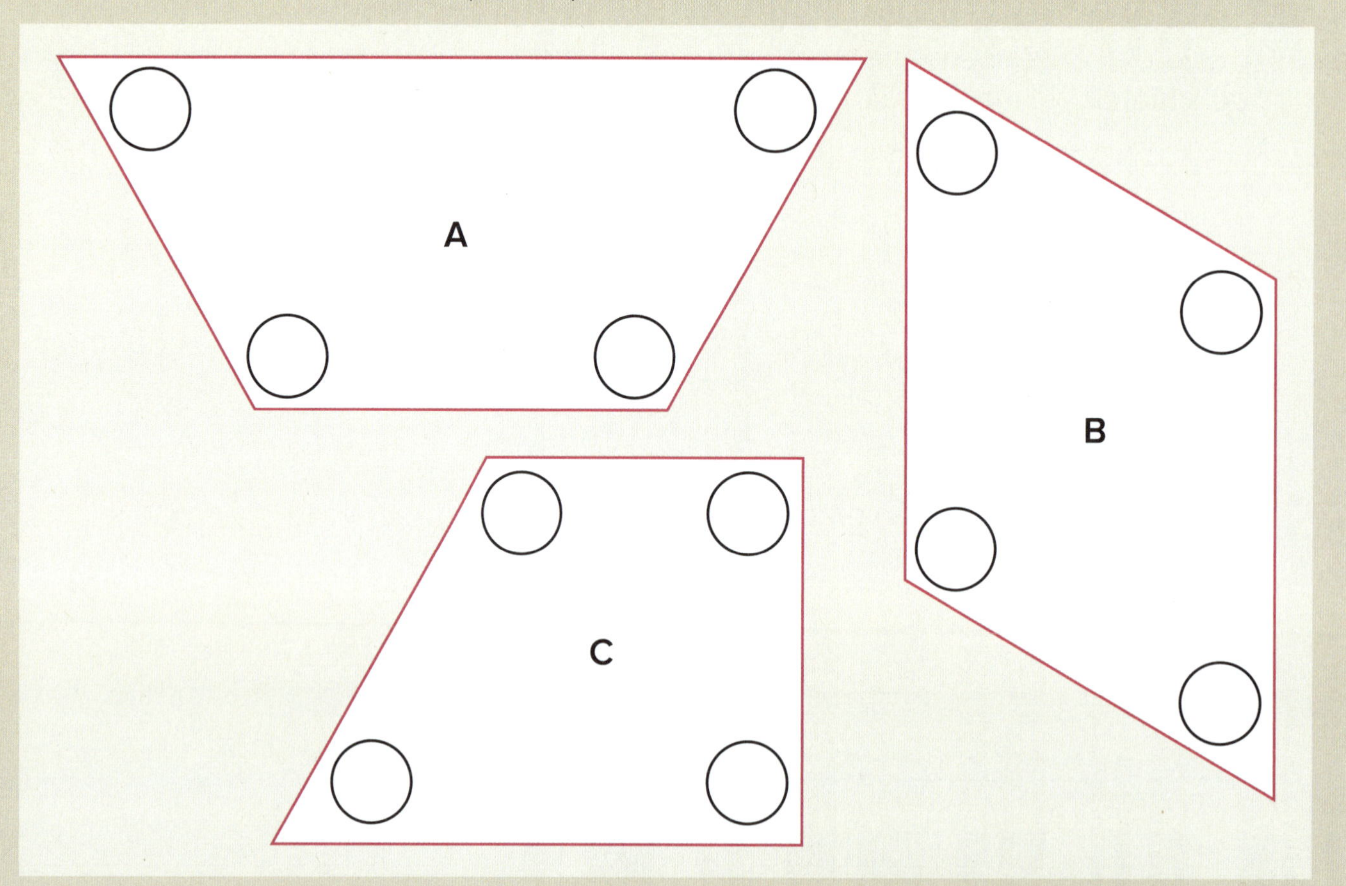

2. Colorea de verde los ángulos que correspondan al ángulo de un bloque de patrón verde.
Colorea de anaranjado los ángulos que correspondan al ángulo de un bloque de patrón anaranjado.
Colorea de amarillo los ángulos que correspondan al ángulo de un bloque de patrón amarillo.

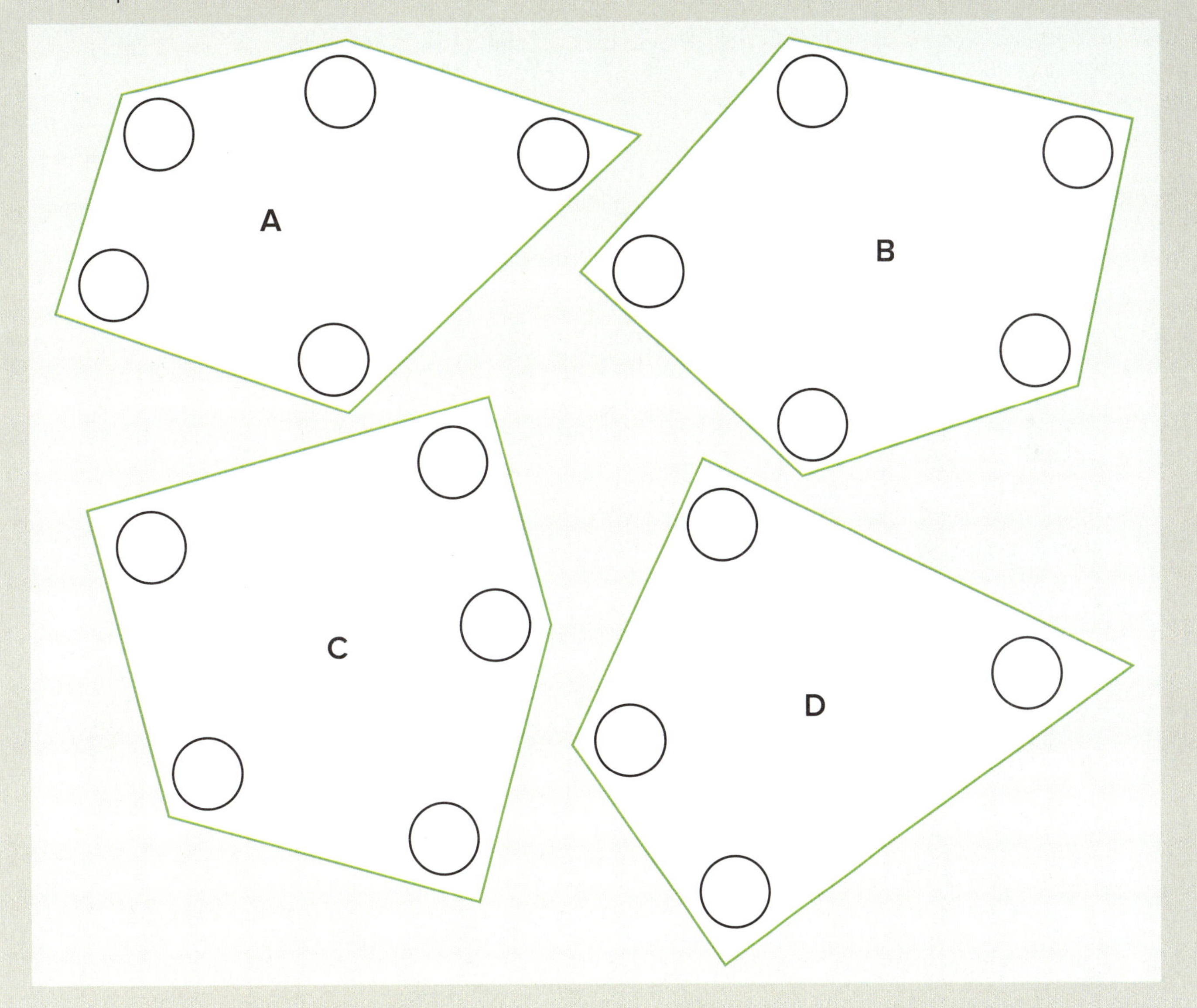

Avanza Dibuja un hexágono con un ángulo en el que quepa el ángulo de un bloque de patrón anaranjado.

12.6 Reforzando conceptos y destrezas

Práctica de cálculo

★ Estas cajas necesitan ser clasificadas en las furgonetas correctas. Calcula y escribe cada cociente. Luego colorea cada caja de manera que corresponda a la furgoneta con el mismo cociente.

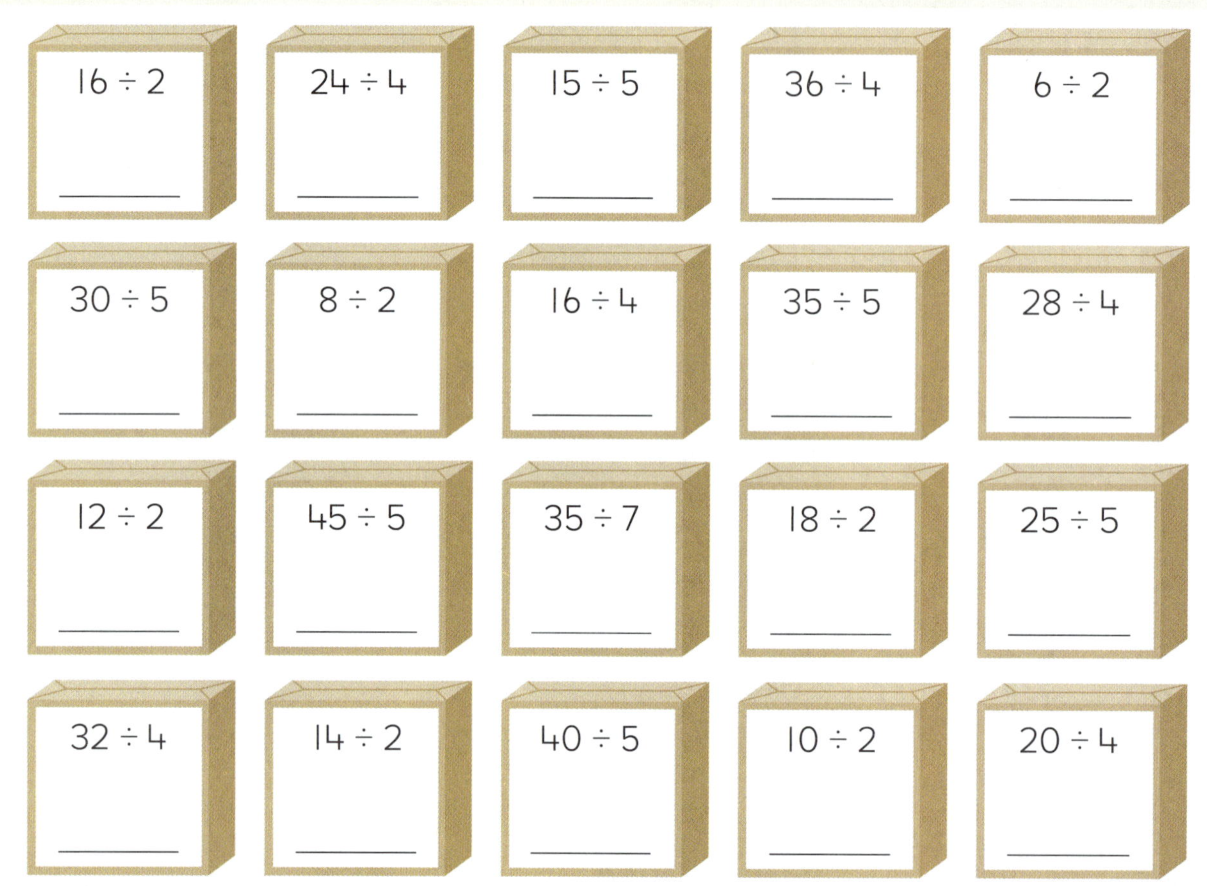

¿Cuál ciudad recibirá más cajas? ____________________

DETROIT 7

DENVER 9

LAS VEGAS 6

SEATTLE 3

ATLANTA 8

PORTLAND 5

EL PASO 4

Práctica continua

1. Escribe metros o centímetros para indicar la unidad medida que utilizarías para medir estos objetos.

DE 2.9.9 y 2.9.11

a. ancho del escritorio de un estudiante ____________

b. longitud del salón de clases ____________

c. altura de una puerta ____________

d. longitud de tu zapato ____________

2. Lee el problema. Luego escribe tu estimado. Indica tu razonamiento.

DE 3.12.4

a. 4 amigos se reparten el costo de un taxi. La tarifa es $57. ¿Cerca de cuánto debería pagar cada persona?

$______

b. Emma utiliza 62 yardas de tela. Ella hace 4 cortinas de la misma longitud para un escenario. ¿Cerca de qué tan larga es cada cortina?

______ yardas

Prepárate para el próximo año

a. Escribe los números que son 10 menor y 10 mayor.

10 menor						
	2,905	967	1,511	7,998	496	643
10 mayor						

b. Escribe los números que son 100 menor y 100 mayor.

100 menor						
	2,905	967	1,511	7,998	496	643
100 mayor						

Ángulos: Midiendo ángulos como fracciones

Conoce

Sigue estos pasos para hacer una herramienta que te ayude a medir ángulos.

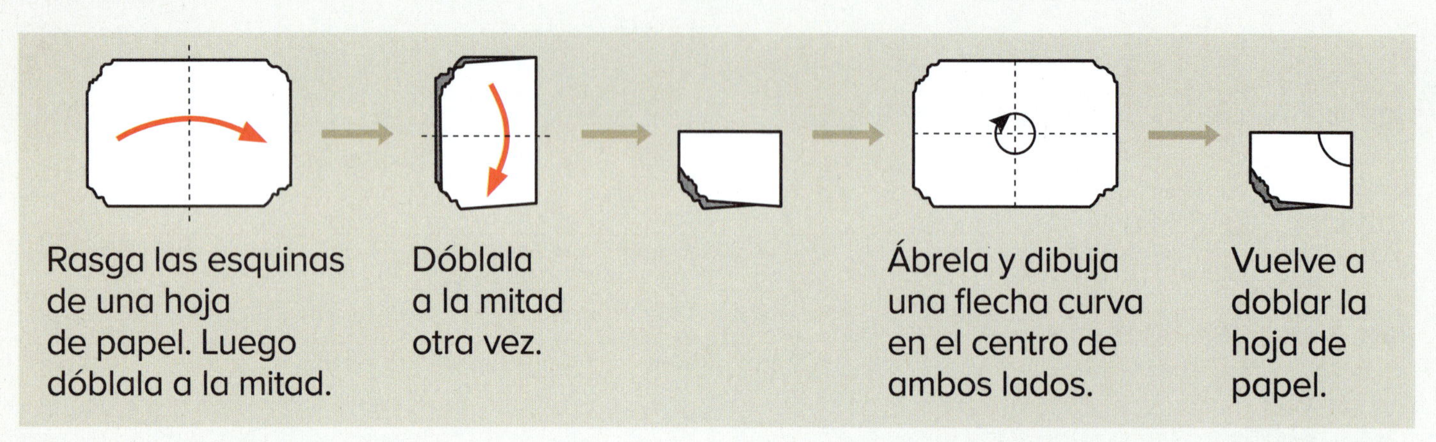

Cuando el papel esté abierto, puedes colocar una tira en éste y girarla para alinearla con los dobleces.

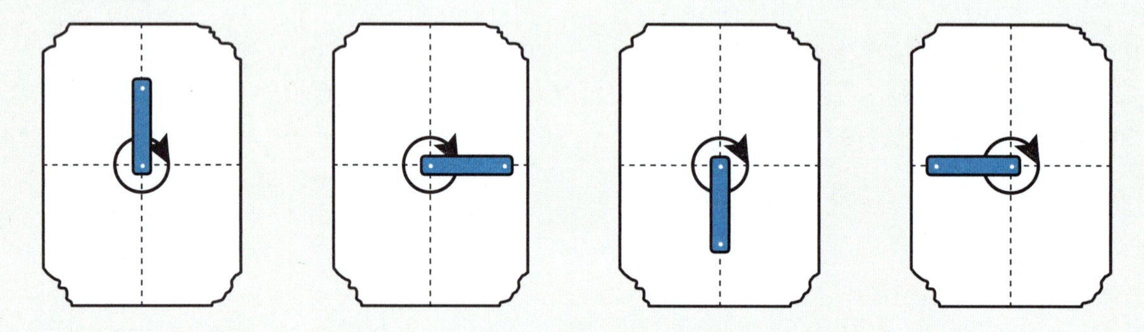

¿Qué fracción de un giro completo se mueve la tira cada vez?

Cuando la tira haya girado cuatro veces, ésta ha hecho un giro completo alrededor de un punto. Esto se indica con el círculo en el centro.

¿Qué fracción del círculo puedes ver cuando se dobla el papel otra vez?

A esta herramienta se le llama probador de cuarto de giro.

¿Qué fracción de un giro completo puede medir cuando está doblado?

Intensifica

Utiliza el probador de cuarto de giro para medir cada ángulo de las figuras de la página 453.

a. Colorea de rojo los ángulos en los que el probador quepa exactamente.

b. Colorea de azul los ángulos más grandes que el ángulo del probador.

c. Colorea de verde los ángulos más pequeños que el ángulo del probador.

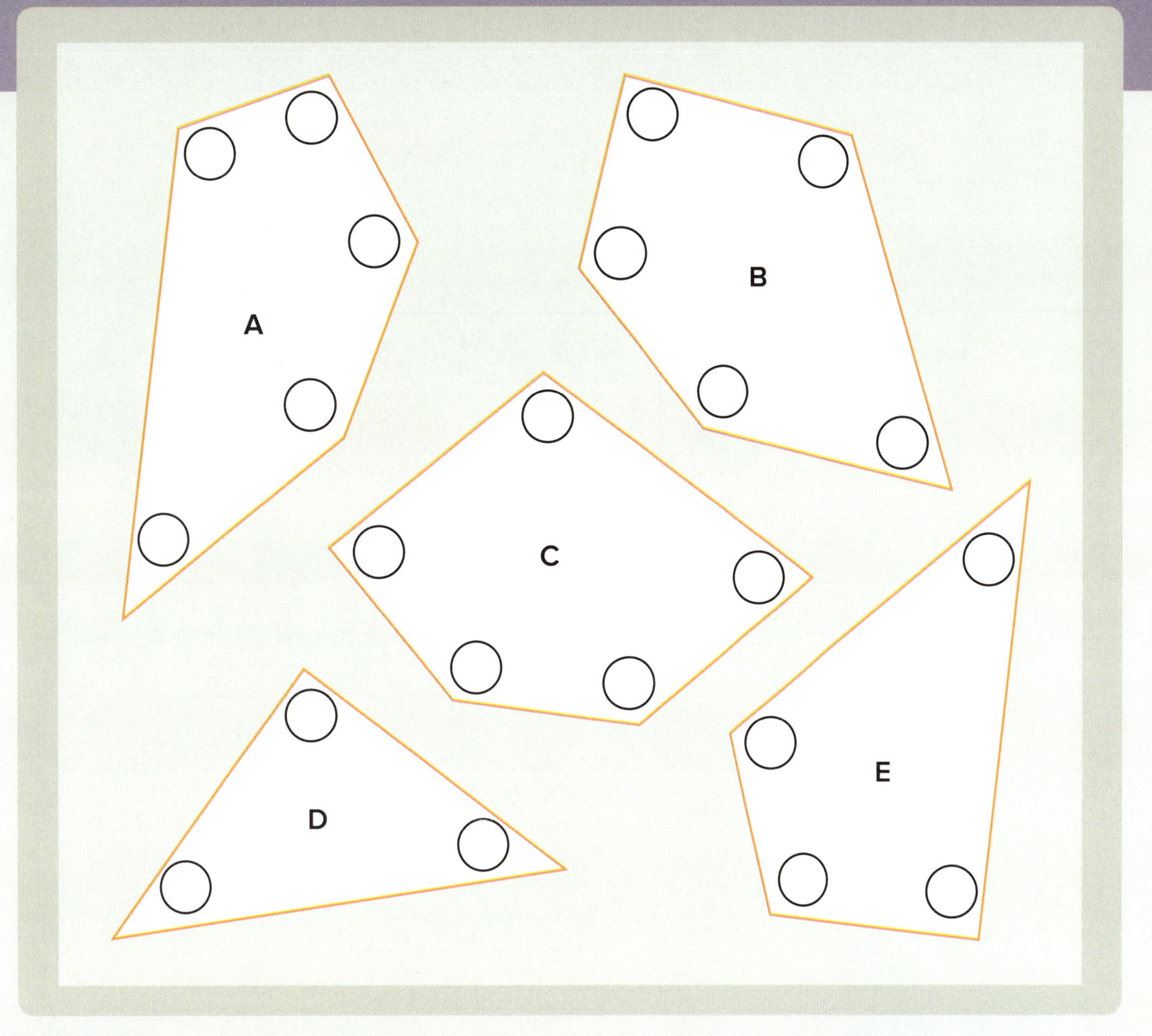

Avanza

Dobla tu probador de cuarto de giro así:
Ahora puedes medir un octavo de un giro completo.

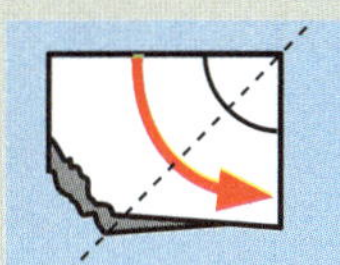

a. Mide los ángulos de las figuras de arriba utilizando el probador de octavo de giro. Encierra los ángulos en los que el probador quepa exactamente.

b. Dibuja un hexágono que tenga un ángulo de un octavo de giro.

12.8 Objetos 3D: Identificando prismas

Conoce

¿Cuál de estos objetos es una pirámide? ¿Cómo lo sabes?

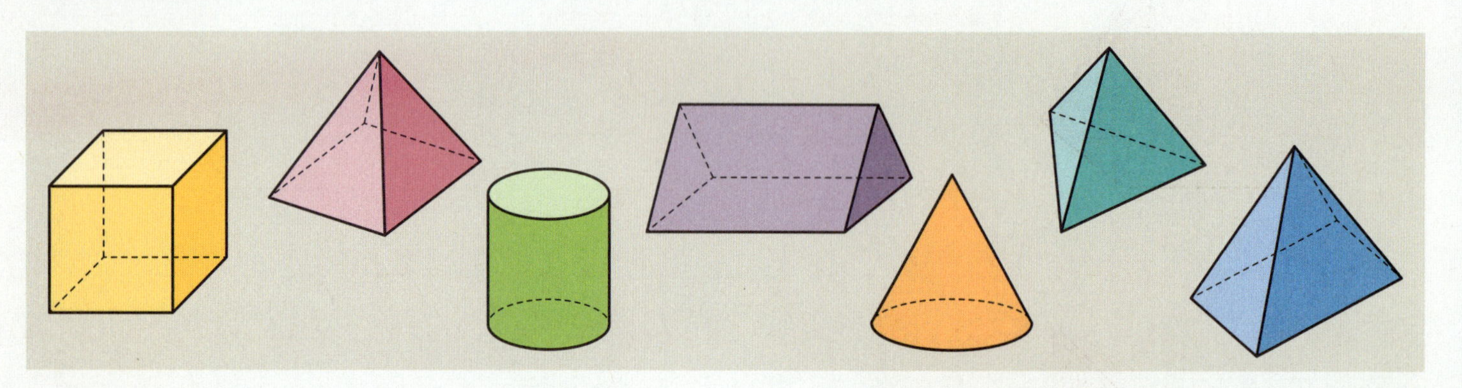

¿Cuáles objetos de arriba son prismas?
¿Cómo lo sabes?

Identifica dos prismas diferentes en la clase.
¿En que se diferencian?
¿En qué se parecen?

Un **prisma** es un objeto que tiene dos cara idénticas unidas por cuadrados o rectángulos no cuadrados.

Intensifica

1. Observa este par de objetos. Utiliza objetos reales como ayuda para responder las preguntas.

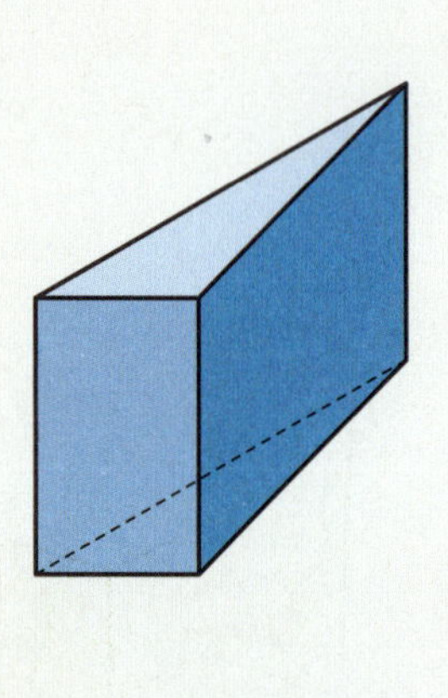

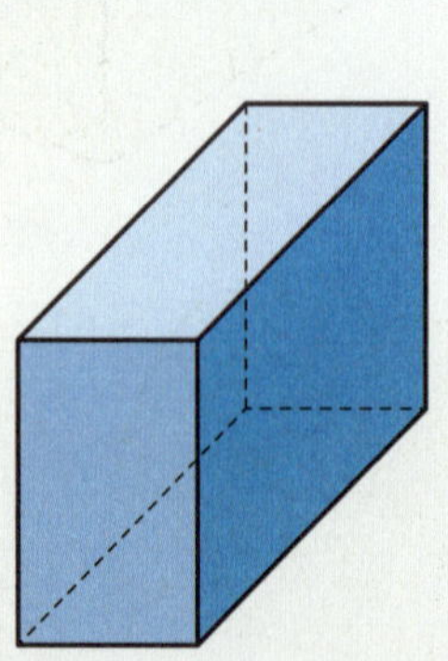

a. ¿En qué se parecen estos objetos?

____

____

____

____

b. ¿En qué se diferencian estos objetos?

____

____

____

____

2. Compara estos dos objetos.

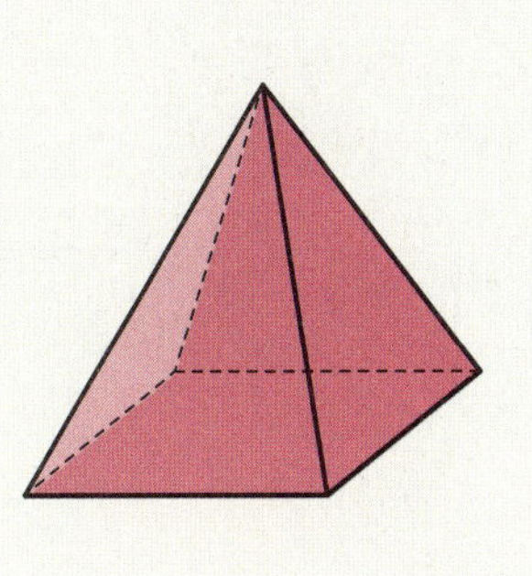

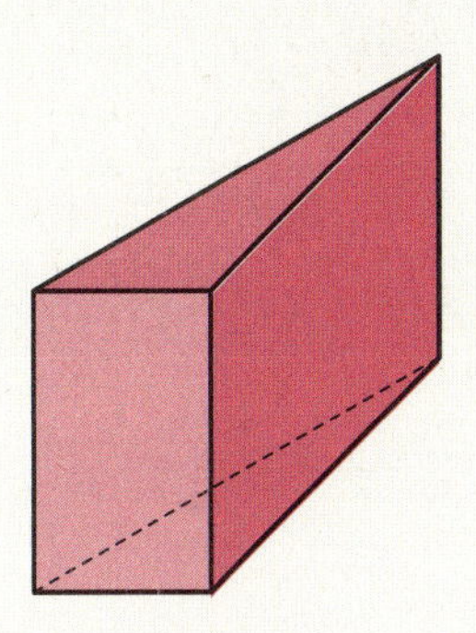

a. ¿En qué se parecen estos objetos?

b. ¿En qué se diferencian estos objetos?

Avanza Encierra los objetos que son prismas.

a.

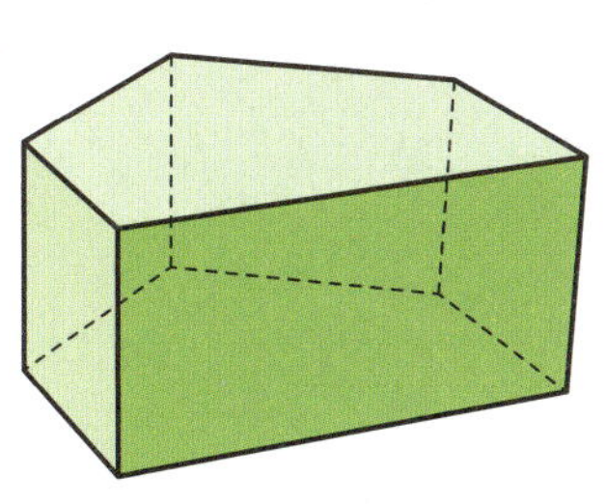

b.

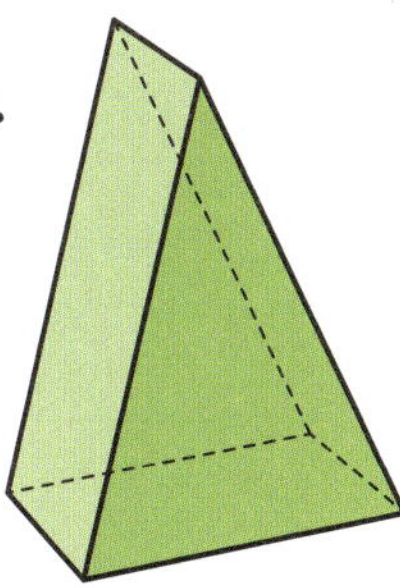

c.

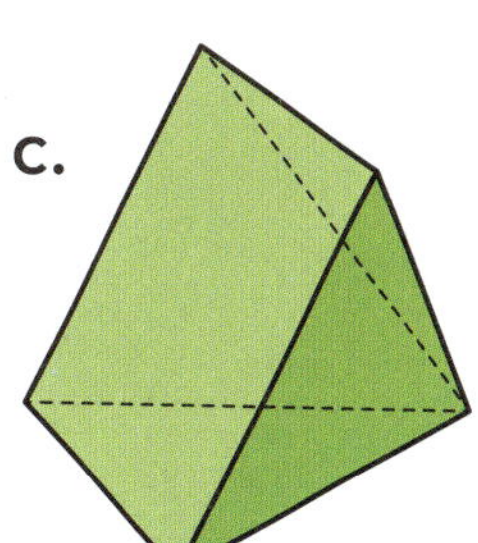

d.

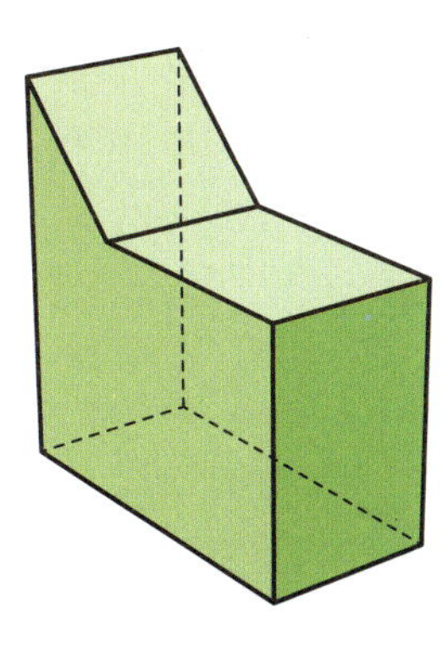

e.

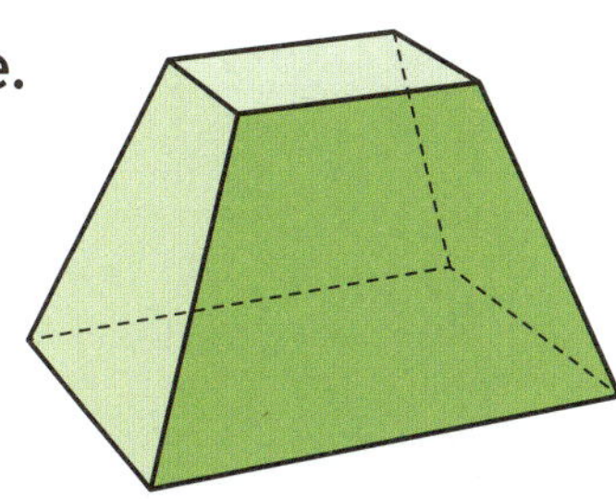

f.

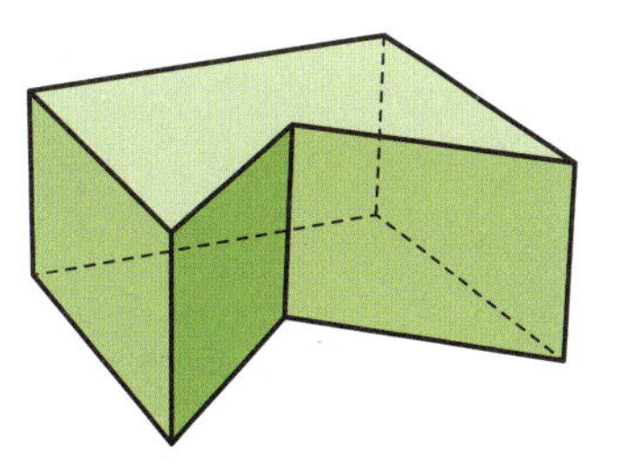

g.

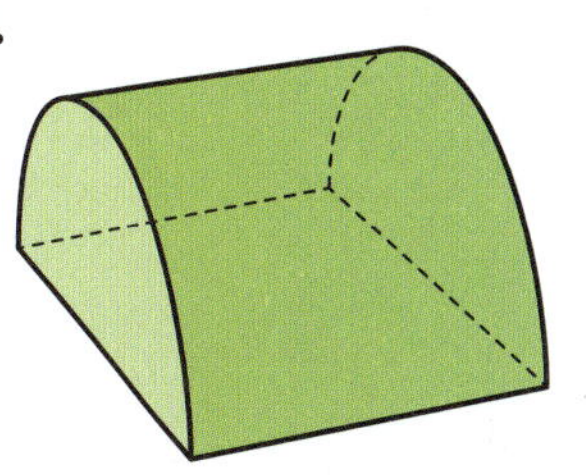

12.8 Reforzando conceptos y destrezas

Piensa y resuelve

Esta bolsa está llena de canicas. Hay por lo menos 2 canicas de cada tipo.

Algunas de las canicas pesan 1 gramo.
Algunas de las canicas pesan 5 gramos.
Algunas de las canicas pesan 25 gramos.

67 gramos

a. ¿Cuántas canicas de 5 gramos hay en la bolsa? ______

b. Indica tu razonamiento.

______
______
______
______

Palabras en acción

Explica lo que es un probador de cuarto de giro y cómo se utiliza para medir.

______
______
______
______
______
______
______
______
______

Práctica continua

1. Escribe **menos de**, **cerca de** o **más de** para describir la cantidad de agua que contiene cada recipiente.

a. 5 cuartos — Contiene ______ 1 galón

b. 2 cuartos — Contiene ______ 1 galón

c. 15 tazas — Contiene ______ 1 galón

d. 10 pintas — Contiene ______ 1 galón

DE 3.11.11

2. Completa cada ecuación. Indica tu razonamiento.

a. $96 \div 8 =$ ______

b. $80 \div 5 =$ ______

DE 3.12.5

Prepárate para el próximo año

Completa las ecuaciones. Puedes dibujar bloques como ayuda en tu razonamiento.

a. Doble 32 es ______

b. Doble 45 es ______

Objetos 3D: Comparando prismas y pirámides

Conoce

¿Qué sabes acerca de este objeto?

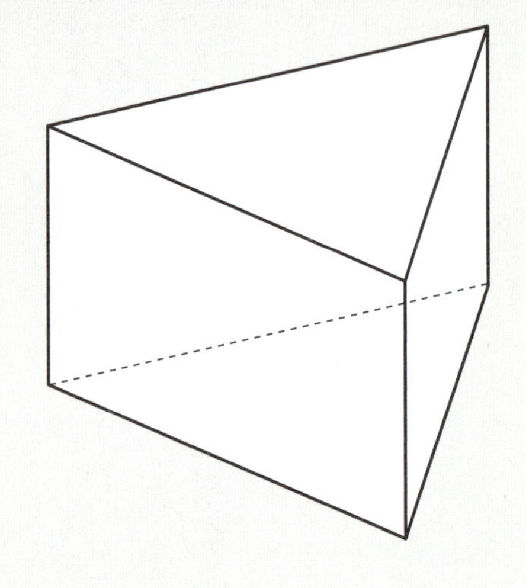

¿Cuántos vértices tiene?

Utiliza un lápiz de color para trazar sobre todas las aristas.
¿Cuántas aristas tiene?

¿Cuántas caras tiene el prisma?
¿Cómo se llama el prisma? ¿Cómo lo sabes?

Observa cada objeto de abajo.
¿Cuántos vértices, aristas
y caras tiene cada uno?

Cuando dos superficies de objeto 3D se unen forman una **arista**.

Cuando tres o más aristas se unen forman un **vértice**.

Step Up

1. a. Utiliza objetos reales como ayuda para completar esta tabla.
La base de cada objeto está sombreada.

Prismas			
Número de caras			
Número de vértices			
Forma de la base			
Número de lados de la base			

b. Observa la información en la tabla de la página 458.
Escribe acerca de los patrones que notas.

2. a. Completa esta tabla.

Pirámides			
Número de caras			
Número de vértices			
Forma de la base			
Número de lados de la base			

b. Escribe acerca de los patrones que notas.

Avanza

Piensa en una pirámide que tenga un hexágono como base. ¿Cuántas caras, vértices y aristas tiene? Escribe cómo lo averiguaste.

Caras ____

Vértices ____

Aristas ____

12.10 Perímetro: Introduciendo el perímetro

Conoce

Jack va a construir una cerca para hacer un gallinero. Este es su plano.

¿Cuál es la longitud total de la cerca?
¿Cómo podrías calcularla?

Podría sumar el largo de los lados, o podría sumar el largo y el ancho y duplicar el total.

Perímetro es otro nombre para la distancia total alrededor de una figura.

¿Cómo podrías calcular el perímetro de este cuadrado?

Completa esta ecuación para indicar cómo calculaste el perímetro.

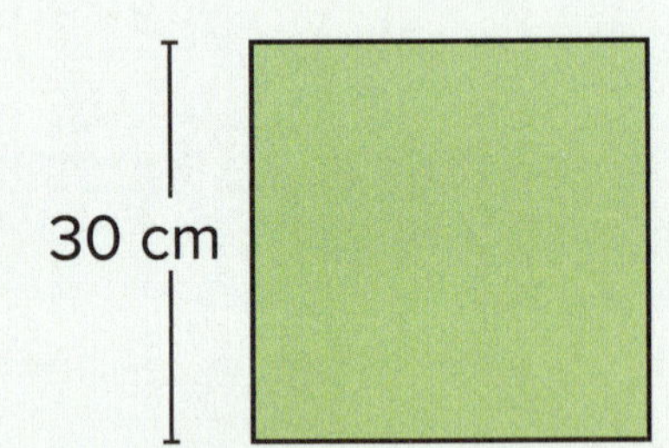

Intensifica

1. Utiliza reglas de centímetros para calcular el perímetro de este rectángulo. Indica tu razonamiento.

Perímetro ______ cm

2. Esta es una imagen de un campo grande. Calcula el perímetro. Indica tu razonamiento.

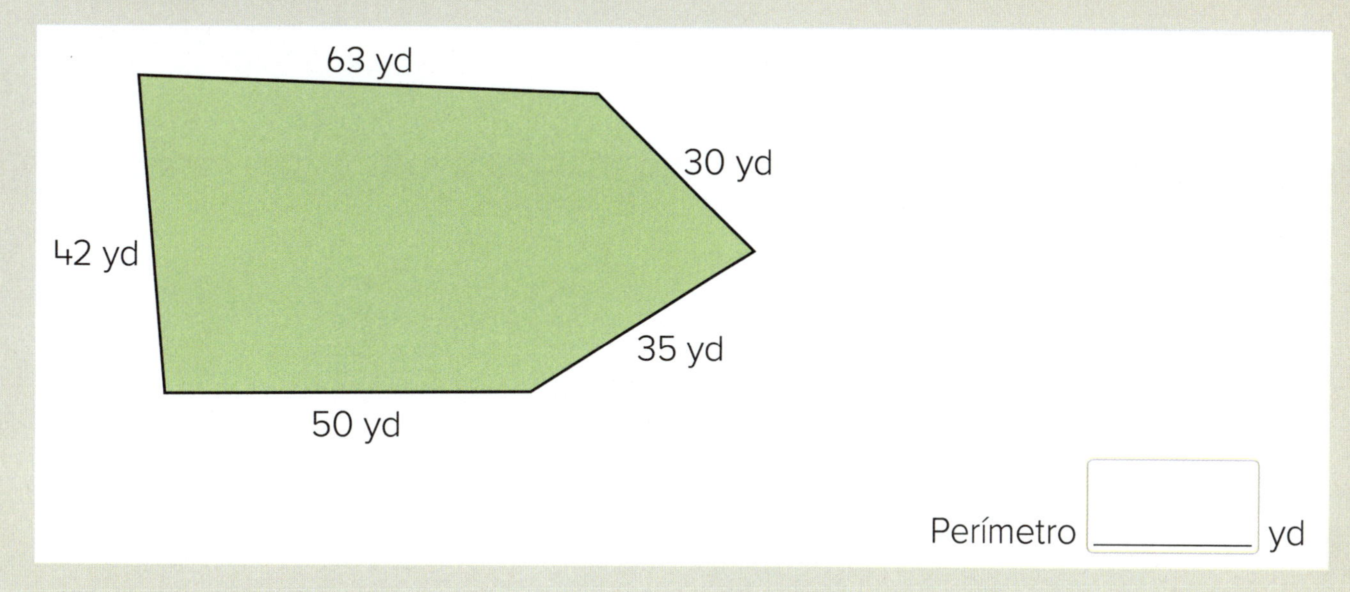

Perímetro ______ yd

3. Observa el perímetro. Luego calcula el largo del lado que falta. Indica tu razonamiento.

Perímetro = 275 m

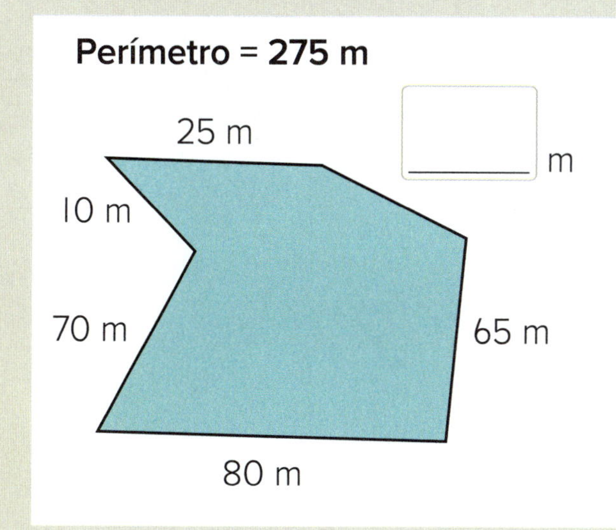

______ m

Avanza

Esta figura se hizo uniendo dos rectángulos. Calcula la longitud de los lados desconocidos.

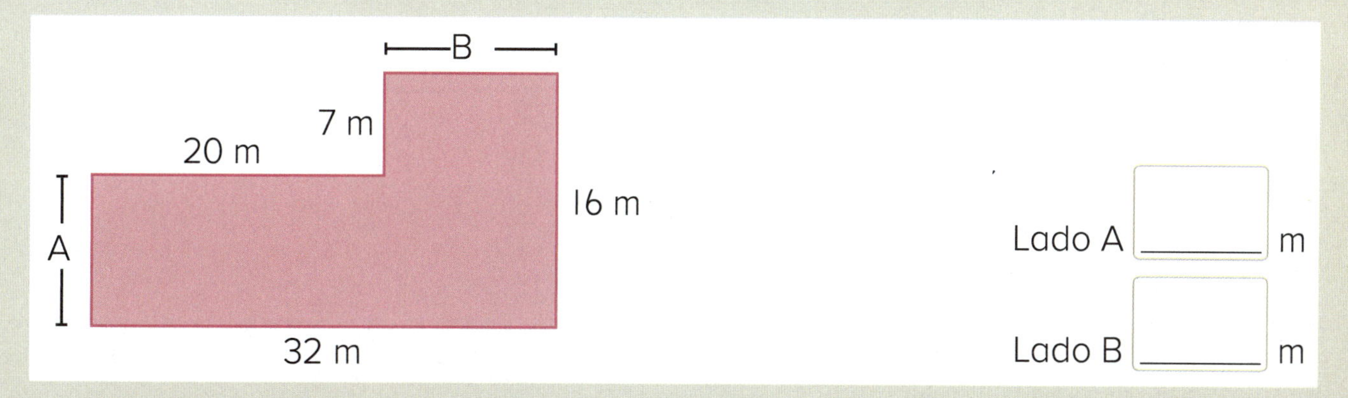

Lado A ______ m

Lado B ______ m

12.10 Reforzando conceptos y destrezas

Práctica de cálculo

¿Cuándo se considera mala suerte que te persiga un gato negro?

★ Completa las ecuaciones. Escribe cada letra arriba de la respuesta correspondiente en la parte inferior de la página. Algunas letras se repiten.

Ecuación	Letra	Ecuación	Letra
150 + 28 = ____	e	308 + 39 = ____	a
353 − 47 = ____	o	230 − 55 = ____	e
37 + 153 = ____	c	58 + 234 = ____	r
190 − 63 = ____	d	450 − 240 = ____	ó
337 + 49 = ____	a	126 + 37 = ____	t
354 − 349 = ____	u	532 − 528 = ____	u
49 + 237 = ____	n	62 + 317 = ____	r
460 − 79 = ____	s	340 − 65 = ____	n

____ ____ ____ ____ ____ ____   ____ ____ ____ ____

190 5 386 286 127 306   178 292 175 381

____ ____   ____ ____ ____ ____ ____

4 275   379 347 163 210 286

Práctica continua

1. Resuelve cada problema. Indica tu razonamiento.

a. Abigail mezcla 6 tazas de agua y 2 tazas de jugo de limón para una fiesta. ¿Cuántas jarras de 1 cuarto de galón necesitará ella para poner el líquido?

b. Andre compra tres recipientes de leche de 1 galón y cuatro cartones de jugo de 1 pinta. ¿Cuántas pintas de líquido compró él?

DE 3.11.12

2. Calcula la longitud del lado desconocido. Indica tu razonamiento.

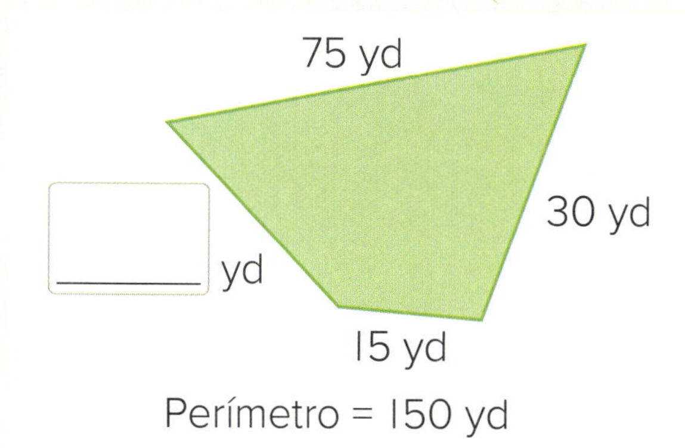

Perímetro = 150 yd

DE 3.12.10

Prepárate para el próximo año

Completa cada diagrama.

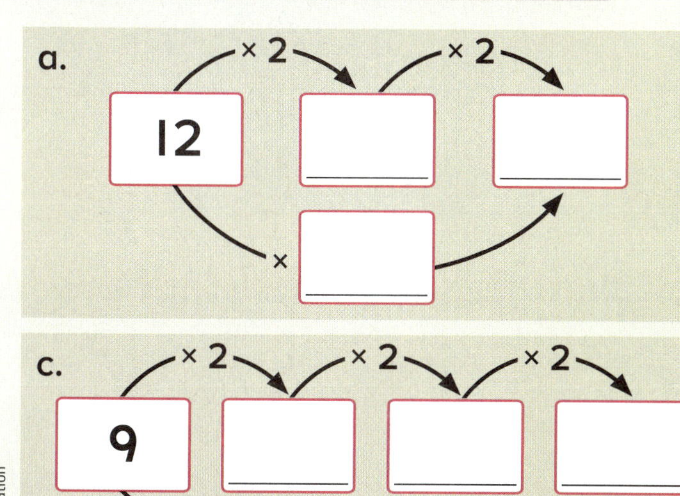

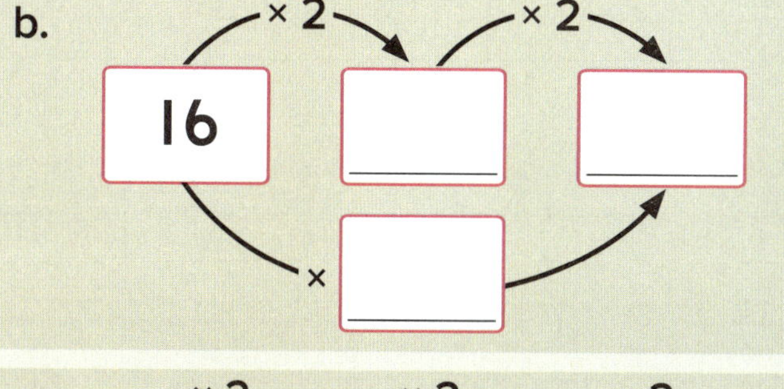

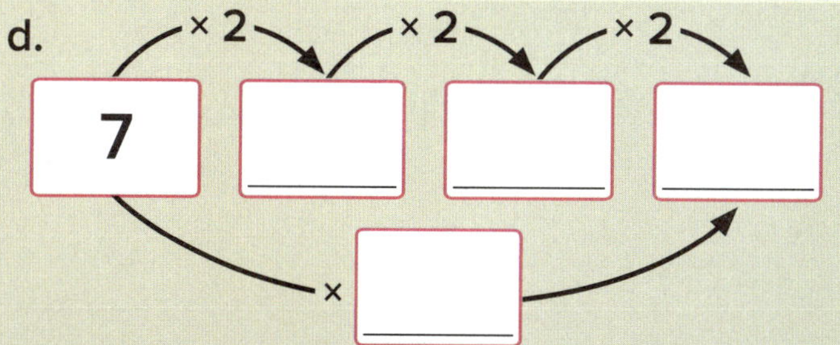

12.11 Perímetro: Explorando la relación con el área

Conoce

¿Qué te dice el perímetro de una figura?

¿Qué te dice el área de una figura?

¿Cómo calculas el perímetro? ¿Cómo calculas el área?

¿Cuáles podrían ser las dimensiones de un rectángulo con un área de 12 cm^2?

Dibuja tres rectángulos diferentes que tengan un área de 12 cm^2 y rotula las dimensiones.

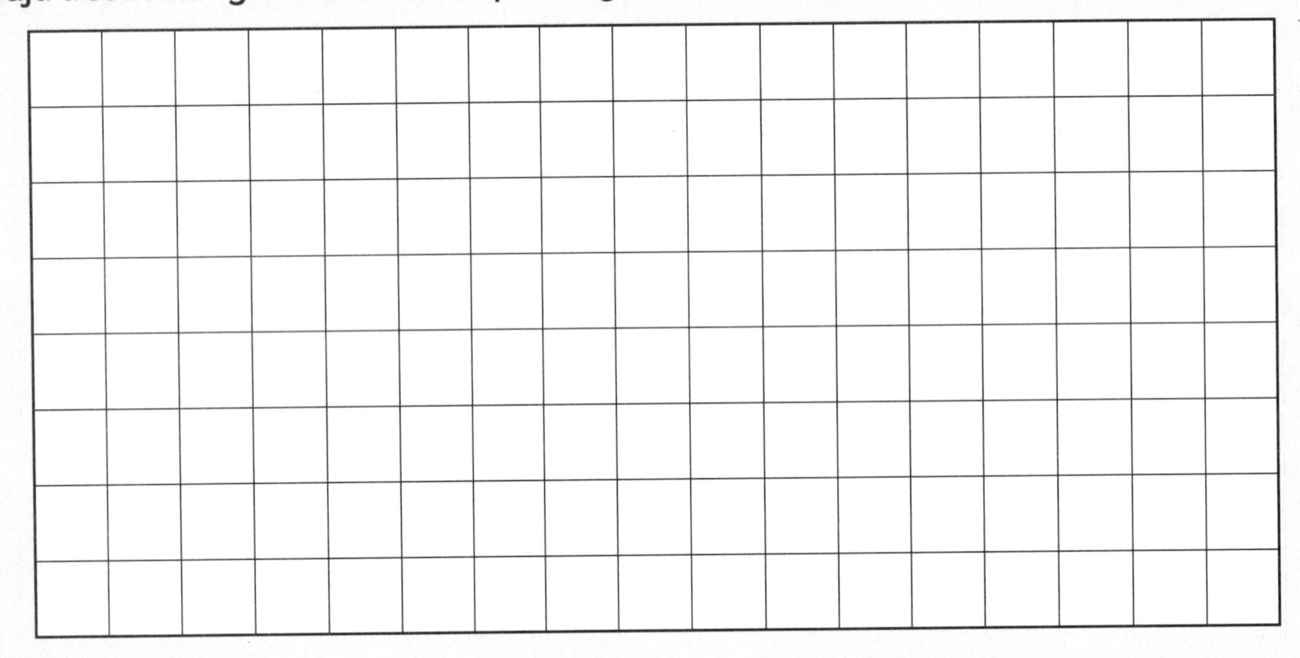

¿Qué notas en el perímetro de cada figura?

Intensifica

1. a. Dibuja tres rectángulos diferentes que tengan un área de 16 cm^2 cada uno. Rotula los rectángulos **A**, **B** y **C**.

b. Utiliza los rectángulos que dibujaste en la pregunta de la página 464 para completar esta tabla.

Rectángulo	Longitud (cm)	Ancho (cm)	Perímetro (cm)	Área (cm^2)
A				16
B				16
C				16

2. a. Dibuja tres rectángulos diferentes que tengan un perímetro de 20 cm cada uno. Rotula los rectángulos **D**, **E** y **F**.

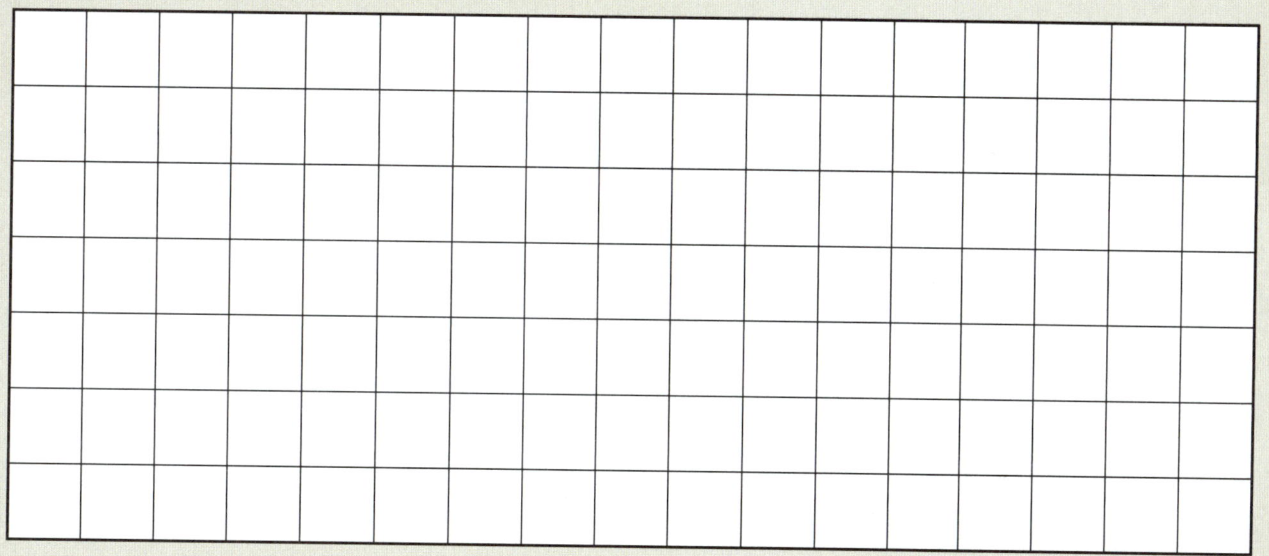

b. Utiliza los rectángulos que dibujaste arriba para completar esta tabla.

Rectángulo	Longitud (cm)	Ancho (cm)	Perímetro (cm)	Área (cm^2)
D			20	
E			20	
F			20	

Avanza Resuelve este problema. Indica tu razonamiento en la página 470.

Naomi va a construir una caja de arena. Ella quiere que la caja de arena tenga la mayor área posible. Naomi tiene 40 pies de madera que puede cortar para hacer los lados. ¿Cuáles son las dimensiones de la caja de arena?

Largo ______ ft

Ancho ______ ft

12.12 Perímetro/área: Resolviendo problemas verbales

Conoce

Luis va a hacerle bordes a un jardín rectangular. Él quiere plantar 5 filas de zanahorias. Las dimensiones del jardín son 6 pies por 7 pies.

¿Cuál es el perímetro del jardín?

¿Qué imagen puedes dibujar que corresponda a la historia?

Cuando observo las dimensiones para un rectángulo necesito recordar que los lados opuestos serán del mismo largo. Entonces, si el largo es 7 pies, sé que los **dos lados** del rectángulo medirán 7 pies cada uno.

Si utilizo L para el largo y A ancho, el problema será: **L + L + A + A = perímetro**.

¿Cuáles números de la historia te ayudaron?

¿Cuáles números no era importante conocer? ¿Por qué?
¿Cómo calcularías el área del jardín?

Intensifica

1. Dibuja una imagen simple que corresponda a la historia. Rotula las dimensiones de tu imagen. Luego escribe la respuesta.

a. Cole caminó alrededor de un área de juegos rectangular con 3 de sus amigas. Dos lados miden 16 metros y dos lados miden 7 metros. ¿Qué distancia caminó Cole?

_____ m

b. Carrina tiene un jardín rectangular. Cada lado largo mide 6 yardas. Cada lado corto mide la mitad de ese largo. ¿Cuál es el área del jardín?

_____ yd^2

2. Resuelve cada problema. Indica tu razonamiento. Recuerda indicar las unidades correctas.

a. Donna tiene 6 baldosas cuadradas. El perímetro de cada baldosa es 20 pulgadas. ¿Cuál es el área de cada baldosa?

b. El perímetro de un corral rectangular es 64 metros. Cada lado largo mide 19 metros. ¿Cuál es el largo de cada lado corto?

c. El perímetro de un triángulo mide 45 pulgadas. Un lado mide 17 pulgadas de largo. El otro lado es de la misma longitud. ¿Cuánto mide cada uno de los otros lados?

d. Issac recorta un rectángulo que tiene un perímetro de 24 pulgadas. El lado corto mide 5 pulgadas de largo. ¿Cuál es el área del rectángulo?

Avanza

El perímetro de un rectángulo mide 48 yardas. El área del mismo rectángulo es mayor de 100 yardas cuadradas.

Dibuja una imagen para calcular las dimensiones posibles.

El largo es ______ yd

El ancho es ______ yd

12.12 Reforzando conceptos y destrezas

Piensa y resuelve

Wendell puede mover dos objetos para hacer que el número de kilogramos en cada báscula sea igual.

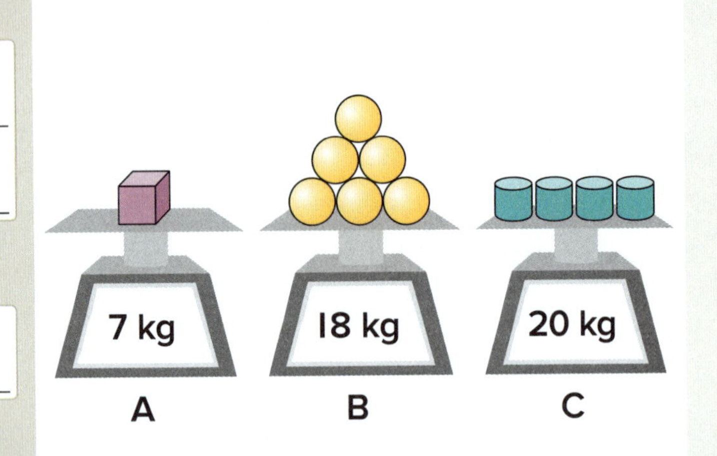

a. ¿Cuáles objetos puede mover él?

b. ¿Adónde los puede mover él?

c. ¿Cuántos kilogramos habrá en cada báscula después de moverlos? ______ kg

Palabras en acción

Elige y escribe palabras de la lista para completar estos enunciados. Sobran algunas palabras.

a. Cuando tres o más ______ se unen forman un ______.

b. El ______ de una figura es el total de la distancia alrededor de la figura.

c. Para calcular el área de un rectángulo se multiplica su ______ por su ancho.

d. Un ______ es un objeto 3D que tiene dos caras idénticas unidas por ______.

vértice
rectángulos
base
perímetro
pirámide
largo
área
aristas
prisma

Práctica continua

1\. **a.** Tres estudiantes lanzaron aviones de papel. Escribe la distancia del vuelo, o colorea la gráfica de barras para indicar los resultados.

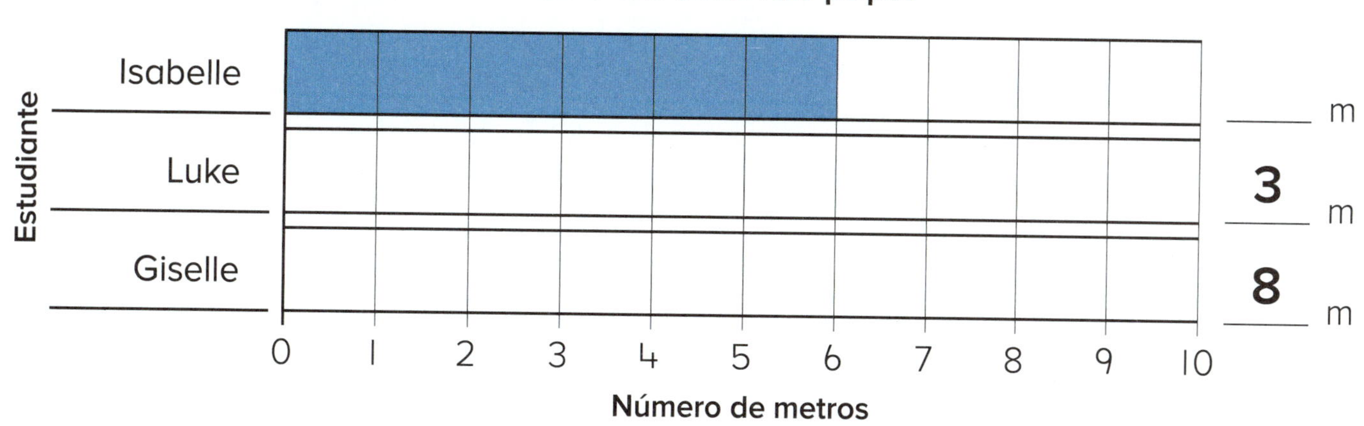

b. ¿Quién lanzó el avión más lejos? ______

c. ¿Cuántos metros voló el avión de Isabelle? ______ m

2. Resuelve cada problema. Indica tu razonamiento.

a. Un corral tiene 6 lados iguales. La cerca de cada lado mide 15 pies de largo y 5 pies de alto. ¿Cuál es el perímetro del corral?

______ ft

b. Los bordes de un jardín rectangular miden 36 metros. Cada lado corto mide 4 metros de largo. ¿Cuál es la longitud de cada lado largo?

______ m

Prepárate para el próximo año

Completa estas ecuaciones.

a. $40 = \_\_\_ \times 10$

b. $\_\_\_ \times 10 = 0$

c. $10 \times \_\_\_ = 80$

Espacio de trabajo

GLOSARIO DEL ESTUDIANTE

Algoritmos

Los **algoritmos** son reglas utilizadas para completar tareas o para resolver problemas. Hay algoritmos estándares para calcular respuestas a problemas de suma, resta, multiplicación y división. En este ejemplo se indica el algoritmo de la suma.

	C	D	U
	1		
		9	2
+		3	6
	1	2	8

Área

El **área** es la cantidad de superficie que cubre una figura. Esta cantidad de superficie se describe usualmente en unidades cuadradas, tales como centímetros cuadrados (cm^2) o pulgadas cuadradas (in^2).

Capacidad

La **capacidad** es la cantidad que algo puede contener.

El **galón** es una unidad tradicional de capacidad.
La manera corta de escribir galón es **gal**.

El **litro** es una unidad métrica de capacidad. La manera corta de escribir litro es **L**.

La **pinta** es una unidad de capacidad. Hay dos pintas en un cuarto.
La manera corta de escribir pinta es **pt**.

El **cuarto (de galón)** es una unidad de capacidad. Hay 4 cuartos en un galón.
La manera corta de escribir cuarto (de galón) es **qt**.

Comparación

Cuando se lee de izquierda a derecha, el símbolo > significa **es mayor que**. El símbolo < significa **es menor que**.

Por ejemplo, $2 < 6$ **significa** que 2 es menor que 6.

Cuadrilátero

Un **cuadrilátero** es cualquier polígono (figura 2D cerrada) de 4 lados rectos. Los cuadriláteros con todos los ángulos del mismo tamaño se llaman **rectángulos**. Los cuadriláteros con todos los lados del mismo tamaño se llaman **rombos**.

División

Dividir es encontrar el número de grupos iguales o el número en cada grupo igual cuando se conoce el total y el número de grupos iguales o el número en cada grupo igual. Por ejemplo, $8 \div \_\_ = 4$ o $8 \div 2 = \_\_$. Esto se representa con una ecuación de división que utiliza palabras o el símbolo ÷.
El resultado de la division se llama **cociente**.

Estrategias de cálculo mental para la división

Dividir a la mitad

Ves $32 \div 4$ *piensa* mitad de 32 es 16, mitad de 16 es 8

Pensar en multiplicación

Ves $30 \div 5$ *piensa* $5 \times 6 = 30$, entonces $30 \div 5 = 6$

Estrategias de cálculo mental para la multiplicación

Son estrategias que puedes utilizar para calcular un problema matemático mentalmente.

Utilizar diez
ves 5×7 *piensa* mitad de 10×7

Duplicar
Ves 2×7 *piensa* doble de 7
Ves 2×14 *piensa* doble de 14
Ves 4×7 *piensa* doble del doble de 7
Ves 4×15 *piensa* doble del doble de 15
Ves 8×7 *piensa* doble del doble del doble de 7
Ves 8×16 *piensa* doble del doble del doble de 16

Duplicar y dividir a la mitad (propiedad asociativa)
Ves 6×35 *piensa* doble de 3×70

Productos parciales (propiedad distributiva)
Ves 3×45 *piensa* $(3 \times 40) + (3 \times 5)$

Utilizar un factor conocido
Ves 6×8 *piensa* $5 \times 8 + 8$
Ves 3×9 *piensa* $3 \times 10 - 3$

Familia de operaciones básicas

Una **familia de operaciones básicas** de multiplicación incluye una operación básica de multiplicación, su operación conmutativa y dos operaciones básicas de división relacionadas. Ejemplo:

$4 \times 2 = 8$
$2 \times 4 = 8$
$8 \div 4 = 2$
$8 \div 2 = 4$

Forma expandida

Es el método de escribir números como la suma de los valores de cada dígito.
Ejemplo: $4{,}912 = (4 \times 1{,}000) + (9 \times 100) + (1 \times 10) + (2 \times 1)$

Fracción Común

Las **fracciones comunes** describen partes iguales de un entero. En esta fracción común el 2 es el numerador y el 3 es el denominador.

$\frac{2}{3}$ están coloreados

El **denominador** indica el número de partes iguales (3) en un entero.
El **numerador** indica el número de esas partes (2).
Las **fracciones unitarias** son fracciones comunes que tienen un 1 como denominador.
Las **fracciones propias** son fracciones comunes que tienen un numerador menor que el denominador. Por ejemplo, $\frac{2}{5}$ es una fracción propia.
Las **fracciones impropias** son fracciones comunes que tienen un numerador igual o mayor que el denominador. Por ejemplo, $\frac{7}{5}$ y $\frac{4}{4}$ son fracciones impropias.
Las **fracciones equivalentes** son fracciones que cubren la misma cantidad de área en una figura, o que están ubicadas en el mismo punto en una recta numérica. Por ejemplo, $\frac{1}{2}$ es equivalente a $\frac{2}{4}$.

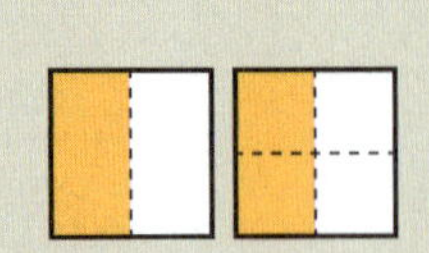

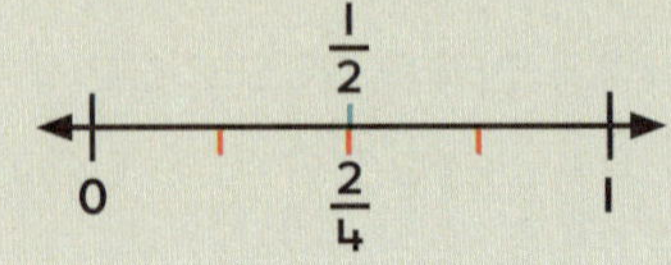

Gráfica de puntos

Una **gráfica de puntos** se utiliza para indicar datos. En esta gráfica de puntos cada punto representa un estudiante.

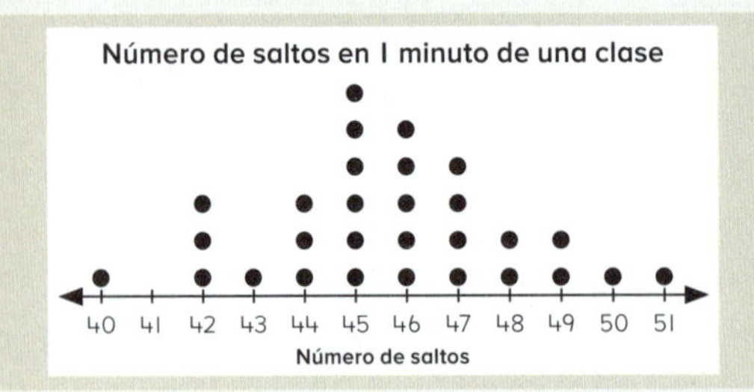

Longitud

La **longitud** es la medida de qué tan largo es algo.
Un **centímetro** es una unidad métrica de longitud. La manera corta de escribir centímetro es **cm**. Un **metro** es una unidad métrica de longitud. La manera corta de escribir metro es **m**.

Masa

La **masa** es la cantidad de peso de algo.
Un **gramo** es una unidad métrica de masa. Hay 1,000 gramos en un kilogramo.
La manera corta de escribir gramo es **g**.
Un **kilogramo** es una unidad métrica de masa. La manera corta de escribir kilogramo es **kg**.

Multiplicación

Multiplicar es encontrar el total cuando se conoce el número de grupos iguales o filas y el número en cada grupo o fila. Esto se escribe como una ecuación de multiplicación que utiliza palabras o el símbolo ×.
El resultado de la multiplicación se llama **producto**.

Orden de las operaciones

Si hay **un** tipo de operación en un enunciado, se trabaja de izquierda a derecha.
Si hay **más de un** tipo de operación, trabaja de derecha a izquierda en este orden:

1. Resuelve las operaciones entre paréntesis.
2. Multiplica o divide pares de números.
3. Suma o resta pares de números.

Perímetro

El **perímetro** es la longitud total del contorno de una figura.
Por ejemplo, el perímetro de este rectángulo mide 20 pulgadas.

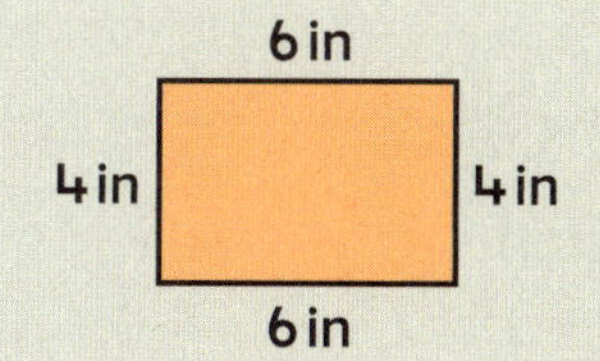

Poliedro

Un **poliedro** es cualquier objeto 3D cerrado con cuatro o más caras planas.
Cuando dos superficies se unen forman una **arista**.
Cuando dos aristas se unen forman un **vértice**.
Un **prisma** es un poliedro con dos caras idénticas unidas por rectángulos cuadrados y rectángulos no cuadrados. Ejemplo:

Una **pirámide** es un poliedro que tiene cualquier polígono como base. Todas las otras caras unidas a la base son triángulos que se unen en un punto. Ejemplo:

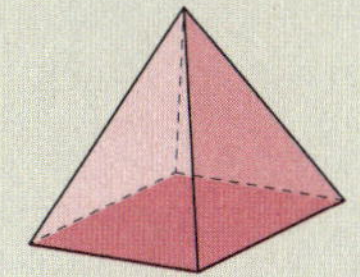

ÍNDICE DEL PROFESOR